电脑服装设计图表现技法

Photoshop/CorelDRAW/Illustrator/Painter/Sai 绘图技法

吴晓天　主编

東華大學出版社・上海

图书在版编目（CIP）数据

电脑服装设计图表现技法：Photoshop/CorelDRAW/Illustrator/Painter/Sai绘图技法/吴晓天主编. --上海：东华大学出版社, 2019.9

ISBN 978-7-5669-1630-3

Ⅰ. ①电… Ⅱ. ①吴… Ⅲ. ①服装设计－计算机辅助设计－教材 Ⅳ. ①TS941.26

中国版本图书馆CIP数据核字(2019)第181992号

责任编辑　谢 未
版式设计　赵 燕

电脑服装设计图表现技法
Diannao Fuzhuang Shejitu Biaoxian Jifa

主　　编：吴晓天
出　　版：东华大学出版社
　　　　（上海市延安西路1882号　邮政编码：200051）
出版社网址：dhupress.dhu.edu.cn
天猫旗舰店：http://dhdx.tmall.com
营销中心：021-62193056　62373056　62379558
印　　刷：上海利丰雅高印刷有限公司
开　　本：889 mm × 1194 mm　1/16
印　　张：11
字　　数：387千字
版　　次：2019年9月第1版
印　　次：2022年第3次印刷
书　　号：ISBN 978-7-5669-1630-3
定　　价：69.00元

目　录

前言

服装设计图，包括服装效果图、服装款式图以及服装产品中与服饰品、面料、图案等相关的设计图，主要体现设计师在理念、风格、流行、色彩、图案、造型及面料等方面的设计意图，并通过准确、严谨、简洁的绘画语言表现，达到指导服装生产的作用。所以绘制服装设计图是设计师设计思想转化为产品的必不可少的技能。初学者一般通过手绘的形式训练服装设计图绘制，手绘是基础。

随着服装行业的发展和电脑的普及，用电脑绘制服装设计图已经渗透到服装教育和服装设计领域。以专业的绘图软件代替手工绘图，不仅提高了效率，而且便于传播，为服装设计师提供了全新、丰富的设计表达方式。

本教材是一本介绍用电脑如何绘制服装设计图的专业教材，主要介绍如何使用 Photoshop、CorelDRAW、Illustrator、Painter、Sai 五款软件绘制效果图、款式图、面料、图案、服饰品等的方法。这五款软件是目前服装设计领域常用的设计软件，每款软件都有其独自的特点，服装专业的学生一般选择两种软件即可，有兴趣的学生可以尝试多种软件绘制设计图的乐趣。

本教材内容共分六章。第一章概述（必修内容）；第二章 Adobe Photoshop 服装设计图表现技法（必修内容）；第三章：CorelDRAW 服装设计图表现技法和第四章 Adobe Illustrator 服装设计图表现技法（必修和选修内容任选一）；第五章 Corel Painter 服装设计图表现技法（选修内容）；第六章：Sai 服装设计图表现技法（选修内容）。五款软件绘制设计图的案例分别以任务形式呈现，学生根据任务内容按步骤进行操作实践，以达到学习软件绘制设计图的目的。因软件任务内容较多，各院校根据课时安排，通过调整必修课和选修课的内容与学校教学计划匹配。

本教材由安徽省蚌埠工艺美术学校吴晓天主编。第一、第二、第六章由安徽省蚌埠工艺美术学校吴晓天编写；第三章由安徽省蚌埠工艺美术学校费冉编写；第四章由浙江纺织服装职业技术学院汪佩若编写；第五章由郑州市科技工业学校花芬编写。上海领感企划设计公司流行趋势设计总监海迪女士为本教材提供了部分服装效果图线稿和电脑服装效果图作品欣赏部分作品，同时感谢该公司赵灵巧女士的技术支持，东华大学出版社谢未编辑给本书提出了宝贵意见和建议。全书由吴晓天进行统稿。

由于编者水平有限，教材中难免有不足之处，请同行给予指正。

编者

2019 年 7 月

第一章　概述

服装设计图一般包括服装效果图和服装款式图，主要体现设计师在理念、风格、款式面料、色彩等方面的设计意图，通过准确、严谨的绘画语言，达到指导成衣生产的目的。服装设计师一般通过手绘或电脑绘制服装设计图，完成自己的设计作品。手绘服装设计图是电脑服装设计图的基础，没有手绘基础很难用电脑绘制出服装设计图；电脑设计图可以弥补手绘设计图的不足，比如，方便修改、便于储存等。随着服装设计行业的发展，熟练运用电脑绘制设计图，是服装设计师的专业能力之一。

第一节　电脑服装设计图常用软件

目前，用电脑绘制服装设计图常用的软件有图像软件Adobe Photoshop，矢量软件Adobe Illustrator、CorelDRAW及绘图软件Corel Painter、Sai等。

一、图像处理软件Photoshop

Adobe Photoshop，简称“PS”，是Adobe公司旗下最为出名的图像处理软件之一，主要处理以像素所构成的数字图像。在服装设计图绘制中，通过图层、通道、路径等命令菜单及多种工具对图像进行编辑，对颜色进行调整，通过滤镜对服装设计图添加特殊的材质效果等。

二、矢量软件CorelDRAW与Illustrator

CorelDRAW Graphics Suite，简称“CorelDRAW”，是Corel公司出品的矢量图形制作工具软件。运用CorelDRAW软件，可以绘制出各种标志、图案、插图、服装设计图等。此外，CorelDRAW软件还具有强大的文字处理和排版功能。

Adobe Illustrator简称“ Illustrator”或“AI”，是Adobe公司推出的基于矢量的图形制作软件，以其强大的功能和体贴用户的界面，广泛运用于平面设计、网页设计、包装设计、商标设计和服装设计等多个领域。

目前，在矢量绘图领域，CorelDRAW与 Illustrator一直并驾齐驱，在服装设计行业，早期使用CorelDRAW软件较多。目前，因Illustrator与其兄弟软件Photoshop有类似的界面，并能共享一些插件和功能，实现无缝连接，所以受到越来越多的服装设计师的青睐。设计师可以根据自己的爱好和绘图习惯进行选择。

三、绘图软件Painter

Corel Painter简称“Painter”，是目前世界上最为完善的电脑美术绘画软件，它以特有的“Natural Media”仿天然绘画技术为代表，在电脑上首次将传统的绘画方法和电脑设计完整地结合起来，形成了独特的绘画和造型效果。在服装设计图中，Painter可通过各种强化的绘图工具与可自定义的笔刷，在数字画布上表现出不同的面料材质效果。

四、绘图软件Sai

Sai是绘图软件Easy Paint Tool Sai的简称，Sai这个软件相当小巧，而且免安装，画板可以任意旋转、翻转画布，缩放时反锯齿，具有强大的墨线功能。Sai极具人性化，其追求的是与手写板极好的相互兼容性、绘图的美感、简便的操作给众多数字插画家以及CG爱好者提供了一个轻松创作的平台，也是服装设计师常用的软件之一。

第二节 电脑设计图的硬件配置要求

一、输入、输出、存储设备

1. 输入设备

输入设备是将图形或文字资料输入电脑的设备。在电脑服装设计图中，常用的输入设备有以下几种：

（1）扫描仪

扫描仪是利用光电技术和数字处理技术，以扫描方式将图形或图像信息转换为数字信号的装置。扫描仪通过捕获图像，并将之转换成计算机可以显示、编辑、存储和输出的对象。常见的扫描仪包括平板扫描仪和滚筒扫描仪等；按照光源照明方式可分为扫描照片及文字的反射式扫描仪和扫描胶片的透射式扫描仪。我们平时使用的平板扫描仪主要扫描反射稿件。

（2）数码相机和智能手机

数码相机是一种利用电子传感器把光学影像转换成电子数据的照相机。智能手机的数码相机功能指的是手机通过内置或外接的数码相机进行静态图片或动态短片拍摄。作为手机的一项附加功能，手机的数码相机功能得到了迅速的发展，随着摄像头像素的提高，其拍摄效果也越来越接近甚至超过传统卡片机。两者可以通过USB接口或其他存储媒介将拍摄的素材传送到电脑上。

（3）数位板

数位板是计算机输入设备的一种，又名手绘板，通常由一块数字画板和一支压感笔组成。数位板可使用压感笔在数字画板上直接作画，能将电脑绘图和手绘图完美结合，可以像在纸上一样表现出用笔轻重的线条。目前，市场上的主流数位板是Wacom数位板系列，可以根据自己需要选择合适的型号。

2. 输出设备

打印机是计算机的输出设备之一，用于将计算机处理结果打印在相关介质上。衡量打印机好坏的指标有三项：打印分辨率、打印速度和噪声。 打印机的种类很多，常见的有喷墨式打印机和激光式打印机。

3. 存储设备

存储设备是用于储存信息的设备，通常是将信息数字化后再利用电、磁或光学等方式的媒体加以存储并随时可以读取的设备。常见的存储设备有U盘、移动硬盘、刻录光盘等。U盘和移动硬盘因体积小、便于携带成为主要的存储设备，储存容量有大有小，可以根据需要选择。刻录光盘中，CDR的储存量较小，一般的700MB左右，DVD的储存容量一般为4.7G左右，但两者都需要刻录光驱设备进行信息存储，所以相对于U盘和移动硬盘要麻烦一些。

云盘是一种专业的互联网存储工具，是互联网云技术的产物，它通过互联网为企业和个人提供信息的储存、读取、下载等服务，具有安全稳定、海量存储的特点。随着互联网技术的不断发展，云盘将成为以后的主要存储工具。

二、电脑硬件选择和配置要求

在选择电脑时，主要有：普通台式电脑，由主机、显示器、键盘、鼠标组成；电脑一体机，是介于台式机和笔记本电脑之间，将主机和显示器整合到一起的新形态电脑；笔记本电脑，是一种小型、便于携带的个人电脑，其发展趋势是体积越来越小，重量越来越轻，而功能越来越强大。

电脑设计图绘制对电脑配置要求较高，每个软件或每个软件的不同版本对硬件要求都不同。在选购电脑时，建议咨询相关专业技术人员。

其他外部连接设备，如扫描仪、打印机、数码相机（或智能手机）、数位板等，都是必备的硬件。

第三节 电脑绘图的基本概念

一、像素和分辨率

像素（Pixel），是指由一个数字序列表示的图像中的一个最小单位，是用来计算数码影像的一种单位。它由图像的小方格组成，这些小方格都有一个明确的位置和被分配的色彩数值，小方格的颜色和位置决定该图像所呈现的样子。

分辨率，又称解析度、解像度，可以分为显示分辨率与图像分辨率。通常描述分辨率的单位有ppi（像素每英寸）和dpi（点每英寸）。从技术角度说，“像素”只存在于电脑显示领域，而“点”只出现于打印或印刷领域。

二、位图与矢量图

位图与矢量图是电脑绘图软件的基本图像格式。

位图图像（Bitmap），亦称为点阵图像、像素图像，是由像素（图片元素）的单个点组成的。这些点可以进行不同的排列和染色以构成图样。当放大位图时，可以看见构成整个图像的无数单个方块。扩大位图尺寸的效果是增多像素，使线条和形状显得参差不齐。然而，如果从稍远的位置观看它，位图图像的颜色和形状又显得是连续的。由于每一个像素都是单独染色的，可以通过每次一个像素的频率操作选择区域而产生近似相片的逼真效果，诸如加深阴影和加重颜色。缩小位图尺寸也会使原图变形，因为此举是通过减少像素来使整个图像变小。同样，由于位图图像是以排列的像素集合体形式创建的，所以不能单独操作局部位图。

矢量图（Vector），也称为向量图像，在数学上定义为一系列由线连接的点。矢量文件图形元素称为对象，每个对象都是一个自成一体的实体，它具有颜色、形状、轮廓、大小和屏幕位置等属性。图像中保存的是线条和图块的信息，所以矢量图形文件与分辨率和图像大小无关，也就是说图像可以无级缩放，图形不会产生锯齿或模糊效果。矢量图形文件可以在任何输出设备上，以打印或印刷的最高分辨率输出。

三、常见位图和矢量图的文件格式

当我们用绘图软件绘制或处理好一幅图片后，选择合适的图片格式进行存储十分重要。特别是有些文件格式是软件专用格式，有些文件格式是应用软件相互转换的格式，每一种文件格式都有其自身特点，下面介绍几种在服装设计图中常用的文件格式供参考。

1. BMP（全称Bitmap）是Windows操作系统中的标准图像文件格式，使用非常广泛。它采用位映射存储格式，除了图像深度可选以外，不采用其他任何压缩，因此，BMP文件所占用的空间很大。BMP文件的图像深度可选lbit、4bit、8bit及24bit。BMP文件存储数据时，图像的扫描方式是按从左到右、从下到上的顺序。由于BMP文件格式是Windows环境中交换与图有关的数据的一种标准，因此在Windows环境中运行的图形图像软件都支持BMP图像格式。

2. PSD格式（Photoshop Document）的文件是一种图形文件格式，是Adobe公司的图像处理软件Photoshop的专用格式。这种格式可以存储Photoshop中所有的图层、通道、参考线、注解和颜色模式等信息。在保存图像时，若图像中包含有层或图像处理没有完成，一般则用PSD格式保存。PSD格式在保存时会将文件压缩，以减少占用磁盘空间，但PSD格式所包含图像数据信息较多，因此比其他格式的图像文件要大得多。

3. TIFF格式，即标签图像文件格式（Tagged Image File Format，简写为TIFF），是一种主要用来存储包括照片和艺术图在内的图像的文件格式。它最初由 Aldus公司与微软公司一起为PostScript打印开发。TIFF文件格式适用于在应用程序之间和计算机平台之间的交换文件，它的出现使得图像数据交换变得简单。TIFF文件以.tif为扩展名。用Photoshop 编辑的TIFF文件可以保存路径和图层。与JPEG格式不同，TIFF文件可以编辑然后重新存储而不会有压缩损失。

4. GIF格式，GIF（Graphics Interchange Format）的原义是“图像互换格式”。GIF文件的数据，是一种基于LZW算法的连续色调的无损压缩格式。其压缩率一般在50%左右，它不属于任何应用程序。GIF格式可以存多幅彩色图像，如果把存于一个文件中的多幅图像数据逐幅读出并显示到屏幕上，就可构成一种最简单的动画。GIF分为静态GIF和动画GIF两种，扩展名为.gif，是一种压缩位图格式，支持透明背景图像，适用于多种操作系统，“体型”很小，网上很多小动画都是GIF格式。其实GIF是将多幅图像保存为一个图像文件，从而形成动画，最常见的就是通过一帧帧的动画串联起来的搞笑gif图，所以归根到底GIF仍然是图片文件格式。

5. JPEG格式，是Joint Photographic Experts Group（联合图像专家组）的缩写，文件后辍名为“. jpg”或

“. jpeg”，是最常用的图像文件格式，由一个软件开发联合会组织制定，是一种有损压缩格式，能够将图像压缩在很小的储存空间，图像中重复或不重要的资料会被丢失，因此容易造成图像数据的损伤。尤其是使用过高的压缩比例，将使最终解压缩后恢复的图像质量明显降低，如果追求高品质图像，不宜采用过高压缩比例。在Photoshop软件中以JPEG格式储存时，提供11级压缩级别，以0—10级表示。其中0级压缩比最高，图像品质最差。即使采用细节几乎无损的10 级质量保存时，压缩比也可达 5:1。JPEG文件的优点是体积小巧，并且兼容性好。

6. PNG格式，PNG（Portable Network Graphics）便携式网络图形，是一种无损压缩的位图图形格式。PNG格式有8位、24位、32位三种形式，其中8位PNG支持两种不同的透明形式（索引透明和alpha透明），24位PNG不支持透明，32位PNG在24位基础上增加了8位透明通道，因此可展现256级透明程度。PNG可以为原图像定义256个透明层次，使得彩色图像的边缘能与任何背景平滑地融合，从而彻底消除锯齿边缘，简单地说就是可以保持背景为透明的图像格式。

第四节 色彩模式

色彩模式是数字世界中表示颜色的一种算法。在数字世界中，为了表示各种颜色，人们通常将颜色划分为若干分量。成色原理不同，决定了显示器、投影仪、扫描仪这类靠色光直接合成颜色的颜色设备，以及打印机、印刷机这类靠使用颜料的印刷设备在生成颜色方式上的区别。

RGB模式：RGB色彩就是常说的三原色，R代表Red（红色），G代表Green（绿色），B代表Blue（蓝色）。自然界中肉眼所能看到的任何色彩都可以由这三种色彩混合叠加而成，因此也称为加色模式。适用于显示器、投影仪、扫描仪、数码相机等。

CMYK模式：当阳光照射到一个物体上时，这个物体将吸收一部分光线，并将剩下的光线进行反射，反射的光线就是我们所看见的物体颜色，称为CMYK模式，这是一种减色模式，也是与RGB模式的根本不同之处。不但我们看物体的颜色时用到了这种减色模式，而且在纸上印刷时应用的也是这种减色模式。CMYK代表印刷上用的四种颜色，C代表青色（Cyan），M代表洋红色（Magenta），Y代表黄色（Yellow），K代表黑色（Black）。因为在实际应用中，青色、洋红色和黄色叠加很难形成真正的黑色，最多形成褐色，因此引入K（黑色）。黑色的作用是强化暗调，加深暗部色彩。适用于打印机、印刷机等。

LAB模式：RGB模式是一种发光屏幕的加色模式，CMYK模式是一种颜色反光的印刷减色模式。LAB模式既不依赖光线，也不依赖于颜料，它是CIE组织确定的一个理论上包括人眼可以看见的所有色彩的色彩模式。LAB模式由三个通道组成，但不是R、G、B通道。它的一个通道是明度，即L，另外两个是色彩通道，用A和B来表示。A通道包括的颜色是从深绿色（低亮度值）到灰色（中亮度值）再到亮粉红色（高亮度值）；B通道则是从亮蓝色（低亮度值）到灰色（中亮度值）再到黄色（高亮度值）。因此，这种色彩混合后将产生明亮的色彩。

第五节 线稿的准备

在电脑设计图线稿的准备过程中，一般通过两种方式获得，一是手绘线稿通过电脑输入设备获得线稿，如扫描仪、数码相机或手机。二是直接在电脑上利用绘图软件通过绘图工具绘制获得线稿。

一、手绘线稿的获得

1. 手绘稿通过扫描仪输入

通过扫描仪（图1.5–1）将手绘稿输入到电脑是获得线稿比较理想的方式之一，其特点是扫描线稿清晰，画面准确、不易变形。

扫描仪输入的线稿调整与提取：

扫描仪输入的线稿底色偏灰，与画面的线稿对比不够强烈，通过调整，让底色偏亮，与线条形成对比，便于提取线稿。如图1.5-2所示的扫描线稿，线条偏灰，线条与背景对比不够强烈，在Photoshop中打开扫描线稿，解锁该背景图层，选择菜单“图像—调整—曲线”，出现曲线对话框，拖动横轴的滑块向右移，可以加深线条的浓度；或选择菜单“图像—自动对比度”（快捷键：Alt+Shift+Ctrl+L），将线条浓度加深，与背景形成强对比，如图1.5-3所示。

选择菜单“选择—色彩范围”，出现色彩范围对话框，在对话框的图示中用鼠标点击白色背景部分，除线条以外的白色背景全部选中，按“Delete”键删除背景，留下线稿，如图1.5-4所示。新建白色背景图层，放在线稿图层下面，完成线稿提取，如图1.5-5所示。

图1.5-1

图1.5-2

图1.5-3

图1.5-4

图1.5-5

2. 手绘稿通过数码摄像机或智能手机输入

在没有扫描仪的情况下，可以使用数码相机（图1.5–6）或带有摄像功能的智能手机（图1.5–7）将手绘线稿拍摄成图片并输入到电脑。高像素的相机或手机可以使拍摄的线稿图片更加清晰。这两种设备在拍摄时由于拍摄的角度不稳定，容易使画面变形，所以，拍摄时尽量让拍摄镜头与画面垂直。

图1.5–6

图1.5–7

数码摄像机或智能手机输入的线稿调整与提取：

在用相机或手机拍摄线稿图片时，注意镜头与画面垂直，画纸四周尽量保持平行，如图1.5–8所示，避免画面出现透视效果，如图1.5–9所示。同时在光线充足的条件下拍摄，拍摄时尽量不用闪光灯，避免拍摄的图片出现反光。相机或手机拍摄的线稿图片会出现画面色调不均匀，因此，调整起来比较复杂，往往需要多次调整。

图1.5–8

图1.5–9

（1）打开相机或手机拍摄的线稿图片，将四周多余的部分裁剪掉，将图片解锁。选择菜单“图像—调整—去色”（快捷键：Shift+Ctrl+U），如图1.5–10所示。

（2）选择菜单“图像—调整—亮度/对比度”，调整参数到合适位置，如图1.5–11所示。

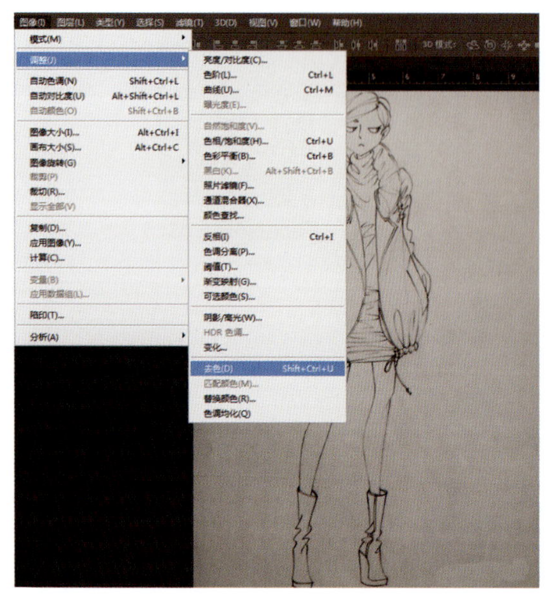

图1.5–10

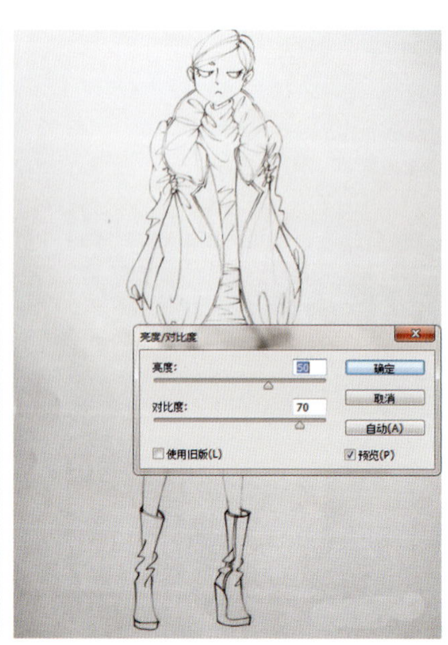

图1.5–11

（3）选择菜单“选择—色彩范围”，出现色彩范围对话框，用吸管点一下白色背景，将“颜色容差”调到适当位置，确定后按“Delete”键，然后再用橡皮将没删除干净的背景擦除，线稿提取完成，如图1.5-12所示。。新建白色背景图层，放在线稿图层下面，完成线稿提取，如图1.5-13所示。

图1.5-12

图1.5-13

二、在电脑中直接绘制线稿

在电脑中直接绘制线稿是效率比较高的一种方法，一般是电脑软件和手绘板结合，如图1.5-14所示。这种方法一般需要设计者有扎实的绘画基础和娴熟的专业基本功。下面是运用Photoshop软件绘制线稿的示范：

（1）按照服装效果图9头身的比例，绘制人体重心线，并按人体比例进行分配，如图1.5-15所示。

（2）以直线概括画出人体动态的基本造型，确定重心稳定性和人体动态的透视关系，如图1.5-16所示。

（3）调整人体整体关系，用流畅的线条绘制好人体部分，以及五官、发型、四肢基本比例关系和基本结构，如图1.5-17所示。

图1.5-14

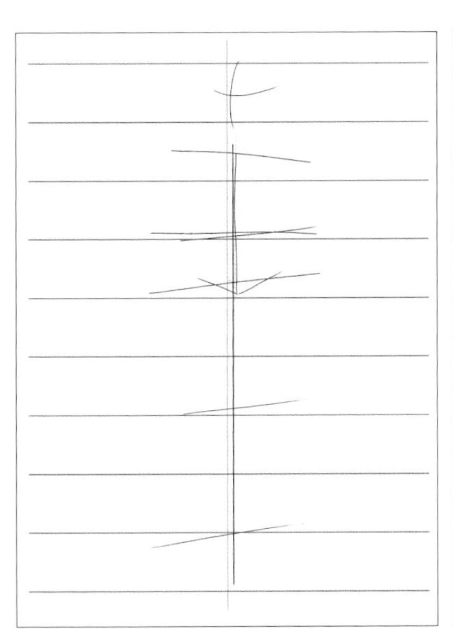

图1.5-15

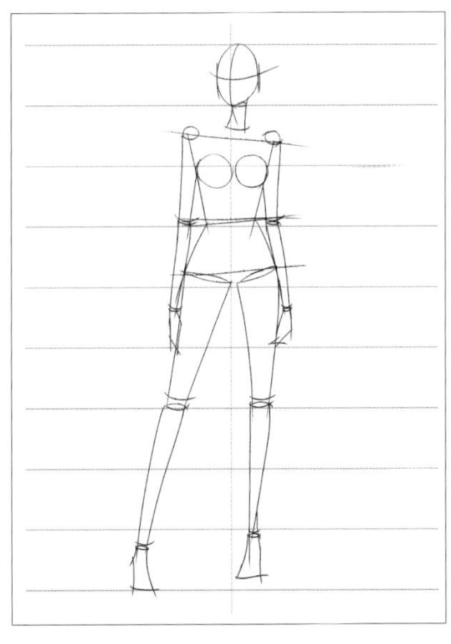

图1.5-16

图1.5-17

（4）明确服装款式特点，在人体上绘制服装的基本廓型和内部结构，如图1.5-18所示。

（5）完善服装整体造型与结构，注意衣纹的变化与处理，内部结构的表现，面料的质感。调整服装与人体关系，删除多余线条，保存线稿，如图1.5-19所示。

图1.5-18

图1.5-19

三、拷贝参考图绘制线稿

拷贝参考图绘制线稿是在参考图片的基础上对其进行拷贝，用线条表现人物造型，常需要数位板配合进行绘制。此种方法适宜于初学者，特别是对人物造型能力较弱者，能快速表达人物动态和造型。绘制步骤如下：

（1）在Photoshop中打开参考图，参考图选择合适的模特动态，此图选择泳装走秀素材，既能突出泳装着装表现，也能看清人体结构，如图1.5-20所示。

（2）将素材图片解锁，图片不透明度调整为65%左右，目的是突出后面描绘的人体线条。新建“背景”图层，填充为白色，放在“素材”层下面。在“素材”层上面新建一透明图层，命名为“线稿”，如图1.5-21所示。

（3）在线稿图层，根据素材图片，将人体造型和服装结构用“画笔”工具把线条清晰地绘制出来，或结合“钢笔”工具运用“描边路径”绘制，如图1.5-22所示。

（4）线描绘制完成后，与素材对比基本一致，如图1.5-23所示。

图1.5-20

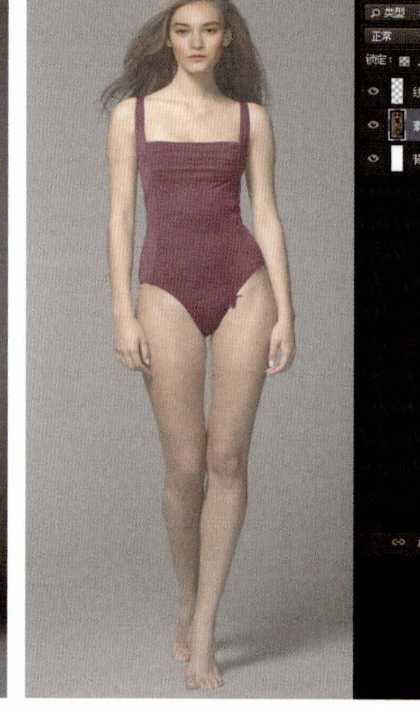

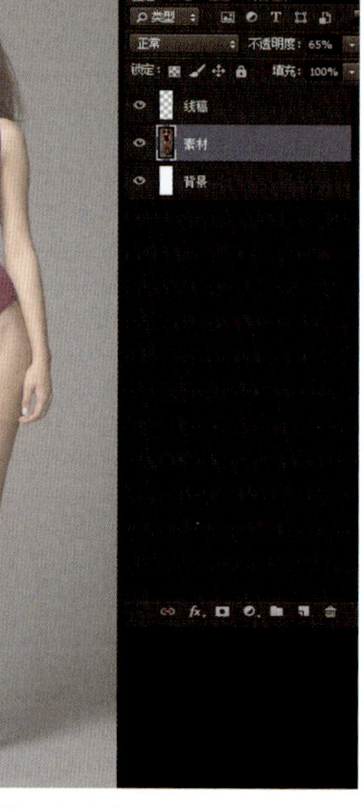

图1.5-21

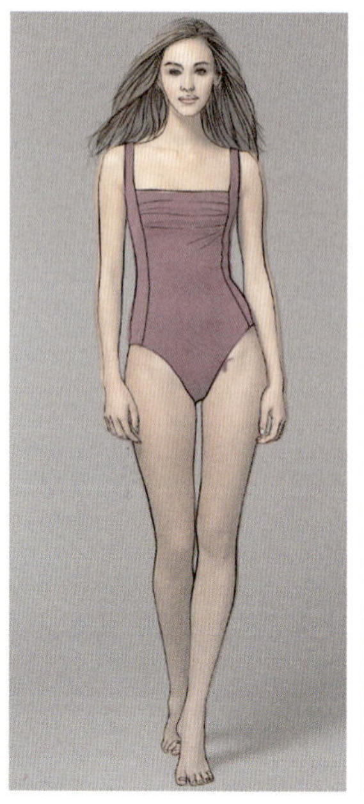

图1.5-22

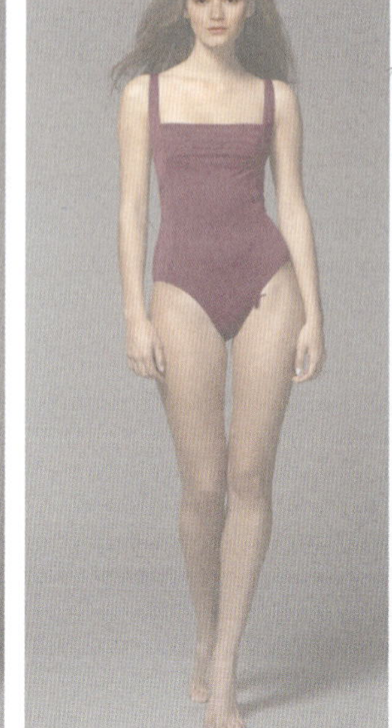

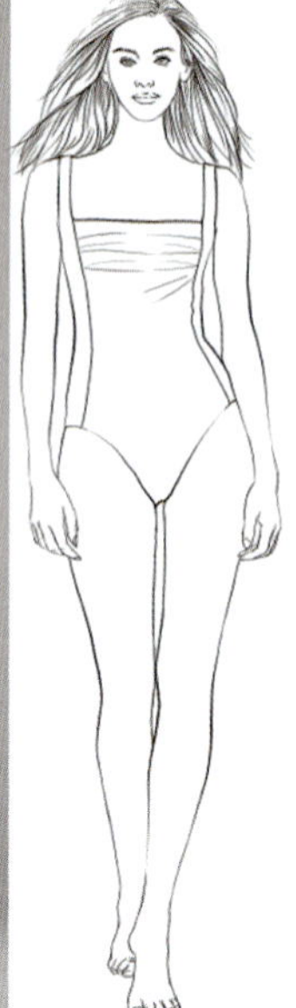

图1.5-23

（5）如果以时装画人体比例去审视线稿，显然人物形象不够纤细，不是时装画中的理想比例。在线稿图层，选择菜单“编辑—自由变换”（快捷键：Ctrl+T），整体拉长人体部分，然后击右键选择“透视”，用鼠标点中右上角方块，并轻轻向左推动，形成上小下大的透视关系，头部和肩部会变小、变窄，如图1.5–24所示。

（6）使用工具栏里“矩形选框”工具选取腿部的整体线条，然后按住“Ctrl+T”键，增加腿部的比例，如图1.5–25所示。

（7）调整后的人体线稿比例与实际人体比例对比，如图1.5–26所示。

（8）最后，服装人体线稿完成，如图1.5–27所示。

以上几种线稿的获取方式是电脑绘制服装效果图常用的，可以根据自己的条件和要求选择一种方法。

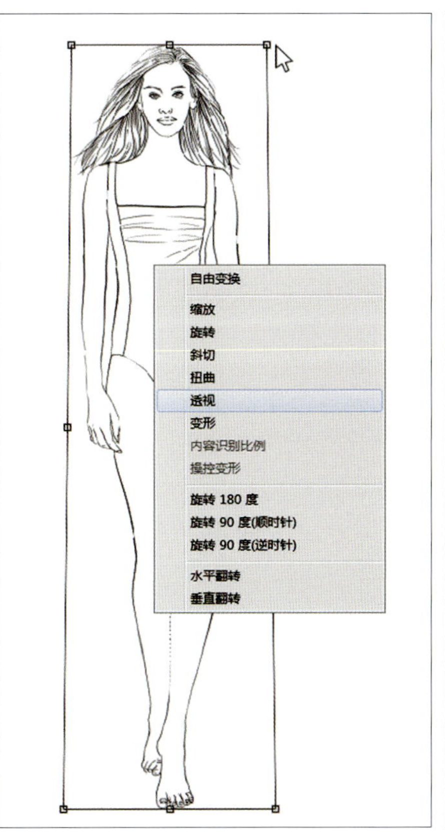

图1.5–24

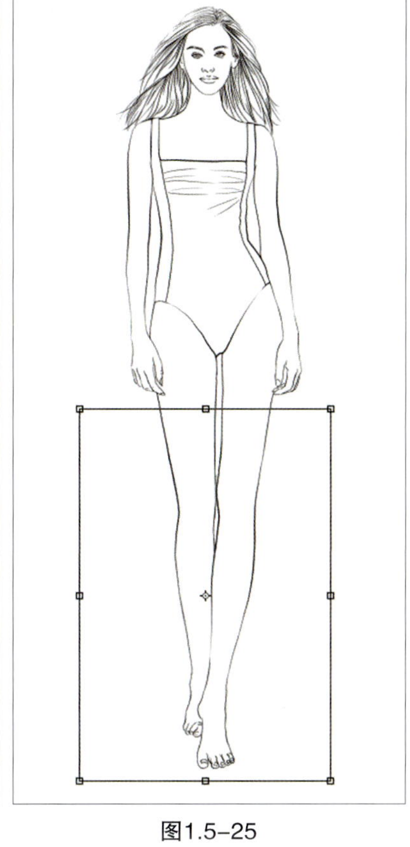

图1.5–25

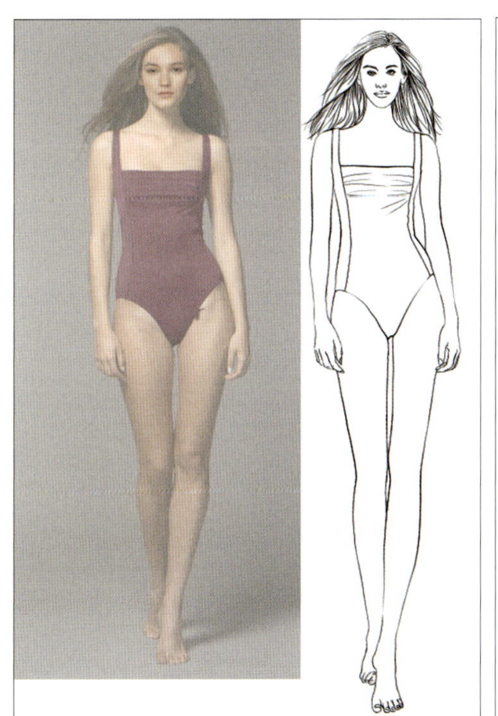

图1.5–26

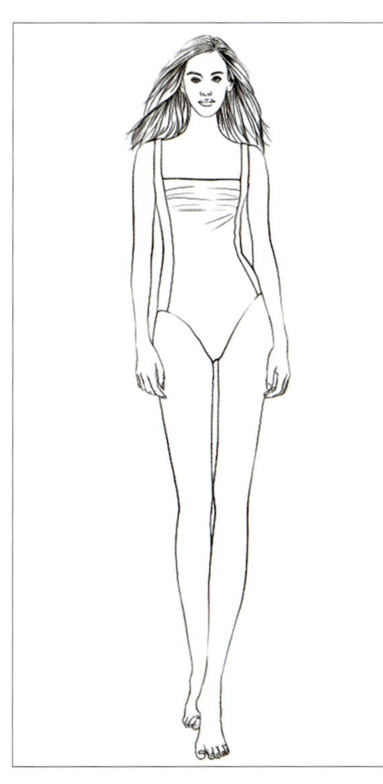

图1.5–27

第二章　Adobe Photoshop 服装设计图表现技法

第一节 Adobe Photoshop工作界面简介

一、Adobe Photoshop工作界面简介

Adobe Photoshop，简称“PS”，主要处理以像素所构成的数字图像。使用其众多的编修与绘图工具，可以有效地进行图片编辑工作。PS有很多功能，在图像、图形、文字、视频、出版、设计等方面都有涉及。本章以“Adobe Photoshop CC”版本为例，如图2.1-1所示。

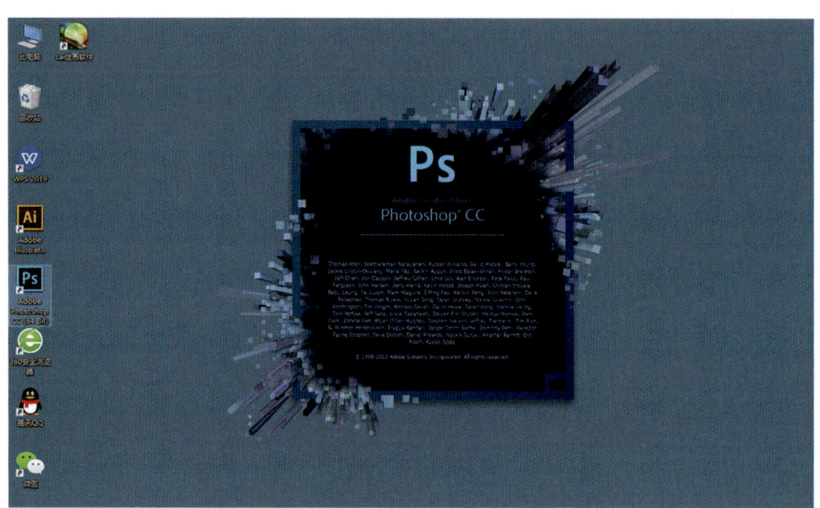

图2.1-1

启动Photoshop CC后，可以看出它的工作界面是一个标准的Windows窗口。它由菜单栏、工具箱、图像窗口、属性栏和各种控制面板等组成，如图2.1-2所示。

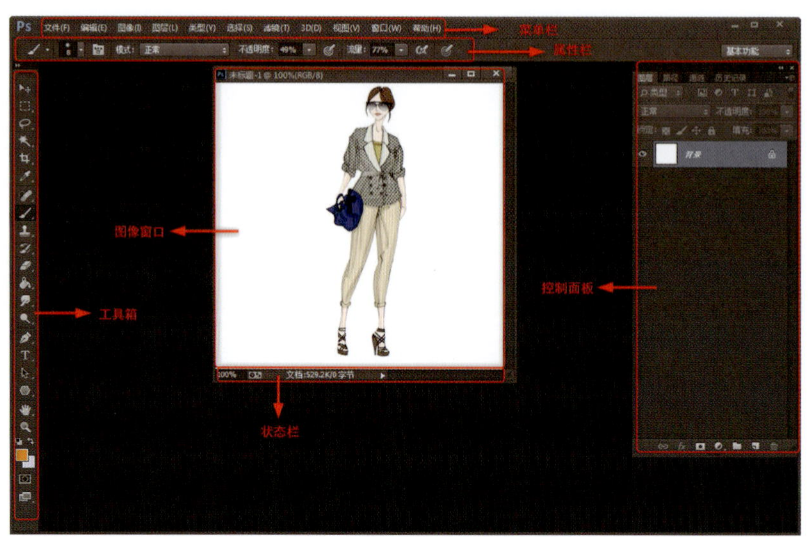

图2.1-2

二、各功能区简介

1. 菜单栏

Photoshop CC菜单栏有11个主菜单选项，单击主菜单选项会弹出它的子菜单，菜单名右边是组合快捷键，菜单名右边有“…”，则表示单击该菜单命令后会弹出一个对话框。

2. 工具箱

Photoshop CC的工具箱中包含多种工具，若工具的右下角出现一个小三角形，表示在该工具位置存在一个工具组，其中包含了相关工具。要选择工具组中其他工具，可单击该工具并按住鼠标不放，直至打开相应子工具弹出框为止。在工具弹出框中选择所需工具，则该工具此工具组中的当前工具，并出现在工具箱中。各工具的具体功能如图2.1–3所示。

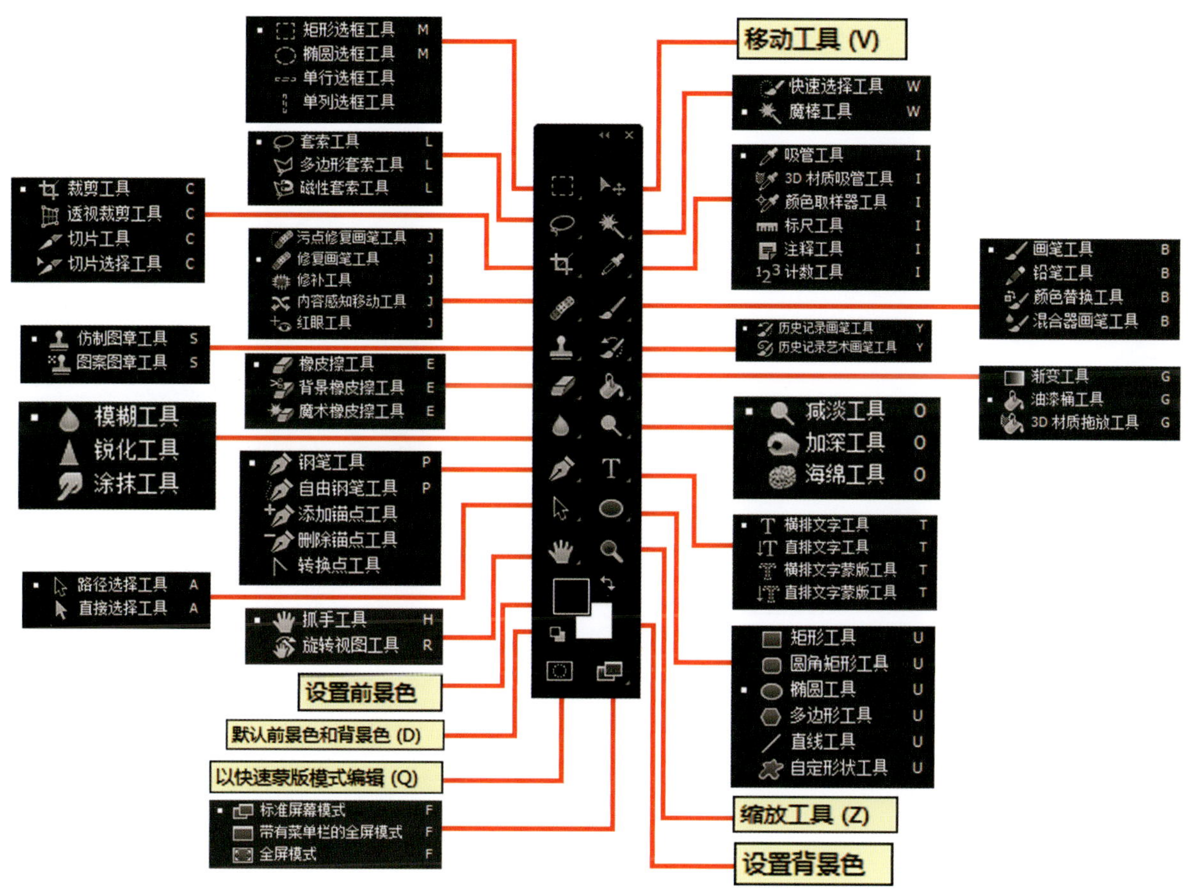

图2.1–3

3. 属性栏

选择工具箱里的某个工具后，系统会显示该工具的相应参数，同时可以对工具进行参数设置。

4. 图像窗口

图像窗口是用来显示图像、绘制图像和编辑图像的窗口。可以通过新建图像文件或打开图像文件建立一个新的图像窗口。图像窗口的底部是状态栏，主要显示当前图像的放大比率、文件大小和当前使用工具的简要说明。

5. 控制面板

控制面板也叫浮动面板，它可以方便地组合、拆分和移动，是图像处理辅助工具，它具有随着图像的调整即可看到效果的特点。如图层面板可以看到处理图像时各图层的变化情况。

第二节 Photoshop绘制常见图案、面料的案例

☞ 任务1：Photoshop绘制四方连续图案

任务目标：

◆掌握四方连续图案绘制的步骤和方法。

◆能够熟练地运用 Photoshop 定义四方连续图案。

◆掌握标尺和参考线的使用。

一、任务内容

对图2.2.1–1所示的四方连续图案，运用Photoshop 绘制出相同的图案。要求图案的单位纹样能向四周反复连续循环排列，节奏均匀，韵律统一，整体感强。

图2.2.1–1

二、内容分析

绘制如图2.2.1–1所示四方连续图案的时候，根据图形特点确定图形单个造型元素和色彩元素，最后组合成一个四方连续的基本元素，即单位纹样。

给出的这张样图是用Photoshop制作的四方连续图案，要求绘制者能熟悉该软件的一般功能。运用到Photoshop的知识点主要有标尺、参考线、定义图案、图案填充等。绘制时一方面要注意软件的使用技巧，同时要注意图案的形式美感。

三、相关知识点

在Photoshop 中打开一张图片，一般都会显示标尺。如果打开的图片上没有标尺，那么可以点击菜单“视图—标尺”（快捷键Ctrl+R），标尺就显示出来了。在标尺上点击右键，我们可以选择标尺的尺寸单位：毫米、像素、厘米等。

从标尺上拉出参考线，双击参考线，出现“首选项”对话框，可以对参考线颜色、样式等属性进行设置。

四、任务实施

1. 准备工作

（1）能运行Photoshop CC软件的相关配置计算机一台。

（2）安装Photoshop CC应用程序。

2. 四方连续图案分析

本任务中，首先要分析用电脑绘制此效果图所需要的基本元素，对图案中每个元素进行单独绘制，通过放大或缩小、水平或垂直翻转、旋转角度得到更多图案元素，根据样图进行排列组合，制作单位纹样。

3．绘制步骤与方法

（1）运行Photoshop 后，新建一文件，文件大小为30cm×30cm，分辨率为300像素/英寸，文件尺寸取决于花型在实际面料上的比例，背景任意填色，突出每个图案元素即可。注意每画一个元素要新建一个图层，如图2.2.1–2所示，共有6个图层。

（2）为了方便操作，再新建一文件，文件大小为30cm×30cm，分辨率为300像素/英寸，背景为白色，命名为“花色图案”，将单个花型元素复制到“花色图案”文件中，通过缩放、改变方向等进行排列组合，与任务图案基本保持一致即可。然后合并所有图层（背景图层不合并），如图2.2.1–3所示。

（3）在菜单栏先将“视图—标尺”勾选，再在“视图—显示—智能参考线”中将智能参考线勾选。从标尺上拉出参考线，拖动参考线至图案的边缘，参考线会自动吸附在图案边缘，如图2.2.1–4所示。

（4）根据自己对图案设计的要求，将图案层拖动至矩形边框的合适位置，如图2.2.1–5所示。

（5）在图案左边用“矩形选框”工具将参考线外的图案框选，击鼠标右键选择“通过剪切的图层”，这时自动生成一图层，如图2.2.1–6所示。

（6）将此图层选中，选择“移动”工具，用“Shift+鼠标水平移动”将剪切的图层平移到合适的位置，确定位置后合并两个图案图层，如图2.2.1–7所示

图2.2.1–2

图2.2.1–3

图2.2.1–4

图2.2.1–5

图2.2.1–6

图2.2.1–7

图2.2.1–8

（7）用同样的方法用“矩形选框”工具将下面图案移至上面合适的位置，确定位置后合并两个图案图层，如图2.2.1–8所示。

（8）调整参考线位置，如图2.2.1–9所示。

（9）用“矩形选框”工具沿着参考线选中图案部分，关闭背景层。选择“编辑—定义图案”，如图2.2.1–10所示。

（10）新建一文件，文件大小为51cm×51cm，分辨率为300像素/英寸，选择“编辑—填充”，出现填充对话框，内容选择“图案”，在自定义图案中找到新定义的图案，如图2.2.1–11所示。

（11）最后，完成图如图2.2.1–12所示。

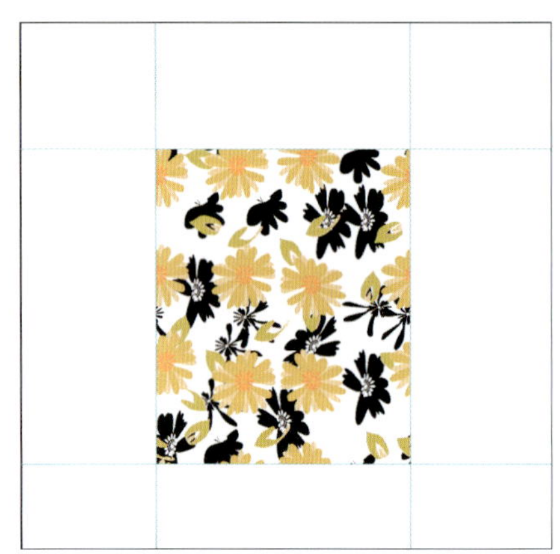

图2.2.1–9

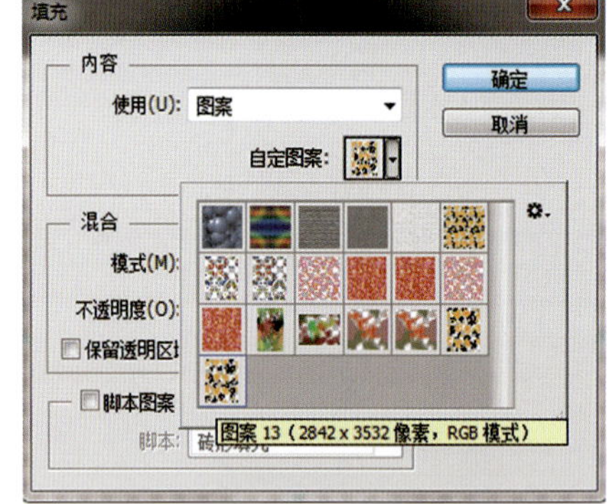

图2.2.1–10

图2.2.1–11

图2.2.1–12

练习题：

根据右面所给两个图案素材，用 Photoshop 分别制作两个四方连续图案。注意分析单位纹样。

（图案素材）　（图案素材）

☞ 任务2：Photoshop绘制呢料风格的格子图案

任务目标：

◆掌握格子绘制的步骤和方法。

◆能够熟练地运用 Photoshop 表现格子面料。

◆能够掌握运用 Photoshop 表现呢料风格的方法。

一、任务内容

对如图2.2.2–1所示的格子图案，运用Photoshop绘制出相同的图案。并要求图案效果为呢料风格。

图2.2.2–1

二、内容分析

绘制如图2.2.2–1所示格子图案的时候，根据图形特点确定格子图案基本造型元素和色彩组合元素。最后形成一块呢料风格的格子图案面料。

给出的这张样图是用Photoshop制作的呢料风格格子图案，要求绘制者能熟悉该软件的一般功能。运用到Photoshop的知识点主要有运用“矩形选框”工具填充颜色，通过调整不同色彩层的不透明度，达到格子图案的重叠交错效果。最后通过几种滤镜处理，形成呢料风格。绘制时要注意软件的使用技巧、图案和色彩搭配的形式美感。

三、相关知识点

1．色彩图层的不透明度

（1）在Photoshop 中新建一个10cm×10cm的文件，如图2.2.2–2。

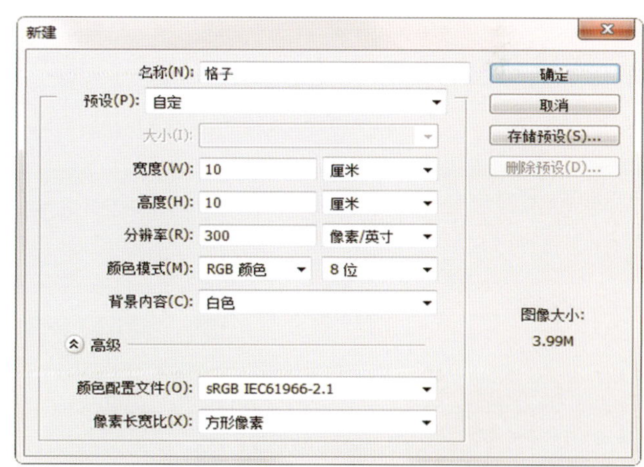

图2.2.2–2

（2）新建一图层，用“矩形选框”工具框选一矩形条并填充深红色，如图2.2.2–3。

（3）再新建图层制作一红色竖条，让纵横两红条交错，如图2.2.2–4。

（4）分别将横、竖条两图层不透明度调整到60%，此时红色透出背景色，明度增加，纯度降低，交错重叠处颜色较暗。整个效果透明而富有层次感，画面层次较为丰富，如图2.2.2–5。

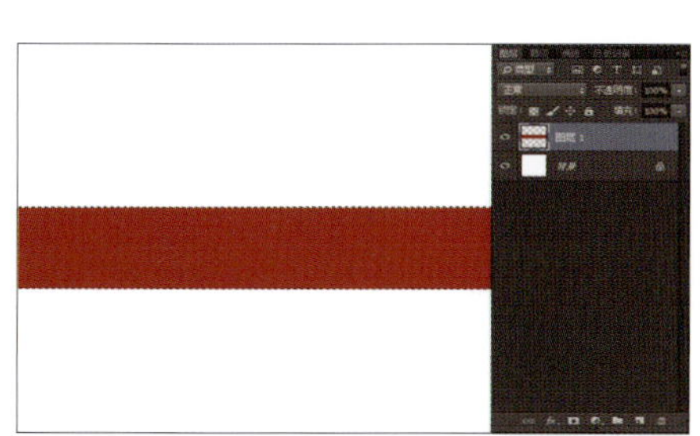

图2.2.2–3

图2.2.2–4

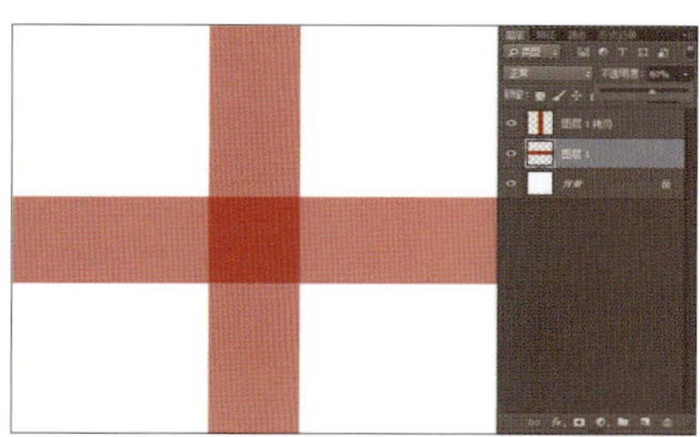

图2.2.2–5

2．滤镜库和滤镜效果

Photoshop 滤镜库有风格化、画笔描边、扭曲、素描、纹理、艺术效果六组滤镜，每组滤镜又有若干种艺术效果，每种效果可以通过调整不同参数获得不同的视觉效果，如图2.2.2–6。

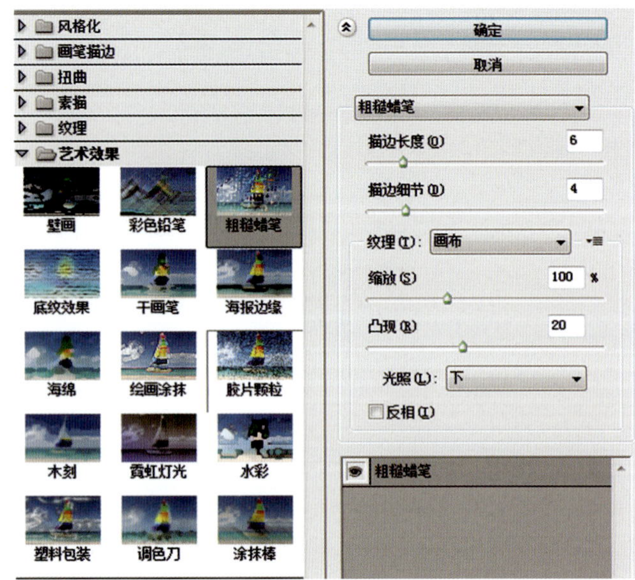

图2.2.2–6

四、任务实施

1．准备工作

（1）能运行Photoshop CC软件的相关配置计算机一台。

（2）安装Photoshop CC应用程序。

2．呢料风格的格子图案分析

本任务中，首先要分析用电脑绘制此效果图所需要的基本元素，对图案中每个条形元素进行单独绘制，通过水平和垂直交错以及调整图层的不透明度，完成格子基本单元的绘制，通过多次滤镜处理，完成呢料风格的效果。

3．绘制步骤与方法

（1）运行Photoshop 后，新建一文件，命名为“格子”，文件大小为10cm × 10cm，分辨率300像素/英寸。文件尺寸取决于格子在实际面料上的比例，本任务的格子仅在A4画面上绘制的效果图中填充图案，所以文件尺寸不要太大，填充后还可以对图案的大小进行调整，如图2.2.2–7。

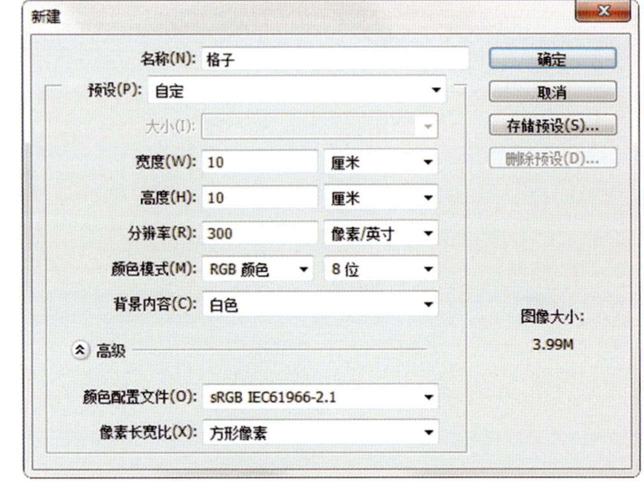

图2.2.2–7

（2）在新建的格子文件中，新建“底色”图层，用“矩形选框”工具绘制一正方形，根据任务图，填充相应的红色，如图2.2.2–8。

（3）从标尺处拉出参考线靠近红色背景色块，参考线会被自动吸附在正方形边缘，共拉出上下左右4根参考线，如图2.2.2–9。

图2.2.2–8

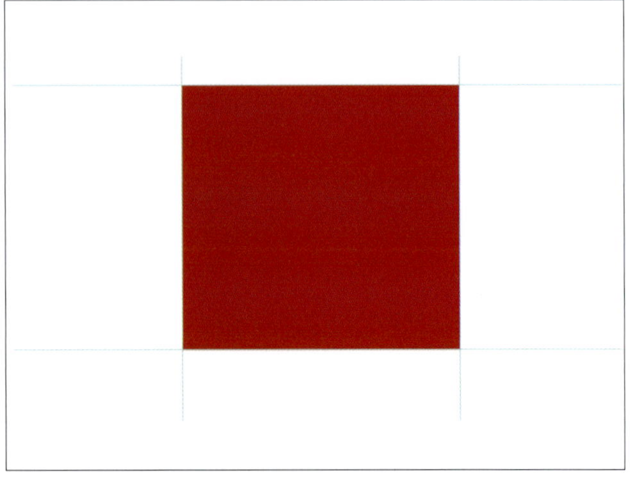
图2.2.2–9

（4）新建一图层，根据任务图，用“矩形选框”工具绘制横条，填充相应的蓝色，如图2.2.2–10。

（5）用同样方法，绘制纵条，纵横条在适当位置进行垂直交叉，分别调整两个图层的不透明度为50%，蓝色纵横条因透明度降低与背景的红色形成蓝紫色，纵横条重叠处的色彩仍保持纯度较高的蓝色，如图2.2.2–11。

（6）按照蓝色纵横条绘制方法，绘制出白色纵横条，并根据任务图调整适当的位置。分别调整两个图层的不透明度为50%，白色纵横条因透明度降低与背景色形成淡红色，白色纵横条重叠处的色彩仍保持纯度较高的白色，如图2.2.2–12。

（7）按照同样方法，绘制出黄色纵横条，如图2.2.2–13。

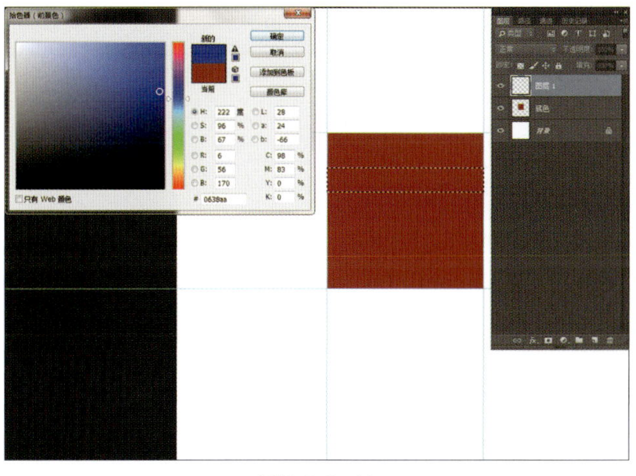

图2.2.2–10

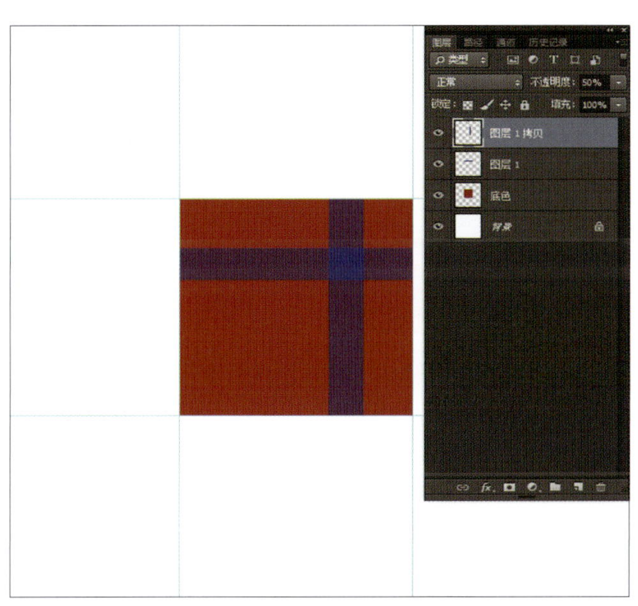

图2.2.2–11

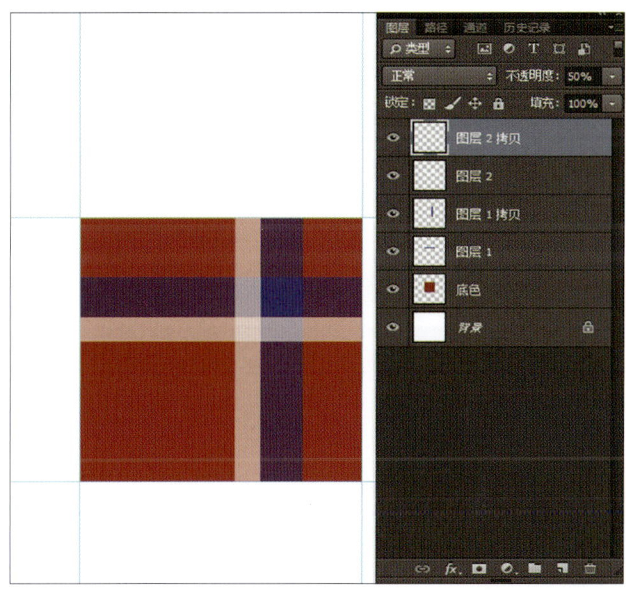

图2.2.2–12

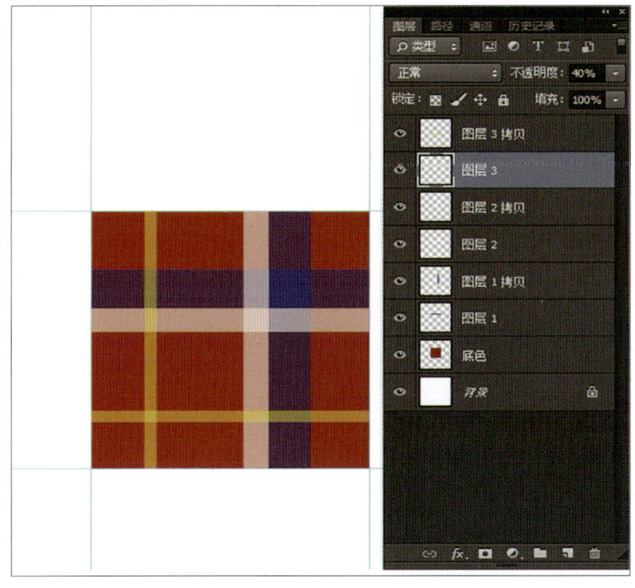

图2.2.2–13

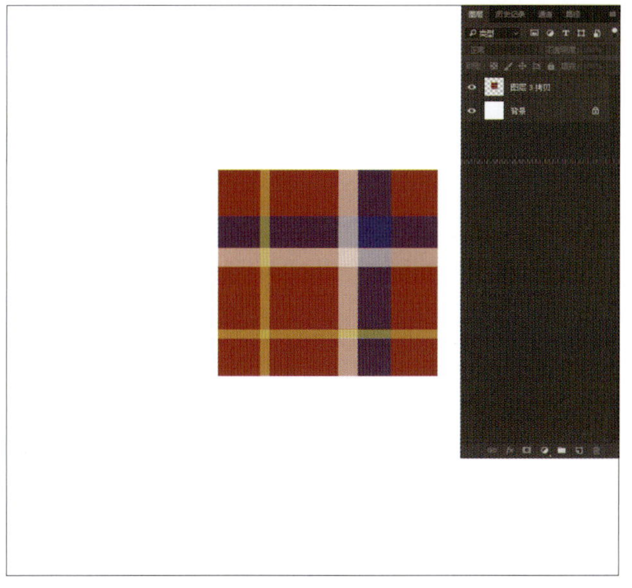

图2.2.2–14

（8）格子基本图形完成后，合并除白色背景以外的所有图层，如图2.2.2–14。

（9）打开“滤镜—滤镜库”，选择“画笔描边—喷色描边”，调整右边参数至所需描边效果，如图2.2.2–15。

（10）打开“滤镜—滤镜库”，选择“纹理—颗粒”，调整右边参数至所需描边效果，如图2.2.2–16。

（11）打开“滤镜—滤镜库”，选择“画笔描边—喷溅”，调整右边参数至所需描边效果，如图2.2.2–17。

（12）打开“滤镜—滤镜库”，选择“模糊—高斯模糊”，调整右边参数至所需描边效果，如图2.2.2–18。

（13）最后，呢料风格的格子图案基本单元完成，如图2.2.2–19。

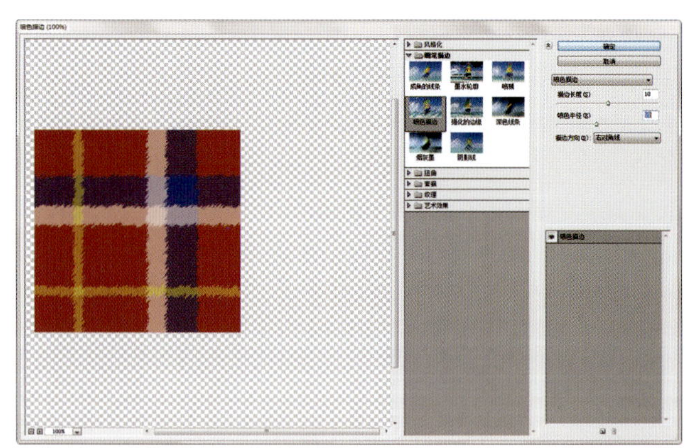

图2.2.2–15

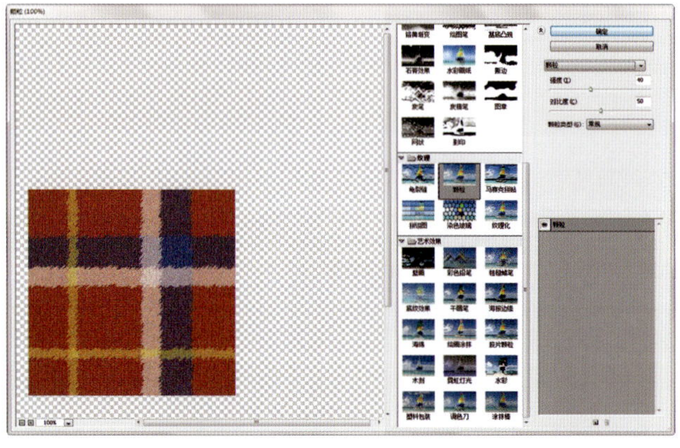

图2.2.2–16

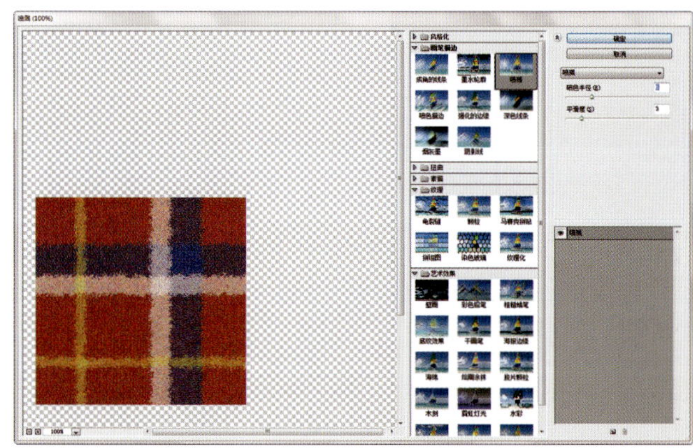

图2.2.2–17

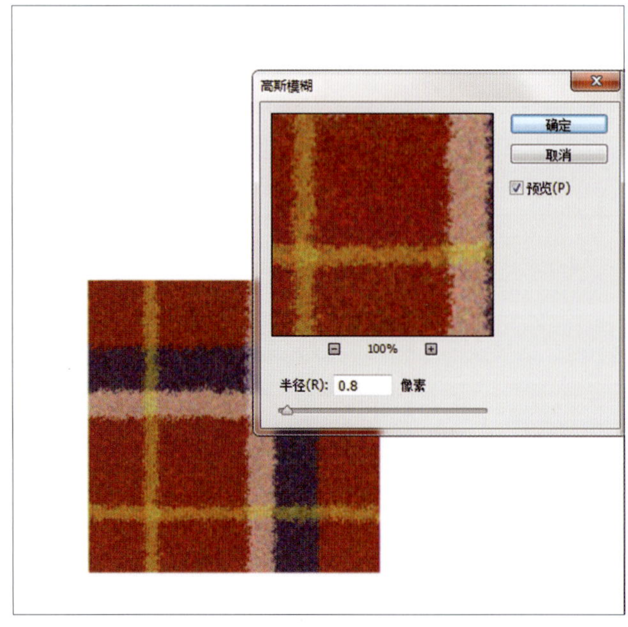

图2.2.2–18

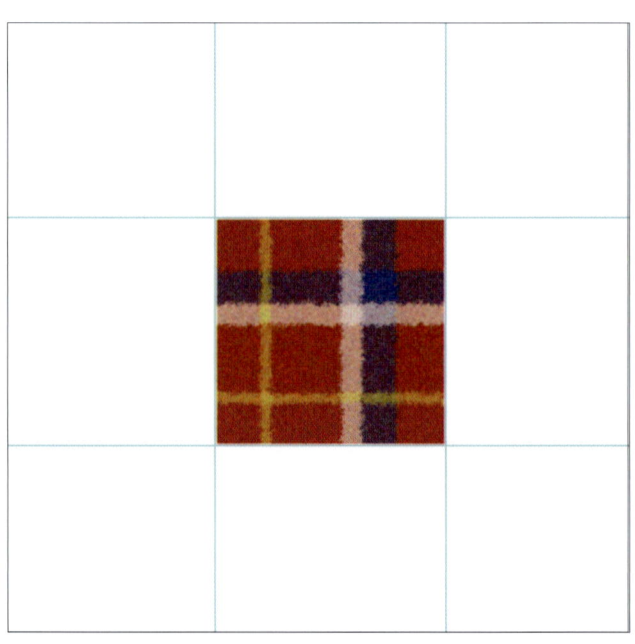

图2.2.2–19

（14）关闭背景层，用“矩形选框”工具框选格子图案的基本单元，选择“编辑—定义图案”，出现图案名称对话框，将定义的图案名称改为“图案”（可留作后面格子大衣任务中填充格子面料用），如图2.2.2-20。

（15）新建一文件，文件大小为20cm×20cm，分辨率300像素/英寸。选择“编辑—填充—内容”选择图案，找到上一步定义的图案填充，如图2.2.2-21。

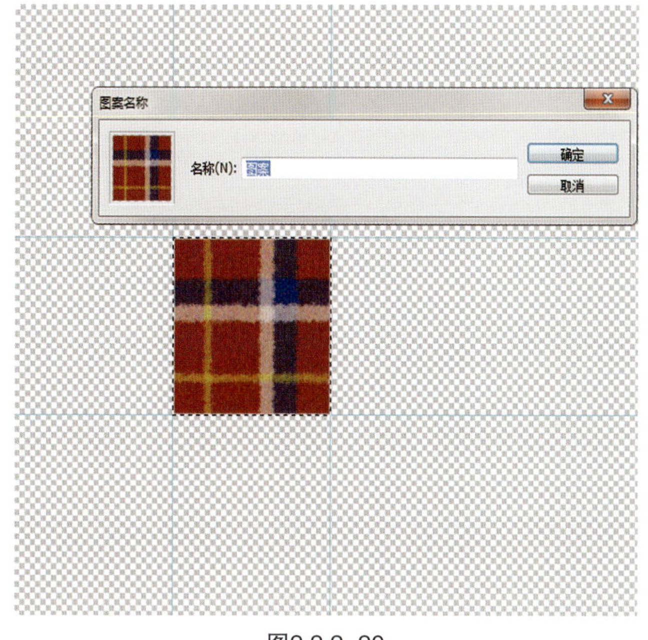

图2.2.2-20

图2.2.2-21

练习题：

1. 根据右面所给“格子面料”素材，用Photoshop制作一块类似的格子面料。
2. 选择最新流行趋势发布会中格子服装，将服装中的格子面料做成四方连续图案。

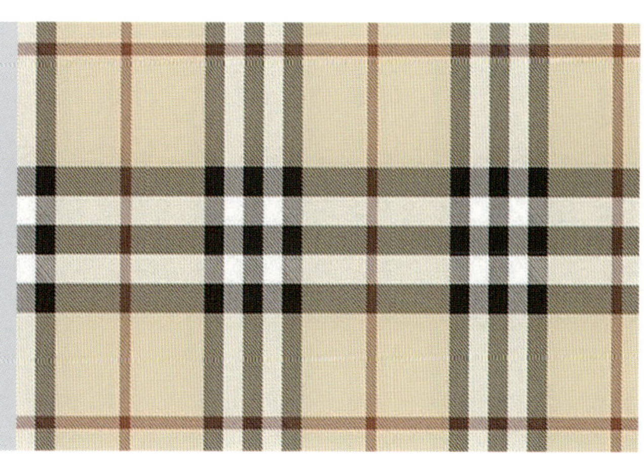

（格子面料）

☞ 任务3：Photoshop绘制牛仔面料

任务目标：

◆掌握牛仔面料绘制的步骤和方法。

◆能够熟练地运用 Photoshop 表现牛仔面料。

◆能够掌握用 Photoshop 表现牛仔面料的多种方法。

一、任务内容

对如图2.2.3–1所示的牛仔面料，运用Photoshop绘制出相同风格的面料，并要求效果同牛仔面料。

图2.2.3–1

二、内容分析

绘制如图2.2.3–1所示牛仔面料的时候，根据图形特点确定牛仔面料斜纹特征和色彩效果，最后形成一块牛仔风格的斜纹面料。

给出的这张样图是用Photoshop制作的牛仔面料，要求绘制者能熟悉该软件的一般功能。运用到Photoshop的知识点主要有运用“像素”知识制作斜纹效果，通过滤镜处理，形成牛仔面料效果。绘制时要注意软件的使用技巧，同时注重牛仔面料的视觉效果和肌理特征。

三、相关知识点

（一）机织物中斜纹组织和像素的应用

牛仔面料一般多采用斜纹组织，斜纹组织属于机织物组织，关于斜纹组织的组织图绘制原理请参考服装材料相关知识。

像素是图像的一个最小单位，它由图像的小方格组成的，小方格颜色和位置就决定该图像所呈现的样子。我们利用小方块颜色和位置作为斜纹组织的基本单位，进行斜纹面料的绘制。

下面以几种斜纹组织的原组织构成，绘制不同效果的面料。

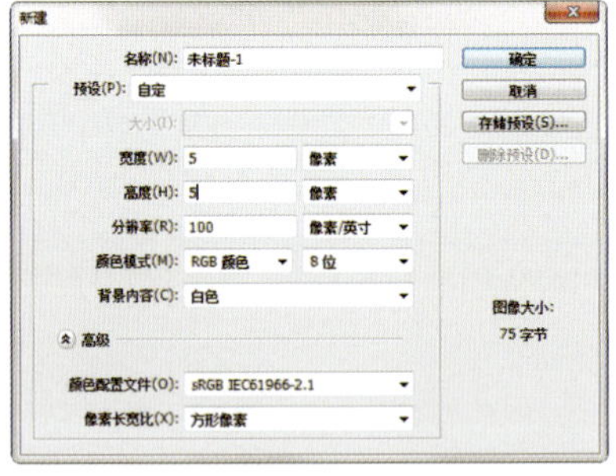

图2.2.3–2

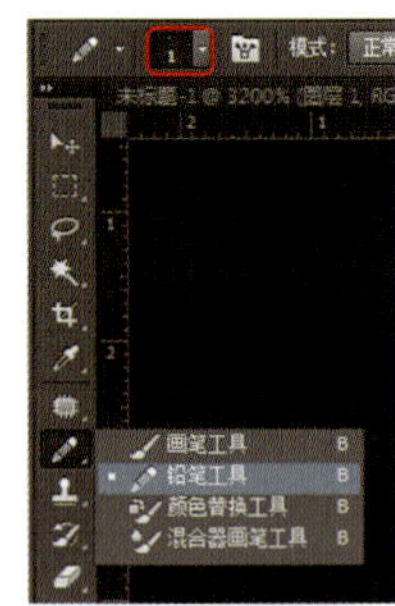

图2.2.3–3

1.“2上1下右斜纹”绘制

（1）新建一文件，宽度和高度分别为3像素，分辨率为100像素/英寸，如图2.2.3–2所示。

（2）使用快捷键“Ctr+”，将新建文件放大到最大，选择铅笔工具将笔刷大小设置为1像素，如图2.2.3–3所示。新建一图层，色彩选择牛仔蓝，用铅笔工具点击像素方块，即可作“2上1下右斜纹”组织图，如图2.2.3–4所示。关闭背景层，将原组织图定义为图案。

图2.2.3–4

图2.2.3–5

（3）新建一文件，文件大小为10cm×10cm，分辨率为100像素/英寸，新建一图层，选择“编辑—填充—内容”选择上一步定义的图案填充，“2上1下右斜纹”面料绘制完成，如图2.2.3-5所示。

2.“2上1下左斜纹”绘制

按照上一斜纹制作案例，作出“2上1下左斜纹”组织图，如图2.2.3-6所示。将原组织图定义图案，新建文件大小为10cm×10cm，分辨率为100像素/英寸，将定义的图案填充到新建图层里，如图2.2.3-7所示，对比图2.2.3-5的斜纹面料效果。

图2.2.3-6

图2.2.3-7

3.“2上2下左斜纹”绘制

（1）新建一文件，宽度和高度分别为4像素，分辨率为100像素/英寸，如图2.2.3-8所示。

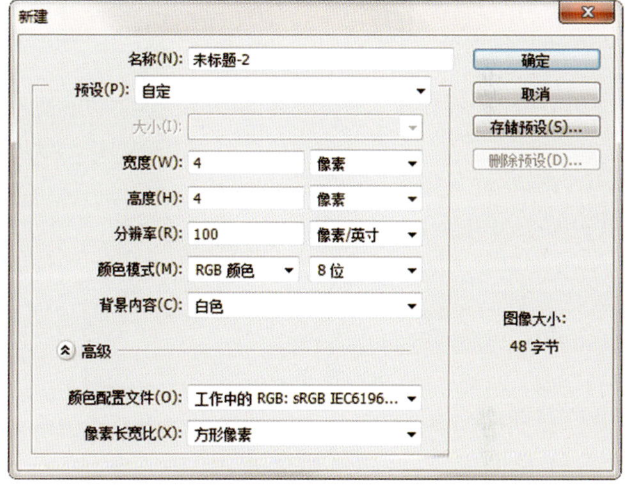

图2.2.3-8

（2）将文件放大到最大，“铅笔”工具设置为1像素，新建一图层，作出“2上2下左斜纹”组织图，如图2.2.3-9所示，将原组织图定义图案。新建文件大小为10cm×10cm，分辨率为100像素/英寸。将定义的图案填充到新建图层里，如图2.2.3-10所示。

（二）滤镜的使用

Photoshop中有很多滤镜效果，要根据面料特征，选择最适合的滤镜以达到需要的视觉效果。下面以“2上1下左斜纹”为例，选择“杂色—添加杂色”，如图2.2.3-11所示。调整“添加杂色”相关参数，如图2.2.3-12所示。最后，获得面料视觉效果，如图2.2.3-13所示。

图2.2.3-9

图2.2.3-10

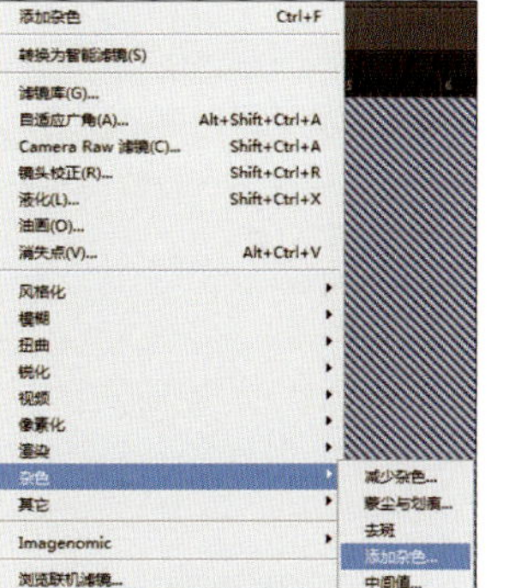

图2.2.3-11

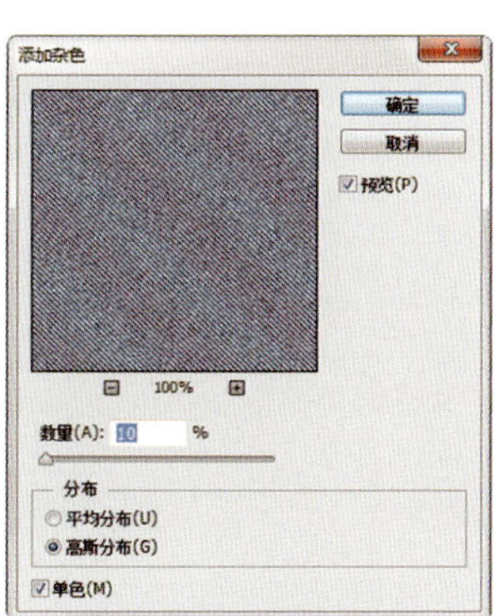

图2.2.3-12

图2.2.3-13

四、任务实施

（一）准备工作

（1）能运行Photoshop CC软件的相关配置计算机一台。

（2）安装Photoshop CC应用程序。

（二）牛仔面料制作分析

本任务中，首先要分析用电脑绘制此面料的基本元素，对面料中斜纹进行单独绘制，通过定义图案、填充图案，完成斜纹绘制。运用滤镜处理，完成牛仔面料的视觉效果。在实际操作中，可以根据斜纹组织图的原理进行各种斜纹效果的制作，能达到任务图的效果即可。

（三）绘制步骤与方法

（1）运行Photoshop 后，新建一文件，文件大小为5像素×5像素，分辨率为100像素/英寸，如图2.2.3–14所示。

（2）将文件放大到最大，选择“铅笔”工具，笔刷大小设置为1像素，如图2.2.3–15所示。

（3）新建一图层，色彩选择牛仔蓝，用“铅笔”工具点击一下右上角，画出一个像素的方块，按住“Shift”再点一下左下角一个像素方块，形成连续五个像素方块，如2.2.3–16图所示。

（4）关闭背景层，将图层1像素方块定义成图案，如图2.2.3–17所示。

（5）新建一文件，命名为“牛仔面料”，文件尺寸为15cm×15cm，分辨率为100像素/英寸，如图2.2.3–18所示。将背景填入浅蓝色。新建一图层，选择“编辑—填充”在填充对话框选择图案，选择刚定义的图案，如图2.2.3–19所示。

（6）填充定义的图案后效果如图2.2.3–20所示。

（7）图中蓝色斜纹不够明显，

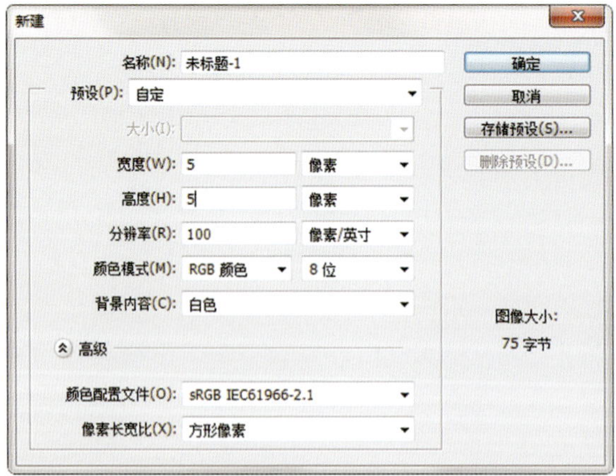

图2.2.3–14

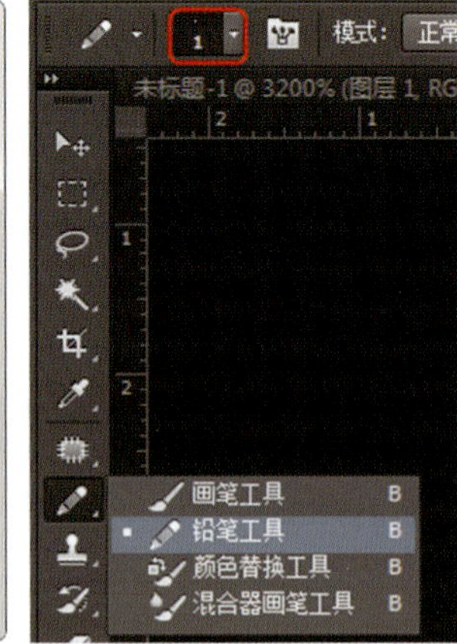

图2.2.3–15

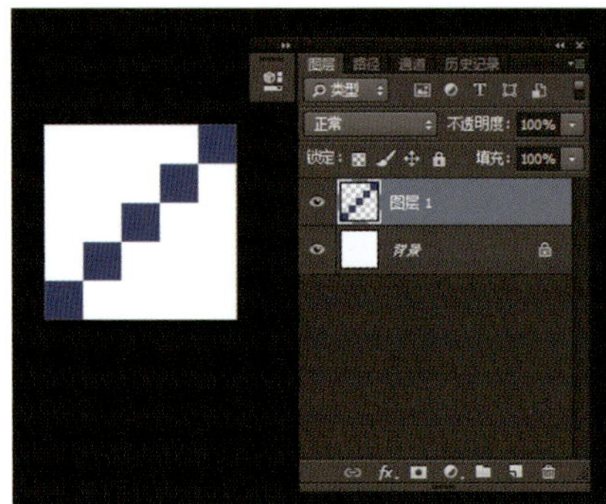

图2.2.3–16

图2.2.3–17

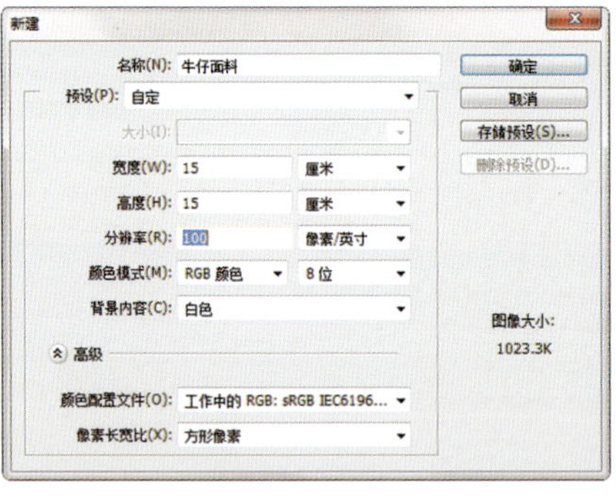

图2.2.3–18

图2.2.3–19

图2.2.3–20

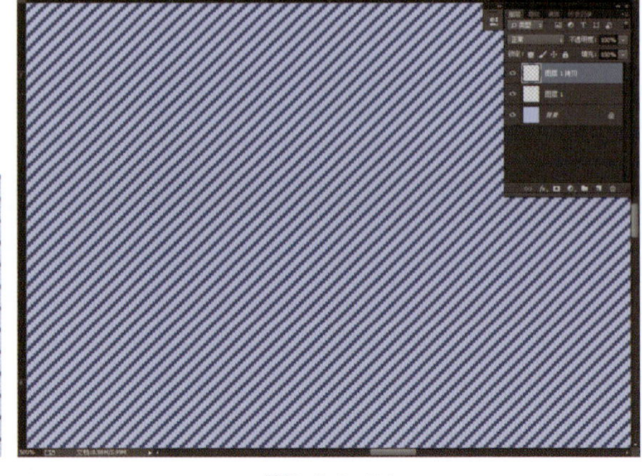

图2.2.3–21

将图层1蓝色斜纹再复制一层。选择此图层，点击“选择”工具，右移一个像素，蓝色斜纹由1像素变为2像素，如图2.2.3–21所示。

（8）合并所有图层，选择“滤镜—杂色—添加杂色”，如图2.2.3–22所示。

（9）在“添加杂色”对话框，调整相关参数，直到符合牛仔面料视觉效果，如图2.2.3–23所示。

（10）最后完成图如图2.2.3–24所示。

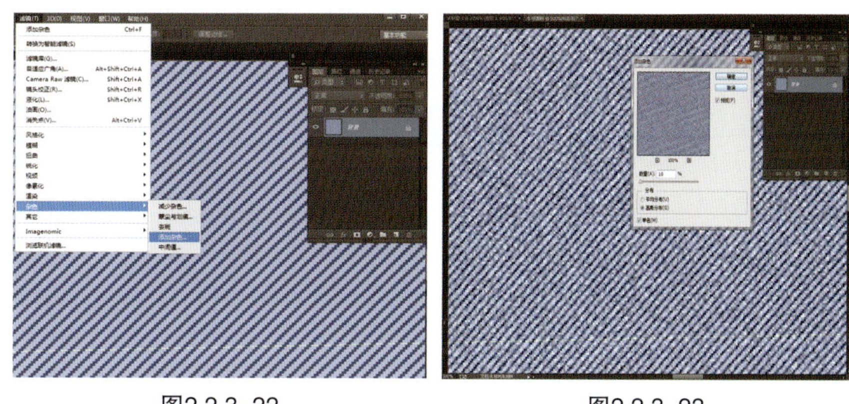

图2.2.3–22　　图2.2.3–23

图2.2.3–24

练习题：

制作一块20cm×20cm的印花牛仔面料，思考如何将印花与牛仔面料自然融合在一起。

☞ 任务4：Photoshop绘制针织面料

任务目标：

◆掌握针织面料效果图绘制的步骤和方法。

◆能够熟练地运用 Photoshop 表现针织面料效果图。

◆掌握如何运用 Photoshop 定义画笔。

一、任务内容

对如图2.2.4–1所示的针织面料，运用Photoshop绘制出相同风格的针织面料。

图2.2.4–1

二、内容分析

绘制图2.2.4–1所示的针织面料时，根据图形特点确定针织面料图案特征和色彩效果。最后形成一块针织面料效果图。

给出的这张样图是用Photoshop制作的针织面料，要求绘制者能熟悉该软件的一般功能。运用到Photoshop的知识点主要有：运用“画笔”工具绘制基本图案；制作二方连续单元图案；将单元图案定义成画笔；利用“钢笔”工具绘制路径进行画笔描边等。绘制时要注意软件的使用技巧，同时注重针织面料的肌理特征。

三、相关知识点

（一）定义画笔预设

（1）新建一文件，文件大小如图2.2.4–2所示。

（2）新建一图层，绘制图2.2.4–3所示的单元图形。单元图形可以用Illustrator或CorelDRAW等矢量图形软件制作，然后导入Photoshop进行处理。

（3）图案四周拉出参考线，用“矩形选框”工具沿参考线框选，关闭背景图层，如图2.2.4–4所示。

（4）选择“编辑—定义画笔预设”，出现如图2.2.4–5所示的对话框，确定后笔刷定义完成。

（5）选择“画笔”工具，在属性栏点按可打开“画笔预设”选取器，选择最后一个笔刷（即上面预设的画笔笔刷）。

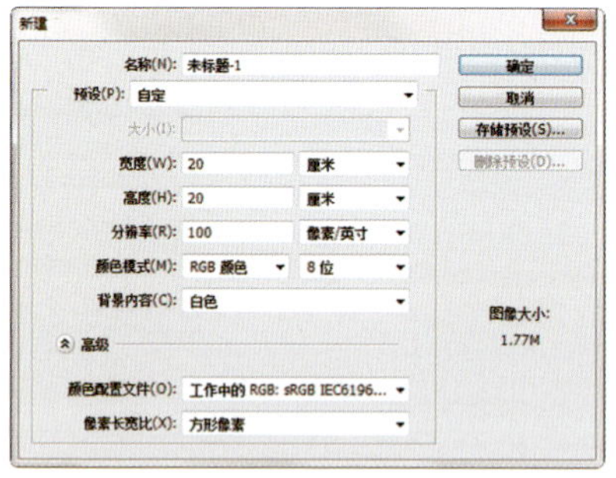

图2.2.4–2

图2.2.4–3

图2.2.4–4

图2.2.4–5

（6）选择“画笔”工具，在属性栏点按“切换画笔面板”，出现如图2.2.4-6所示对话框，在调整“画笔笔尖形状”界面下调整相关参数，角度为“0°”，间距调整到自己需要的数值。

（7）在画笔面板，选择“形状动态”，按照图2.2.4-7所示设定相关选项，其中“角度抖动”控制选项选择“方向”，然后，点击右下角的”创建新画笔“图标，保存设定的画笔。

（二）用“钢笔”工具绘制路径和描边路径

（1）新建一文件，尺寸设置如图2.2.4-8所示。

2. 用Shift+“钢笔工具”绘制一条水平路径，如图2.2.4-9所示。

（3）新建一图层，设置前景色为红色，在“钢笔”工具状态下，点击鼠标右键，选择描边路径，图2.2.4-10所示。

（4）选择描边路径后，出现图2.2.4-11所示对话框。工具选择“画笔”工具，勾选“模拟压力”，然后确定。

（5）图2.2.4-12所示就是利用“画笔预设”的笔刷进行路径描边所得到的效果，最后将描边后的路径删除。

（6）最后完成图，图2.2.4-13所示。

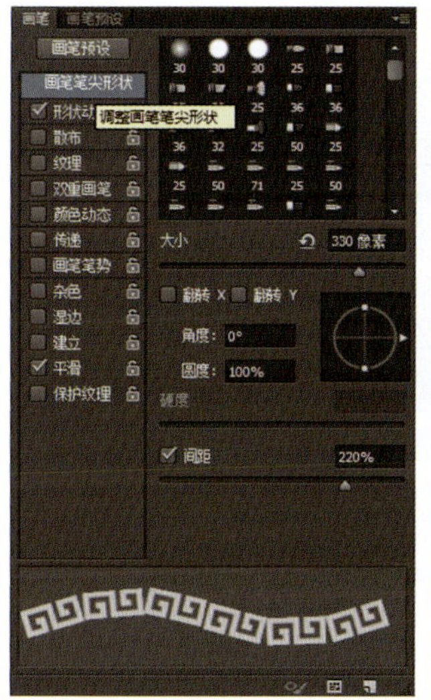

图2.2.4-6

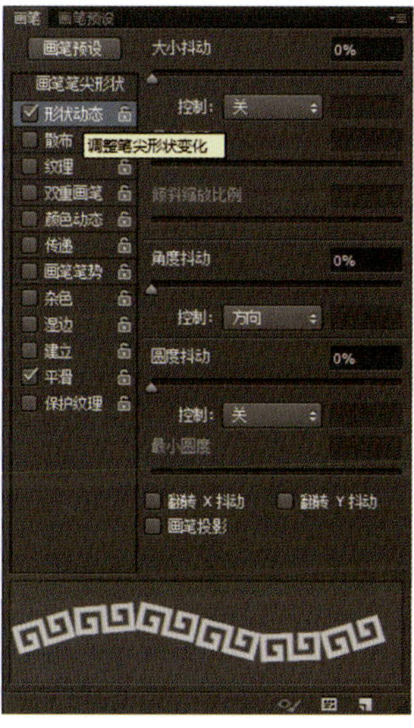

图2.2.4-7

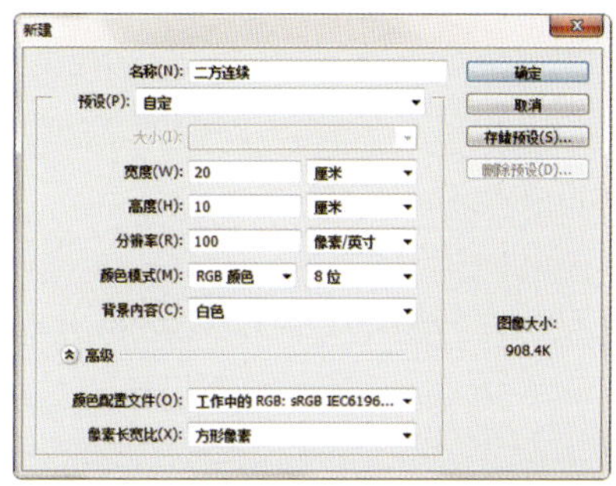

图2.2.4-8

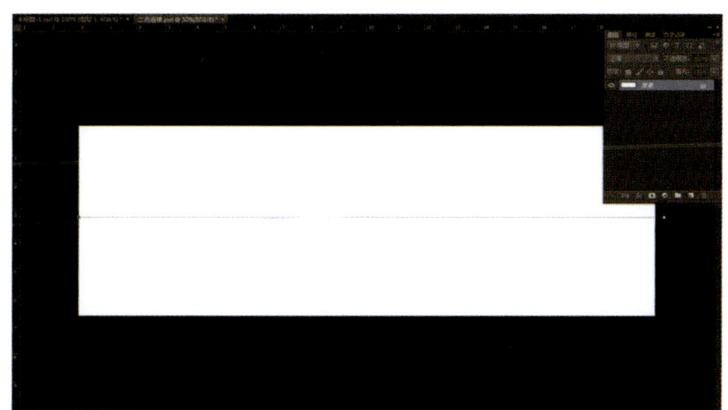
图2.2.4-9

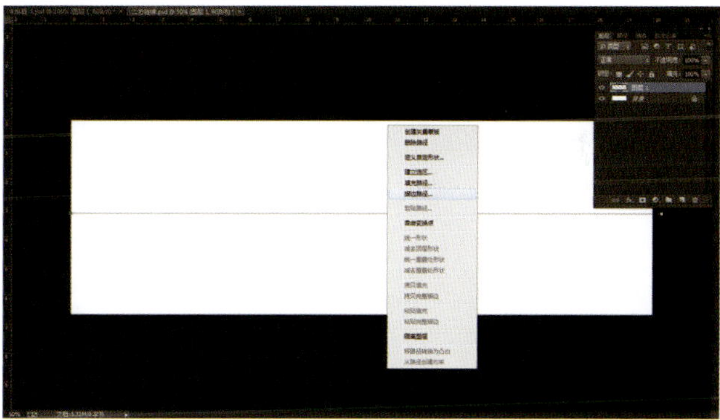
图2.2.4-10

图2.2.4-11

图2.2.4-12

图2.2.4-13

四、任务实施

（一）准备工作

（1）能运行Photoshop CC软件的相关配置计算机一台。

（2）安装Photoshop CC应用程序。

（二）针织面料制作分析

本任务中，首先要分析用电脑绘制此面料的基本元素，对面料中基本图案进行单独绘制。根据二方连续图案效果，作出二方连续循环图案。能达到任务图的效果即可。

（三）绘制步骤与方法

（1）运行Photoshop后，新建一文件，文件大小为5cm×5cm，分辨率为100像素/英寸，如图2.2.4–14所示。

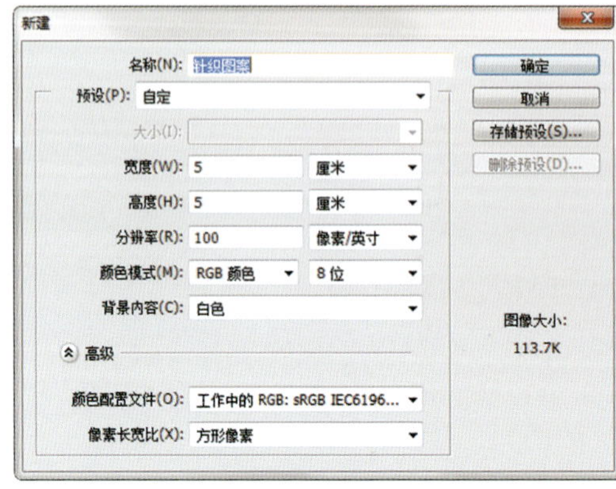

图2.2.4–14

图2.2.4–15

（2）新建图层1，用“画笔”工具绘制出一半图形，注意层次和明暗关系。然后复制该图层，将复制的图层选择“图像—图像旋转—水平翻转画布”，调整图形到需要的效果，最后合并两个图层，如图2.2.4–15所示效果。

（3）选择合并后的图层将横向参考线拉到图形的${}^{1}/_{2}$处，用“矩形选框”工具框选${}^{1}/_{2}$上面图形，点击鼠标右键选择“通过剪切的图层”，如图2.2.4–16所示。

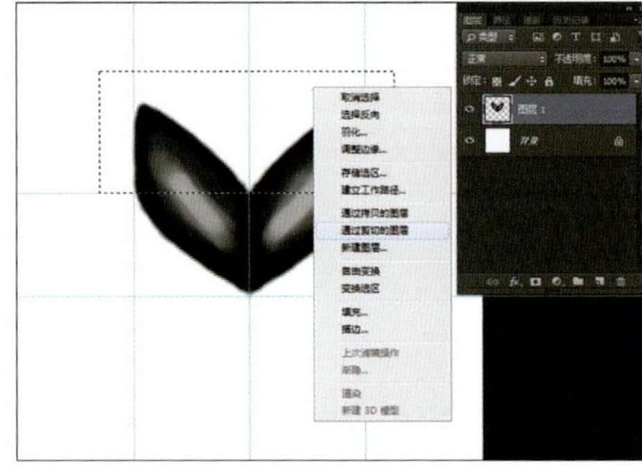
图2.2.4–16

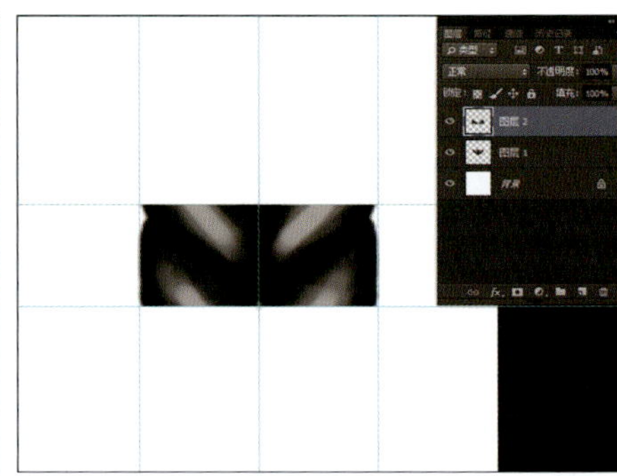
图2.2.4–17

（4）剪切后的图层会成为单独图层，将图形平移到下面合适的位置，合并两个图层，同时调整参考线到新图形的边缘，如图2.2.4–17所示。

（5）用“矩形选框”工具沿参考线框选，关闭背景图层。选择“编辑—定义画笔预设”，出现图2.2.4–18所示对话框，确定后笔刷定义完成。

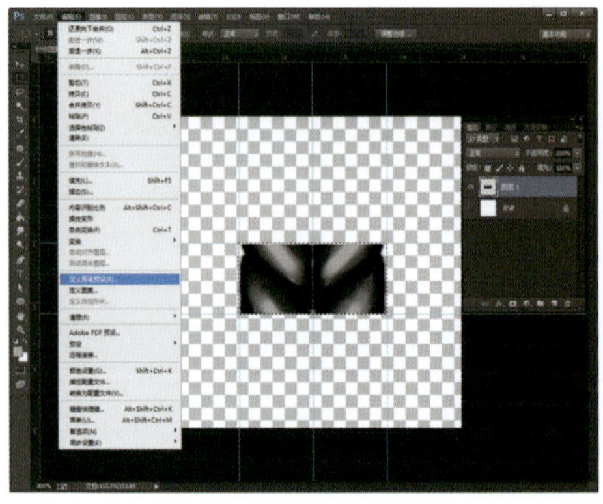
图2.2.4–18

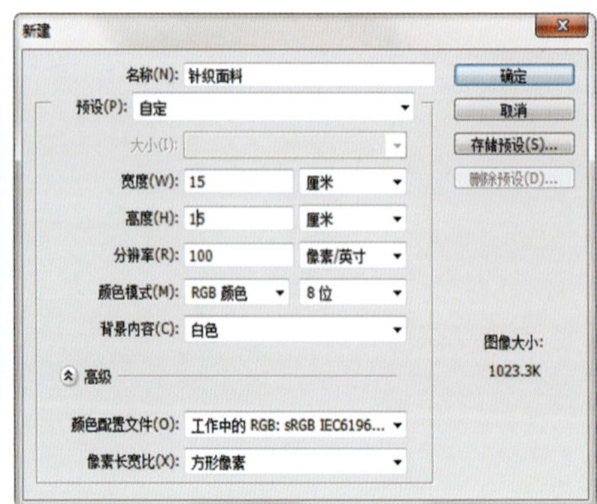

图2.2.4–19

（6）新建一文件，命名为“针织面料”，文件大小等相关参数如图2.2.4–19所示。

（7）选择“画笔”工具，在属性栏点按可打开“画笔预设”选取器，选择最后一个笔刷。

（8）选择“画笔”工具，在属性栏点按“切换画笔面板”，出现如图2.2.4–20所示对话框，在调整“画笔笔尖形状”界面下调整相关参数，角度为90°，间距调整到自己需要的数值。

（9）在画笔面板，选择“形状动态”，按照图2.2.4–21所示设定相关选项，其中“角度抖动”控制选项选择“方向”。

（10）新建一图层，用Shift+“钢笔工具”绘制一条垂直路径，如图2.2.4–22所示。

（11）新建一图层，设置前景色为暗黄色，在“钢笔”工具状态下，点击鼠标右键，选择描边路径，绘制纵向针织条纹，如图2.2.4–23所示。

（12）将针织条纹的图层复制，选择“移动”工具，将两个图层的条纹排列好。用同样的方法再复制一个针织条纹，颜色选择较暗的色彩，并排列好。将三个针织条纹的图层合并成一个图层，如图2.2.4–24所示。

（13）将上面合并的三个针织条纹再复制、排列，最后合并成一个图层，形成如图2.2.4–25所示效果。

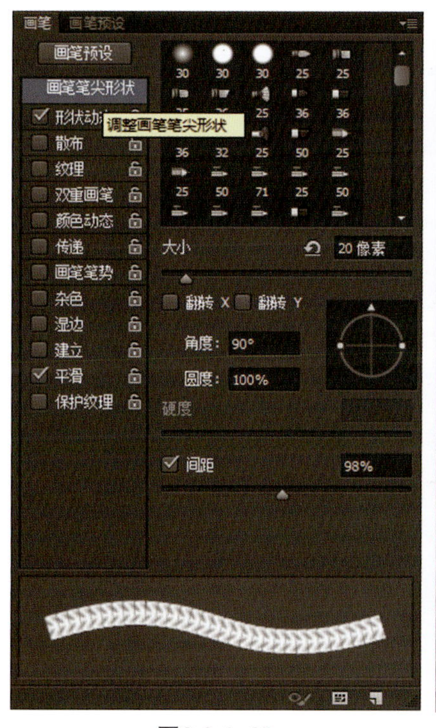

图2.2.4–20

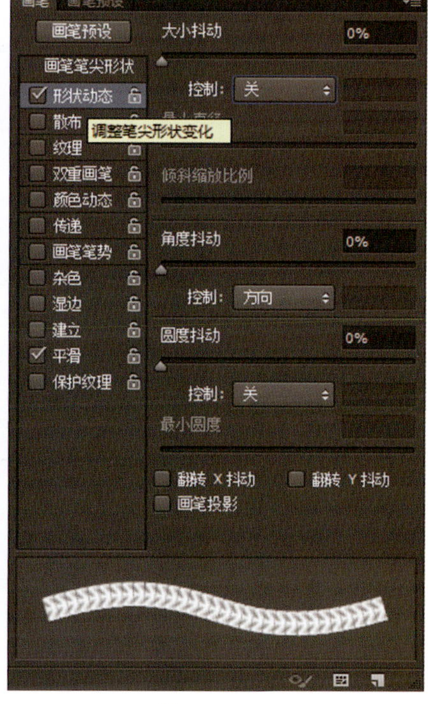

图2.2.4–21

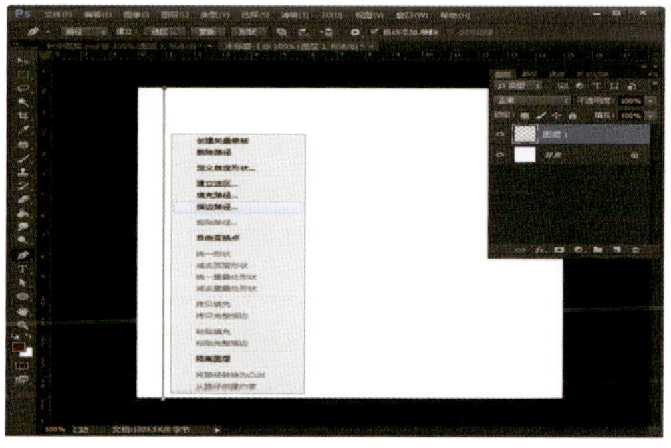

图2.2.4–22

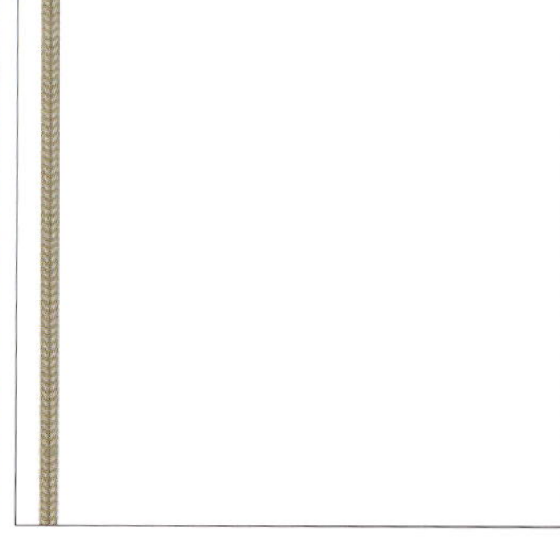

图2.2.4–23

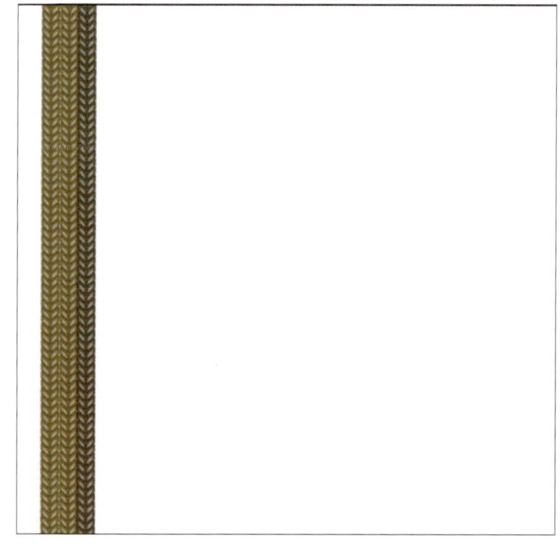

图2.2.4–24

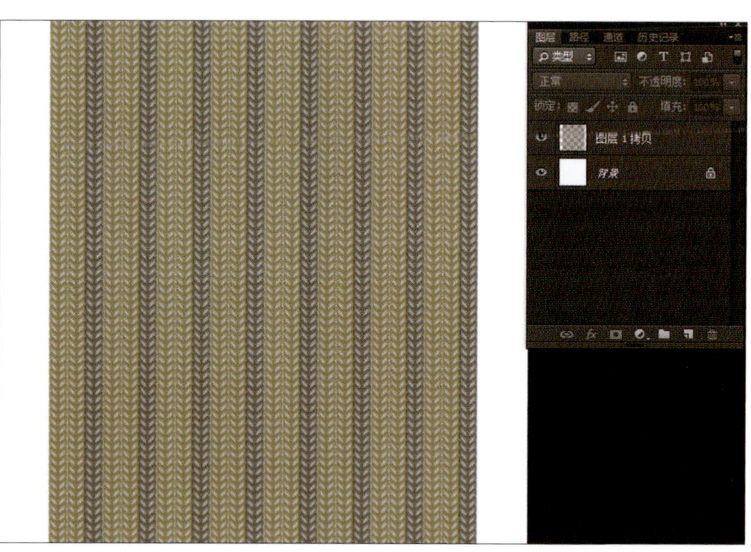

图2.2.4–25

（14）将整个针织条纹再复制一层，两层重叠，这样条纹颜色会深一些，填上底色，完成针织面料的绘制，如图2.2.4-26所示。

（15）最后完成图效果如图2.2.4-27所示。

图2.2.4-26

图2.2.4-27

练习题：

根据所给“针织面料”图片，用Photoshop制作一块类似肌理的针织面料。

（针织面料）

第三节 Photoshop不同材质服装效果图表现案例

☞ 任务5：Photoshop绘制四方连续图案的连衣裙

任务目标：

◆能够熟练地运用 Photoshop 制作的图案绘制服装效果图。

◆掌握用“剪切蒙版”填充面料的方法。

◆掌握运用图层混合模式“正片叠底”表现服装面料的暗部效果。

一、任务内容

对图2.3.5–1所示的电脑服装效果图，运用Photoshop CC绘制出相同款式的女式连衣裙。要求裙装图案为四方连续纹样，人体比例、结构准确，色彩搭配基本符合样稿，整体形式美感强。

图2.3.5–1

二、内容分析

绘制如图2.3.5–1所示女式夏季裙套装效果图的时候，首先要分析用电脑绘制此效果图所需要的基本素材：服装效果图黑白线描稿和四方连续彩色纹样面料稿。运用电脑主要完成服装效果图四方连续纹样面料的填充，单色面料的绘制，人体皮肤、头发和服饰品的色彩绘制。

给出的这张样图是用Photoshop制作的彩色服装效果图，要求绘制者能熟悉该软件的一般功能。运用到Photoshop的知识点主要有图层选区、蒙版、图层的混合模式、定义图案等。绘制时，一方面要注意软件的使用技巧，同时要注意效果图的形式美感。

三、相关知识点

（一）剪切蒙版的应用

1. 剪切蒙版

剪切蒙版是一个可以用形状遮盖其他图稿的对象，因此使用剪切蒙版，你只能看到蒙版形状内的区域，从效果上来说，就是将图稿裁剪为蒙版的形状。

可以在剪切蒙版中使用多个图层，但它们必须是连续的图层。蒙版中的基底图层名称带下划线，上层图层的缩览图是缩进的。叠加图层将显示一个剪切蒙版图标。

2. 创建剪切蒙版

在Photoshop中新建一文字图层，输入“fashion”字母，文字图层和图层1相邻的两个图层创建剪贴蒙版后，上面图层1（花）所显示的形状或虚实就要受下面图层（字母）的控制。下面图层的形状是什么样的，上面图层就显示什么形状，或者只有下面图层的形状部分能够显示出来，如图2.3.5–2、图2.3.5–3所示。

图2.3.5–2

fashion

图2.3.5–3

（1）在“图层”面板中排列图层，以使带有蒙版的基底图层（字母）位于要蒙盖的图层（花）的下方。

（2）执行下列操作之一：

1）按住 Alt 键，将指针放在图层面板上用于分隔要在剪切蒙版中包含的基底图层和其上方的第一个图层的线上（指针会变成↓□图形），然后单击。

2）选择“图层”面板中的基底图层上方的第一个图层，并选取“图层”—“创建剪切蒙版”或击右键选择“创建剪切蒙版”。

（二）制作图案面料

（1）运行Photoshop 后，打开已经做好的四方连续图案（本章任务1内容），查看图像大小，原图较大，这里根据需要将图案尺寸调整为10cm × 10cm，像素不变，如图2.3.5-4、图2.3.5-5所示。

（2）将修改好尺寸的四方连续图案，命名为“四方连续”，后面待用，如图2.3.5-6所示。

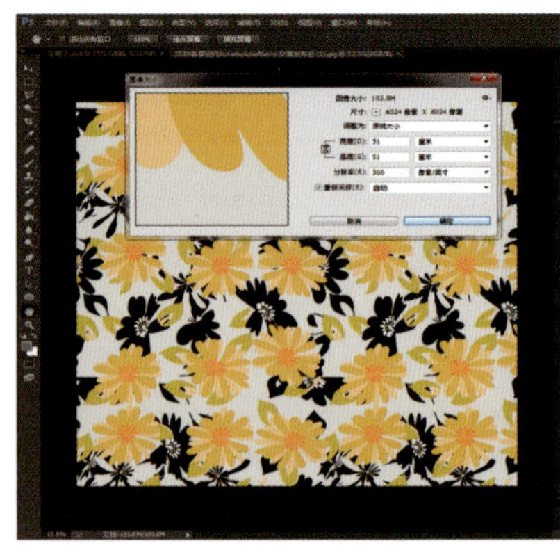

图2.3.5-4

图2.3.5-5

图2.3.5-6

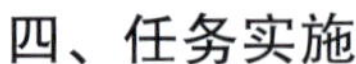

四、任务实施

（一）准备工作

（1）能运行Photoshop CC软件的相关配置计算机一台。

（2）安装Photoshop CC应用程序。

（3）在A4白纸上手绘服装效果图线描稿，把线描图扫描入电脑中备用（也可用数位板直接在电脑中绘制）。

（二）四方连续纹样的连衣裙效果图分析

本任务中，连衣裙效果图的重点是四方连续纹样面料的填充，不仅要掌握面料的填充方法，又要使填充面料后服装富有立体感和质感。裙片起伏产生大的衣褶，花色图案会产生错位，因此，不能简单地将整个花色衣片直接填充面料图案，可以将起伏大的衣片分块填充面料，让图案自然错位。

其他单色面料服装及皮肤、头发等的绘制相对简单，注意服装色彩、肤色、发色之间的关系，整体上要统一。

（三）绘制步骤与方法

1.线稿提取

（1）运行Photoshop CC后，用组合键【Ctr+O】打开已扫描好的服装效果图线描图文件，如图2.3.5-7所示。

（2）把线描图复制一层，把原来的一层填充白色，复制层命名为“线稿”，点击“菜单—选择—色彩范围”，这时鼠标变为吸管形状，点击对应图案白色的位置，如图2.3.5-8所示。

图2.3.5-7

图2.3.5-8

(3) 此时线描图中所有白色呈选中状态，点击Delete键删除白色底色，背景为透明状，只留下线稿，如图2.3.5-9所示 。

图2.3.5-9

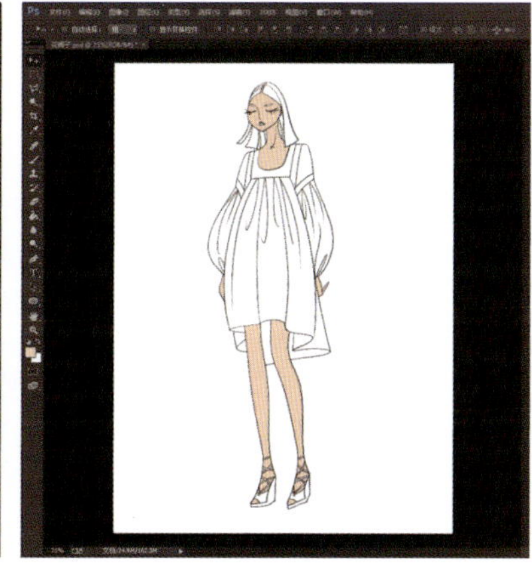

图2.3.5-10

图2.3.5-11

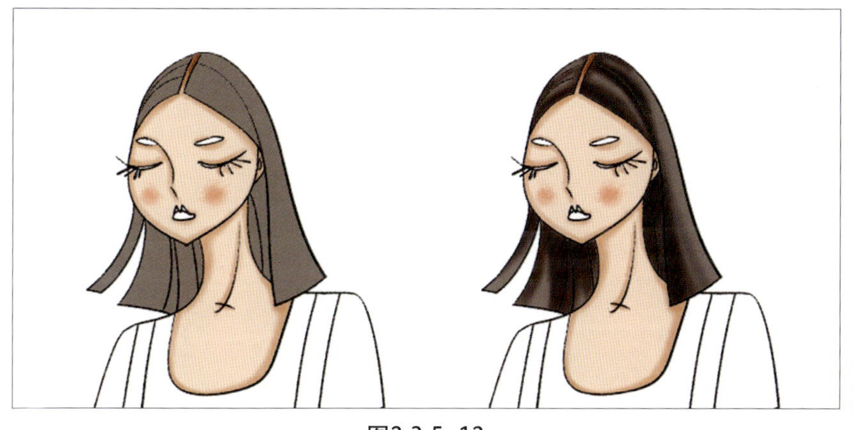

图2.3.5-12

图2.3.5-13

2. 皮肤及五官绘制

(1) 利用“钢笔”工具（路径工具）把人物皮肤各个部分分别准确勾画出来，把路径变成选区储存起来；或用“磁性套索”工具勾出皮肤选区；或线稿是封闭线稿的可以用“魔术棒”工具点选皮肤部分选区。在选区状态下，打开“选择—修改—扩展”，扩展量输入1像素，新建“皮肤”图层，并填充皮肤色。“线稿”图层始终放在最上层，如图2.3.5-10所示。

(2) 在填充好的“皮肤”图层上新建“皮肤暗部”图层，选择“画笔工具—柔边圆压力不透明度”，在属性栏中降低“不透明度”和“流量”，用比皮肤深的颜色画出皮肤的暗部，如图2.3.5-11所示。

(3) 用同样方法建立“头发”图层并填充颜色，再新建“头发暗部”图层画出头发暗部，如图2.4.5-12所示。

(4) 新建图层“五官”，绘制出五官的色彩，如图2.3.5-13所示。

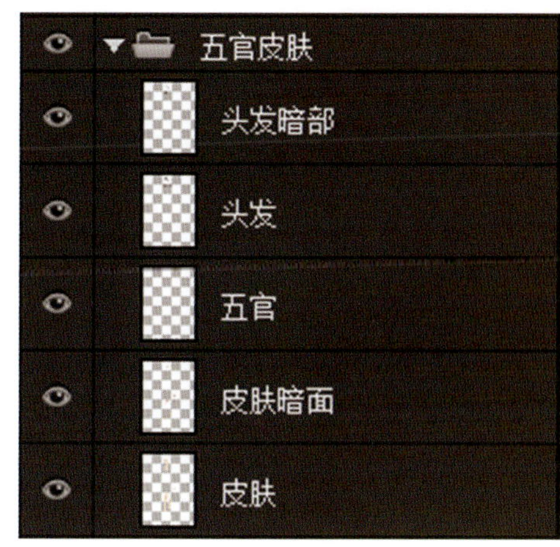

图2.3.5-14

（5）为了方便管理图层，新建“五官皮肤”组，将五官、皮肤、头发等放在一个组内，如图2.3.5-14所示。

3. 连衣裙四方连续图案填充及上色

（1）根据任务图，用已画好的四方连续图案绘制花色裙子，此连衣裙图案包括袖子，一般简单的绘制方法是将整个四方连续图案的衣片全部做一个选区，然后填充图案，但这种方法不能表现出面料随衣片的转折和起伏关系，特别是转折较大的衣片，图案是错位的，因此，此裙片分别做了5个选区（分别用不同颜色区分），每个选区单独填充图案，如图2.3.5-15所示。为了便于调整选区图案的位置和大小，采用“剪切蒙版”进行图案填充。

（2）将1选区建立选区，新建一图层，图层命名为“1底色”，填充颜色，因“剪切蒙版”基底图层必须为非透明图层，如图2.3.5-16所示。

（3）复制图2.3.5-6的图案面料到“1底色”图层上，命名“1面料”图层，如图2.3.5-17所示。

（4）选择“1面料”图层，并在图层菜单中选取“图层——创建剪切蒙版”或击右键选择“创建剪切蒙版”，此时剪切蒙版区域显示面料图案，如图2.3.5-18所示。

（5）在剪切蒙版图层“1面料”图层上面新建“1阴影”图层，图层混合模式选择“正片叠底”，在“1阴影”图层上画出裙片的暗部，如图2.3.5-19所示。

（6）将图中其他三个区（2选区、3选区、袖选区）用同样的方法填充面料，注意每个选区图案要根据面料衣褶起伏进行图案错位，增加裙子的立体感，如图2.3.5-20所示。

图2.3.5-15

图2.3.5-16

图2.3.5-17

图2.3.5-18

图2.3.5-19

图2.3.5-20

（7）“4选区”为裙底，是面料的反面且在暗面，因此填充好面料后要进行色彩调整。在图像菜单中选择“图像—调整—色相/饱和度”将面料调整灰暗些，与面料正面形成一定色调差异，如图2.3.5–21所示。

（8）在以上4个裙片区图层上分别建立4个阴影图层，图层类型选择“正片叠底”，在各阴影层分别画出裙子的暗部，如图2.3.5–22所示。同时，为了方便管理图层，新建“裙子”组，将填充图案的5组图层全部放在一个组内，每个组包括底色图层、面料图层（剪切蒙版）和阴影图层，如图2.3.5–23所示。

（9）根据任务图，上衣分割衣片分别建立图层，紫色部分为“上衣”图层、黑色分割部分为“黑色”图层，分别在两个图层上建立选区，并填充相应颜色，在“上衣”图层上方建立“上衣暗部”图层，图层混合模式选择“正片叠底”并在此图层上画出紫色衣片的暗部。在“上衣暗部”图层上面再建立“上衣高光”图层，将紫色衣片受光部分提亮，增加服装的立体效果，如图2.3.5–24所示。

（10）为了方便管理图层，新建“上衣”组，将上衣各图层放在一个组内，如图2.3.5–25所示。

4. 鞋子绘制

新建“鞋子”图层，将鞋子建立选区并填充颜色，在“鞋子”图层上方建立“鞋暗部”图层，图层混合模式选择“正片叠底”，画出鞋子的暗部。在“鞋暗部”图层上建立“鞋亮部”图层，画出鞋子受光部分，增加鞋子的体积感，如图2.3.5–26所示。

图2.3.5–21

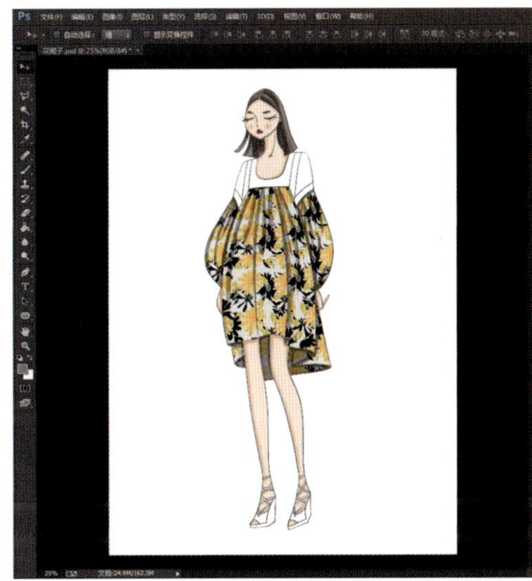

图2.3.5–22

图2.3.5–23

图2.3.5–24

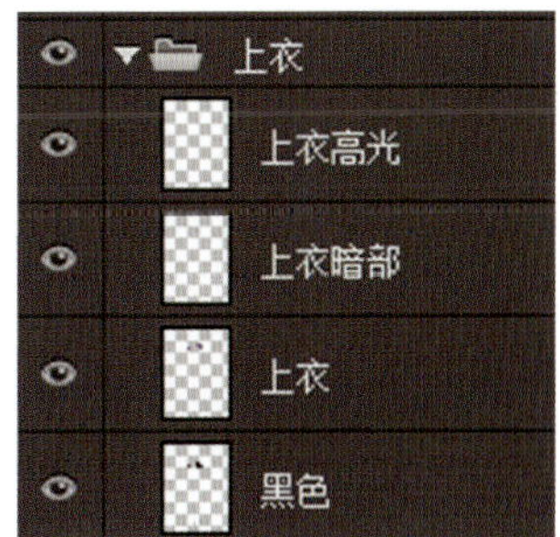

图2.3.5–25

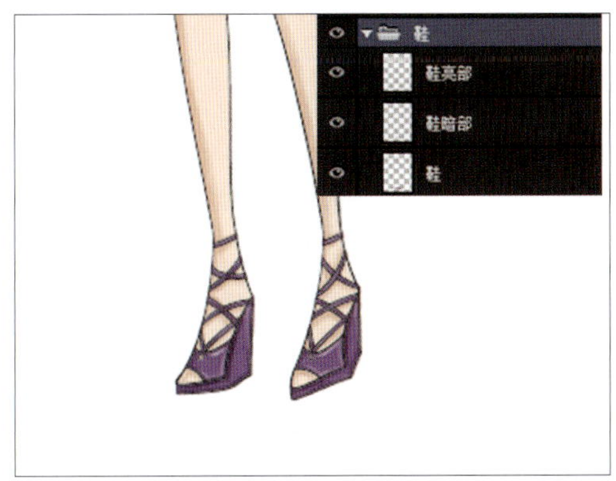

图2.3.5–26

5. 图层的管理

图层的管理对于初学者很重要，本任务图层较多，所以进行了分组管理，这样可以帮助绘图者理清思路，便于修改调整。本任务除了“背景”图层和“线稿”图层外，建立了四个图层组，分别对每组图层进行管理，如图2.3.5-27所示。

最后完成图如图2.3.5-28所示。

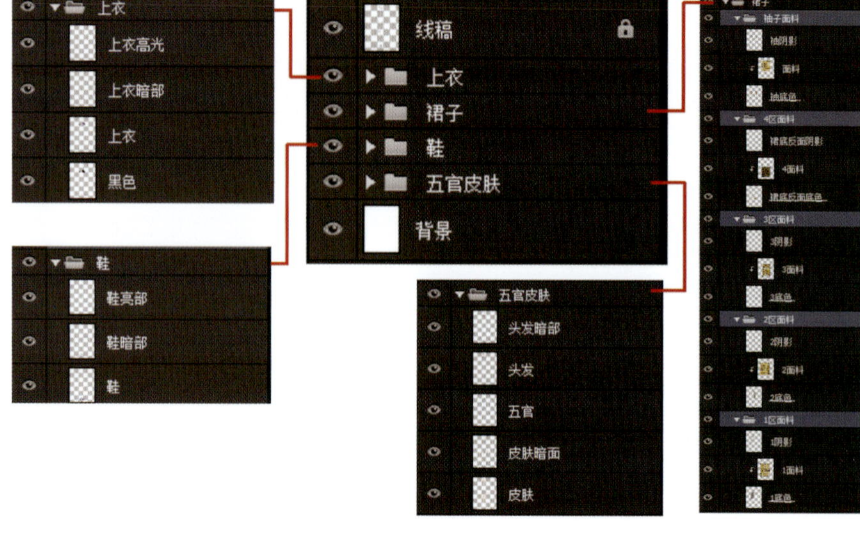

图2.3.5-27

图2.3.5-28

练习题：

1. 根据四方连续图案制作原理，用Photoshop设计制作二方连续图案。
2. 根据本章任务1的练习题，任选一个绘制好的四方连续图案，用Photoshop将绘制好的四方连续图案运用到服装效果图中。根据所选图案风格确定服装效果图款式风格。

☞ 任务6：Photoshop绘制呢料风格的格子大衣

任务目标：

◆能够熟练地运用 Photoshop 填充图案。

◆掌握用 Photoshop 使“格子面料”符合人体体态变化。

◆掌握运用“剪切蒙版”填充面料的方法。

一、任务内容

对图2.3.6–1所示的电脑服装效果图，运用Photoshop CC绘制出相同款式的女式格子大衣。要求大衣图案为格子图案，人体比例、结构准确，色彩搭配基本符合样稿，整体形式美感强。

图2.3.6–1

二、内容分析

绘制图2.3.6–1所示女式格子大衣效果图的时候，首先要分析用电脑绘制此效果图所需要的基本素材：服装效果图黑白线描稿和格子纹样面料稿。运用电脑主要完成服装效果图格子面料的填充，单色面料的绘制，人体皮肤、头发和服饰品的色彩绘制。

给出的这张样图是用Photoshop制作的彩色服装效果图，要求绘制者能熟悉该软件的一般功能。运用到Photoshop的知识点主要有图层选区、蒙版、图层的混合模式、定义图案等。绘制时一方面要注意软件的使用技巧，同时要注意效果图的形式美感。

三、相关知识点

（一）自由变换中变形的应用

1. 自由变换

在Photoshop中，“自由变换”工具是指可以通过自由旋转、比例、倾斜、扭曲、透视和“变形”工具来变换对象的工具。

Photoshop“自由变换”工具的快捷键：Ctrl +T；功能键：Ctrl、Shift、Alt。其中：Ctrl键控制自由变化；Shift键控制方向、角度和等比例放大缩小；Alt键控制中心对称。

新建一文件，在背景图层的上方新建一图层，填充一块格子图案，如图2.3.6–2所示。

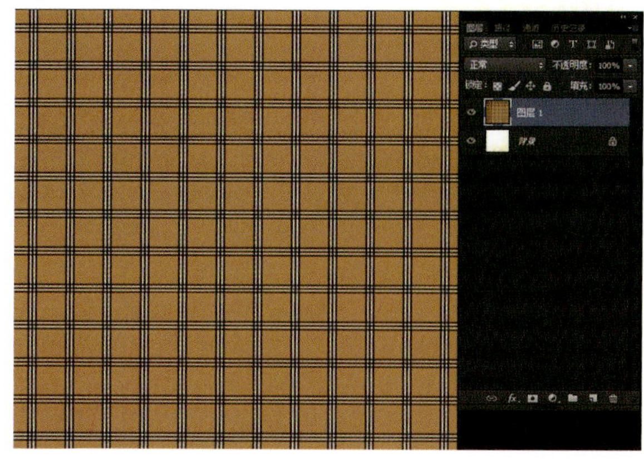

图2.3.6–2

选择图层1，在菜单中选择“编辑—自由变换”（快捷键：Ctrl +T）可以进行放大、缩小、旋转等。按Shift进行等比例缩小，然后进行旋转，如图2.3.6–3所示。

2.“自由变换”工具中“变形”工具的应用

经过缩小、旋转后，在自由变换状态下击右键，选择“变形”，如图2.3.6–4所示，此时出现网格线，可以对其进行变形编辑。在实际运用中，可以让面料图案变形，使其符合人体着装后的起伏关系和透视变化，如图2.3.6–5所示。

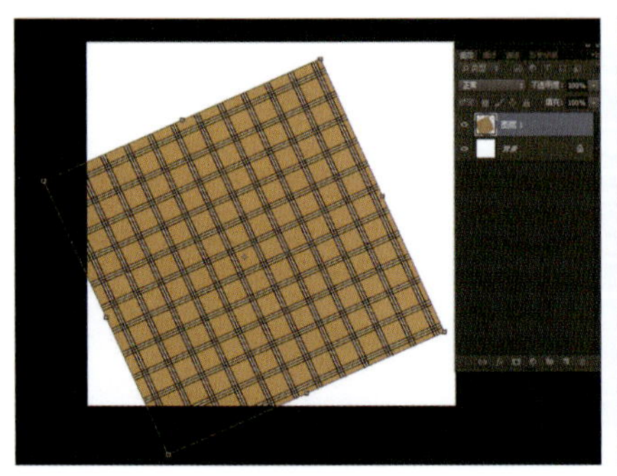

图2.3.6–3

图2.3.6–4

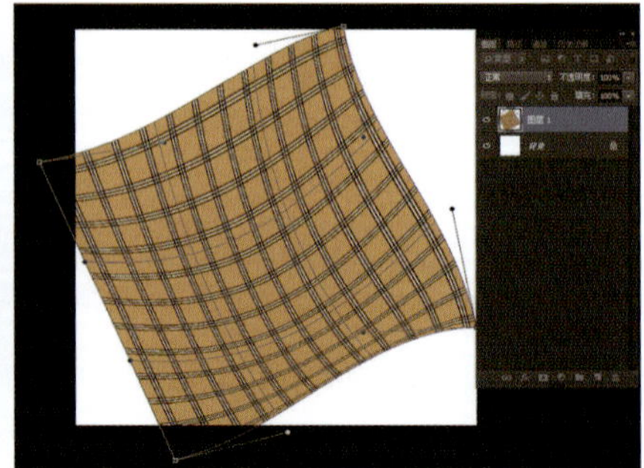

图2.3.6–5

四、任务实施

（一）准备工作

（1）能运行Photoshop CC软件的相关配置计算机一台。

（2）安装Photoshop CC应用程序。

（3）在A4白纸上手绘服装效果图线描稿，把线描图扫描入电脑中备用（也可用数位板直接在电脑中绘制）。

（二）呢料风格的格子大衣效果图分析

本任务中，运用已经做好的呢料风格的格子面料进行效果图制作，重点是面料填充后在人体上体现出的起伏关系和透视关系，以及不同衣身部位格子的变化。

其他单色内搭衬衣的表现，饰品及皮肤、头发等的绘制相对简单，注意服装色彩、肤色、发色之间的关系，整体上要统一。

（三）绘制步骤与方法

1. 线稿提取

运行Photoshop CC后，用组合键【Ctr+O】打开已扫描好的服装效果图线描图文件，将线稿和背景分开，如图2.3.6–6所示。

图2.3.6–6

2. 皮肤五官及发型的绘制

（1）利用“钢笔”工具（路径工具）把人物皮肤各个部分分别准确勾画出来，把路径变成选区储存起来；或用“磁性套索”工具勾出皮肤选区；或线稿是封闭线稿的可以用“魔术棒”工具点选皮肤部分选区。在选区状态下，打开“选择—修改—扩展”扩展量输入1像素，新建“皮肤”图层，并填充皮肤色。“线稿”图层始终放在最上面，如图2.3.6–7所示。

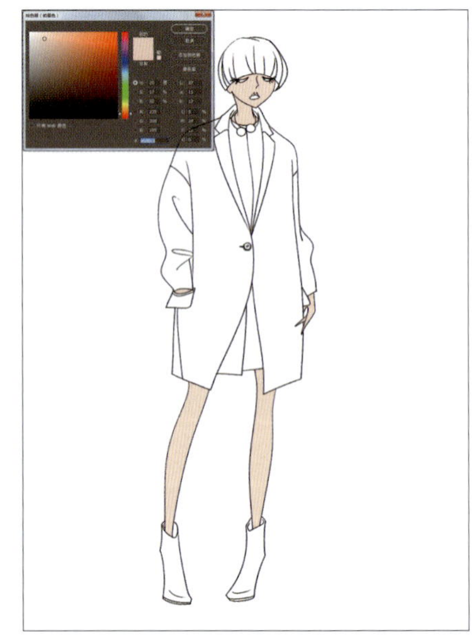

图2.3.6–7

（2）新建一图层，命名为“皮肤阴影”，选择比皮肤略深的颜色，用“画笔”工具中“硬边圆压力不透明度”笔刷画出皮肤阴影部分，图层模式为“正片叠底”，如图2.3.6–8所示。

图2.3.6–8

（3）新建“腮红”图层，用“柔边圆压力大小”笔刷画腮红，笔刷大小调到146像素，画出腮红效果，如图2.3.6–9所示。

（4）新建一图层，命名为“头发”，载入头发选区，填充颜色，新建“头发阴影”图层，选择比头发略深的颜色，用“画笔”工具中“硬边圆压力不透明度”笔刷画出头发阴影部分，图层模式为“正片叠底”。同时新建“口红”图层将口红画好，如图2.3.6–10所示。

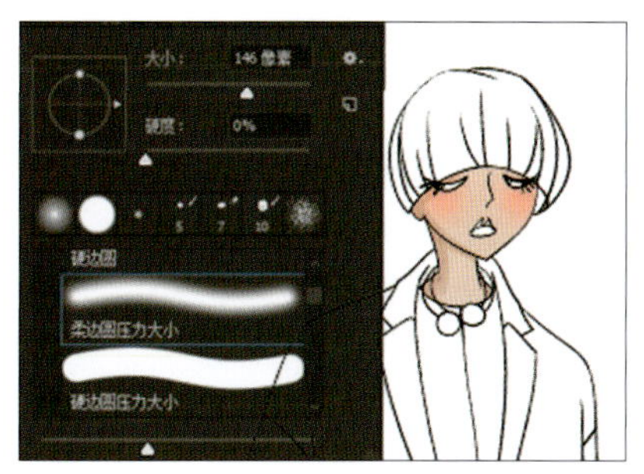

图2.3.6–9

图2.3.6–10

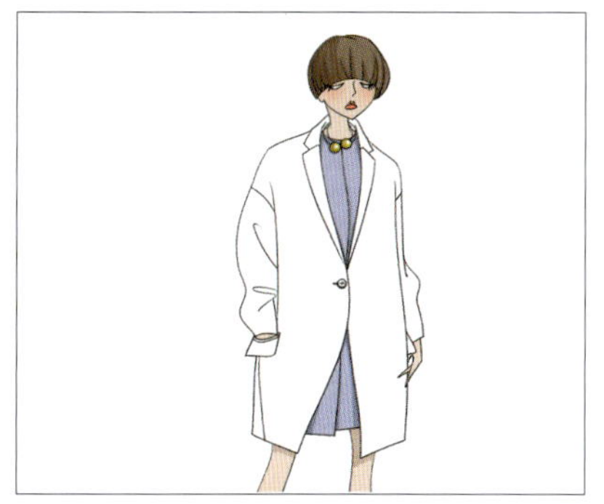
图2.3.6–12

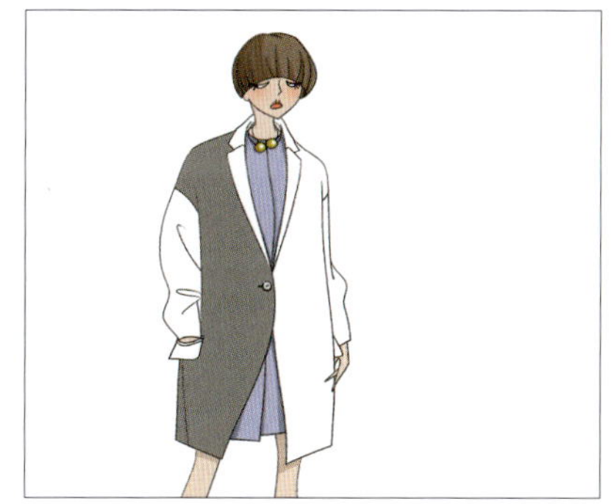
图2.3.6–13

3. 配饰及内衣的绘制

（1）新建一图层，命名为“配饰”，填充黄色；再新建“配饰阴影”图层，用“画笔”工具在暗部画出略深的黄色，图层模式选择“正片叠底”；建立“配饰高光”图层，在高光处用白色画出高光点，如图2.3.6–11所示。

图2.3.6–11

（2）新建一图层，命名为“内搭”，填充淡蓝色作为内搭服装主色；再新建“内搭阴影”图层，用“画笔”工具将暗部画出，图层模式选择“正片叠底”，如图2.3.6–12所示。

4. 呢料格子图案大衣绘制

（1）新建一图层，载入右衣片选区，填充灰色（或其他颜色）命名为“衣片1”，如图2.3.6–13所示。

（2）在“衣片1”上方建立一空白图层，命名为“面料1”，用“矩形选框”工具绘制一矩形（矩形大于“衣片1”大小），选择“编辑—填充”，在填充对话框中选择（本章任务2）已经定义好的“格子图案”进行填充，如图2.3.6–14所示。在菜单中选择“编辑—自由变换”（快捷键：Ctrl +T），然后点击右键选择“变形”，根据服装与人体关系，调整格子的起伏变化，如图2.3.6–15所示。

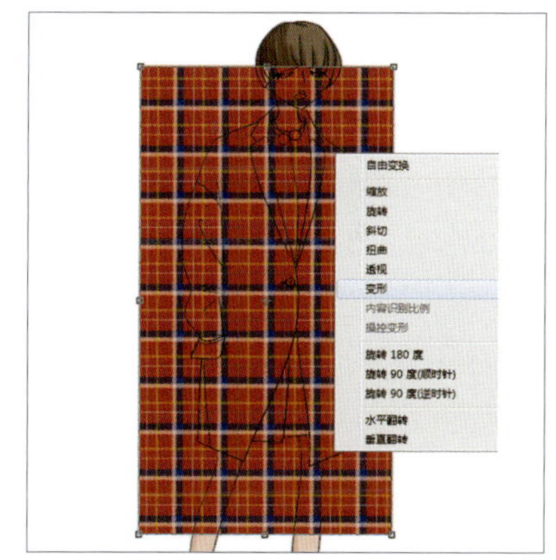

图2.3.6–14

图2.3.6–15

（3）选择“面料1”图层，在菜单中选择“图层—创建剪贴蒙版”（快捷键：Alt+Ctrl +G）或在该图层上击右键选择“创建剪贴蒙版”，如图2.3.6–16所示。

（4）用同样的方法，将左衣片、两个袖片以及驳领和口袋分别填充面料，调整好格子面料与人体之间动态关系，以及服装对条对格标准要求，如图2.3.6–17、图2.3.6–18所示。

（5）分别在每个面料剪切蒙版的图层上新建阴影图层，用“画笔”工具在阴影部位用浅灰色画出服装的暗部，图层模式选择正片叠底。再在阴影图层上建立高光图层，用“画笔”工具在高光部位用白色画出服装的高光，可以通过调整高光的不透明度，让高光与服装固有色和暗部形成色彩上的统一，如图2.3.6–19所示。

5. 鞋子的绘制

（1）新建“鞋子”图层，载入鞋子选区并填充红色；选择“滤镜—杂色—添加杂色”，出现添加杂色对话框，调整参数，如图2.3.6–20所示。

（2）在鞋子图层上建立“鞋子阴影”图层，画出阴影，图层模式选择“正片叠底”。建立“鞋子高光”图层，画出鞋子高光，调整高光的不透明度，达到鞋子色彩的统一，如图2.3.6–21所示。

图2.3.6–16

图2.3.6–17

图2.3.6–18

图2.3.6–19

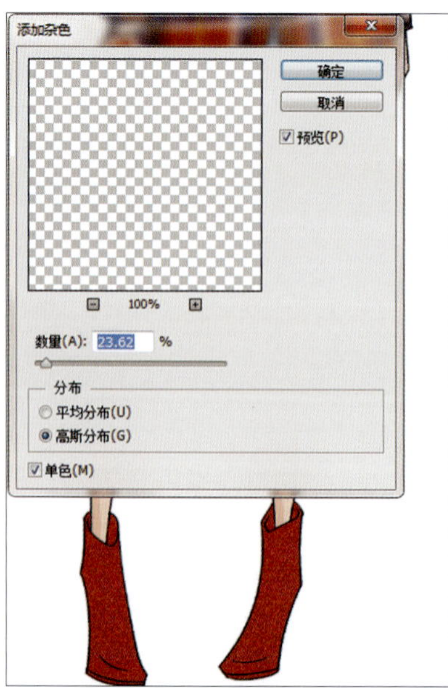

图2.3.6–20

图2.3.6–21

6. 图层的管理

一张电脑效果图的绘制，图层管理很重要，我们可以通过建立图层、创建图层组来对复杂的图层进行管理，这样便于后期修改调整。使用图层管理可以让绘图者思路清晰，大大提高工作效率，此呢料风格的格子大衣效果图图层管理，如图2.3.6–22所示。

最后完成图如图2.3.6–23所示。

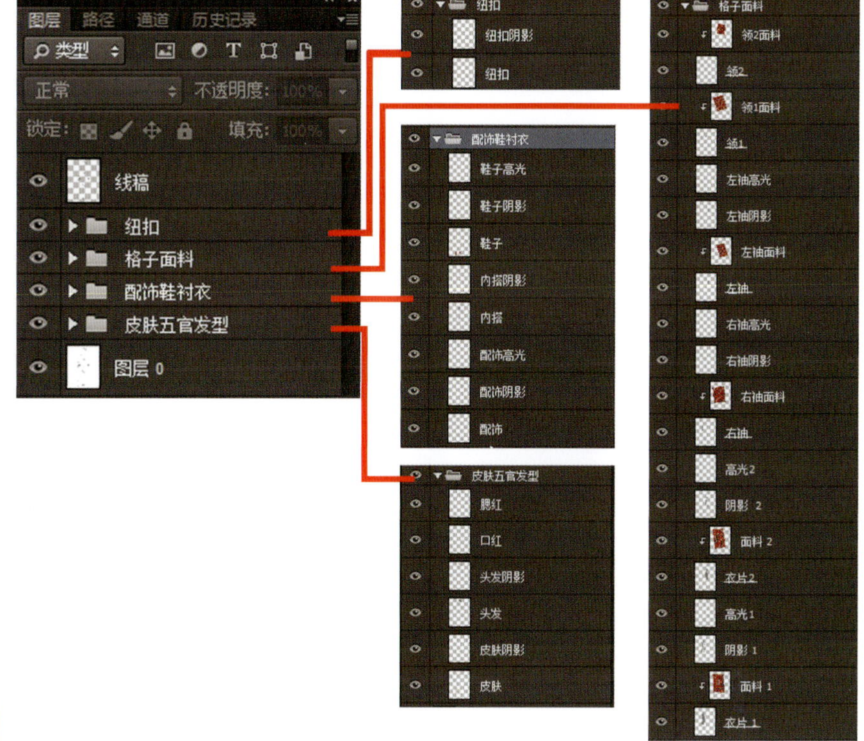

图2.3.6–22

图2.3.6–23

练习题：

用 Photoshop 中“滤镜”工具制作一款冬季呢料风格的女式大衣效果图，要求服饰配件齐全，整体风格统一。

☞ 任务7：Photoshop绘制牛仔面料的女式套装

任务目标：

◆能够熟练地运用 Photoshop 将绘制好的牛仔面料进行填充。

◆掌握用“矢量蒙版”填充面料的方法。

◆掌握运用面料素材进行效果图绘制。

一、任务内容

对图2.3.7–1所示的电脑服装效果图，运用Photoshop CC绘制出相同款式的女式牛仔面料的套装。要求用面料素材或已绘制好的牛仔面料为套装填充面料，同时注意人体比例、结构准确，色彩搭配和面料质感基本符合样稿，整体形式美感强。

图2.3.7–1

二、内容分析

绘制图2.3.7–1所示女式牛仔面料的套装，首先要分析用电脑绘制此效果图所需要的基本素材：服装效果图黑白线描稿、牛仔面料、蕾丝面料素材。运用电脑主要完成服装效果图牛仔面料的填充，蕾丝面料的填充，人体皮肤、头发和服饰品的绘制。

此样图是用Photoshop制作的牛仔面料质感的服装效果图，该任务要求绘制者能熟悉该软件的一般功能。运用到Photoshop的知识点主要有图层选区、矢量蒙版、利用路径属性设置形状描边类型等。绘制时注意软件的使用技巧，同时要注意效果图的形式美感。

三、相关知识点

（一）矢量蒙版

矢量蒙版就是不会因放大或缩小操作而影响清晰度的蒙版。可以使用“钢笔”工具和“形状”工具进行编辑修改，从而改变蒙版的遮罩区域，也可以对所选区域任意缩放而不必担心产生锯齿。下面以一个案例来说明矢量蒙版的应用。

（1）打开一图案文件，复制一图层（快捷键：Ctrl+J），将背景层填充为红色，如图2.3.7–2所示。

（2）选中图案图层，选择“图层—矢量蒙版—显示全部”，如图2.3.7–3所示。此时图层建立蒙版图层，如图2.3.7–4所示。

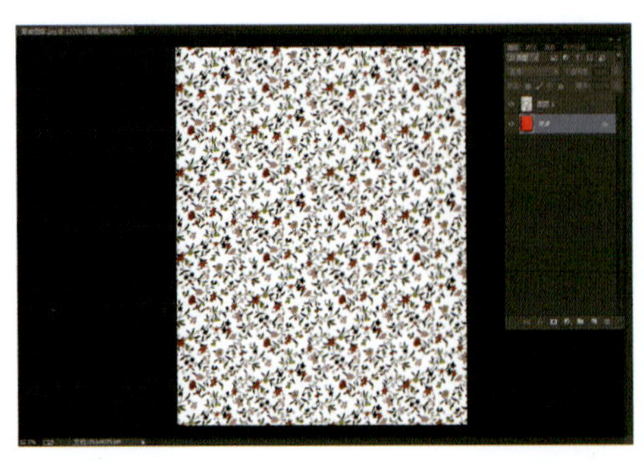

图2.3.7–2

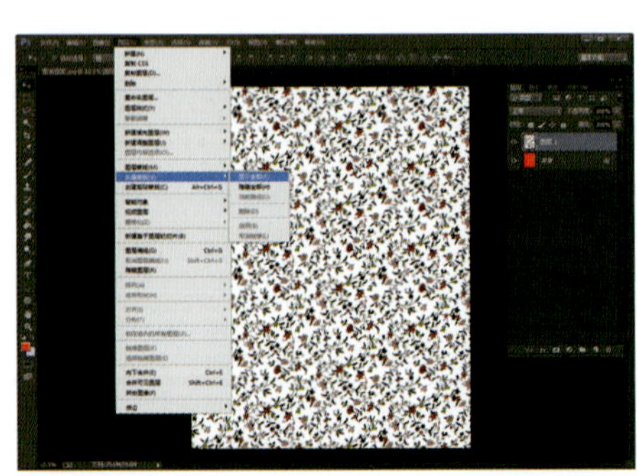

图2.3.7–3

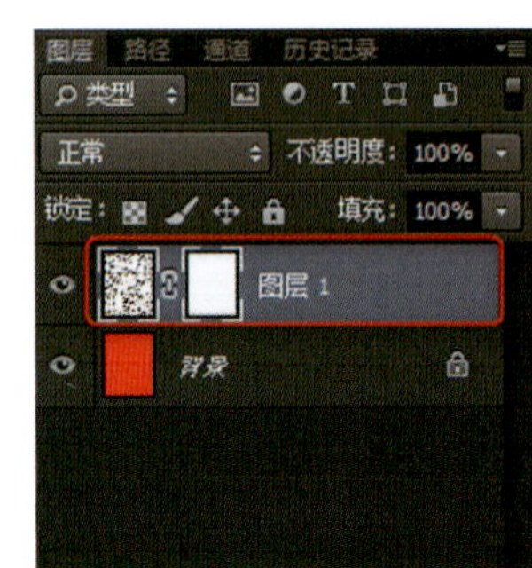

图2.3.7–4

（3）在工具栏选择“多边形”工具，如图2.3.7–5所示。在矢量蒙版选中的情况下，框选多边形路径，此时路径内显示图案，路径外遮罩区域为背景红色，如图2.3.7–6所示。

（4）通过改变路径形状，可以改变显示图案的区域，2.3.7–7所示。这种用矢量蒙版填充服装面料的方法适用于面料确定，款式没确定的设计图，可以通过改变路径形状，随时调整服装设计款式。

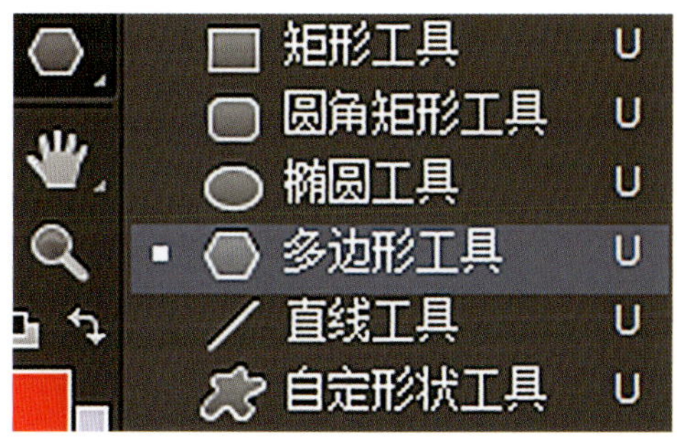

图2.3.7–5

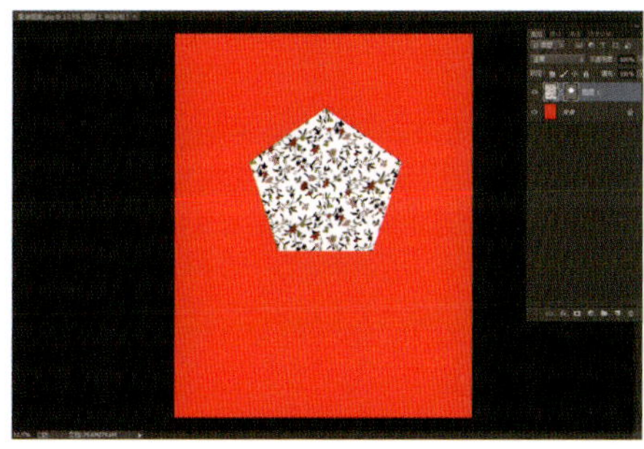
图2.3.7–6

图2.3.7–7

（二）利用路径属性和描边类型绘制服装明线

（1）新建15cm × 15cm画布，分辨率为300像素/英寸，绘制口袋形状的线稿，如图2.3.7–8所示。

（2）选择“钢笔”工具，在属性栏，设置形状填充类型选择“填充：”，设置形状描边类型选择“描边： 1点”，包括描边颜色、宽度和线型，2.3.7–9所示。

（3）用“钢笔”工具沿着口袋轮廓线内侧画出明线路径，线条自动显示设置好的颜色和虚线，如图2.3.7–10所示。画出口袋的双明线，最后完成图，如图2.3.7–11所示。

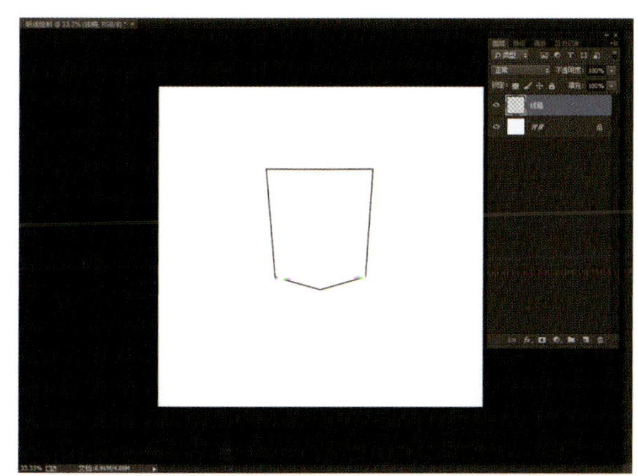
图2.3.7–8

图2.3.7–9

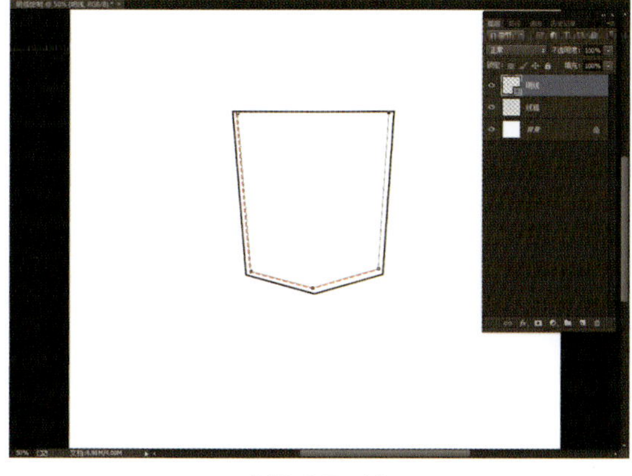
图2.3.7–10

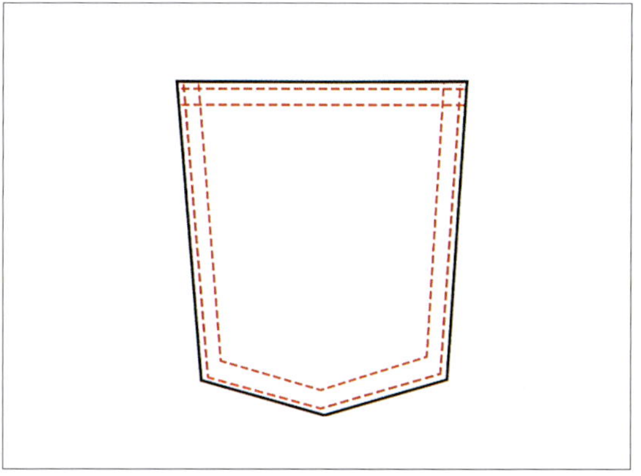
图2.3.7–11

四、任务实施

（一）准备工作

（1）能运行Photoshop CC软件的相关配置计算机一台。

（2）安装Photoshop CC应用程序。

（3）打开Photoshop，新建A4大小文件，分辨率为300像素/英寸。用数位板直接在电脑中绘制服装效果图线稿。

（二）牛仔面料的女式套装效果图分析

本任务中，运用已经做好的牛仔面料进行效果图制作，重点是如何利用矢量蒙版填充面料；如何利用设置“钢笔”工具的属性绘制服装明线的效果。

（三）绘制步骤与方法

1. 线稿提取

运行Photoshop CC后，用快捷键“Ctr+O”打开已绘制好的服装效果图线描图文件，将线稿和背景分开，如图2.3.7–12所示。

图2.3.7–12

2. 皮肤五官及发型的绘制

（1）利用“钢笔”工具（路径工具）把人物皮肤各个部分分别准确勾画出来，把路径变成选区储存起来；或用“磁性套索”工具勾出皮肤选区；或线稿是封闭线稿的可以用“魔术棒”工具点选皮肤部分选区。在选区状态下，打开“选择—修改—扩展”扩展量输入1像素，新建“皮肤”图层，并填充皮肤色。“线稿”图层始终放在最上面，如图2.3.7–13所示。

图2.3.7–13

（2）新建一图层，命名为“皮肤阴影”，选择比皮肤略深的颜色，用“画笔”工具中“硬边圆压力不透明度”笔刷画出皮肤阴影部分，图层模式为“正片叠底”。将眉毛和眼睛选择合适的颜色画好，如图2.3.7–14所示。

（3）新建“腮红”图层，用“柔边圆压力大小”笔刷画腮红，笔刷大小调到146像素，画出腮红效果；新建“唇”图层画出口红效果；2.3.7–15所示。

（4）新建一图层，命名为“头发”，建立头发选区，填充颜色，新建“头发阴影”图层，选择比头发略深的颜色，用“画笔”工具中“硬边圆压力不透明度”笔刷画出头发阴影部分，图层模式为“正片叠底”。同时新建“口红”图层将口红画好，如图2.3.7–16所示。

图2.3.7–15

图2.3.7–16

图2.3.7–14

3. 牛仔面料的女式套装绘制

（1）打开（本章任务3）绘制的牛仔面料，在“选择”工具的状态下，将面料直接拖拽到效果图文件里并自动生成一图层，如图2.3.7–17所示。

（2）选择“图层—矢量蒙版—显示全部”如图2.3.7–18所示，此时图层建立蒙版图层，如图2.3.7–19所示。

（3）用“钢笔”工具根据上衣款式沿上衣线稿绘制服装轮廓，如图2.3.7–20所示。

（4）用“钢笔”工具绘制完成后，牛仔面料会显示在路径绘制的区域内。将牛仔上衣所显示的面料反面用“套索”工具选中，如图2.3.7–21所示。

（5）选择“图像—调整—色相/饱和度”，如图2.3.7–22所示。出现“色相/饱和度”对话框，调整相关参数，让牛仔反面色彩偏深一些，直到与牛仔面料正面协调即可，如图2.3.7–23所示。

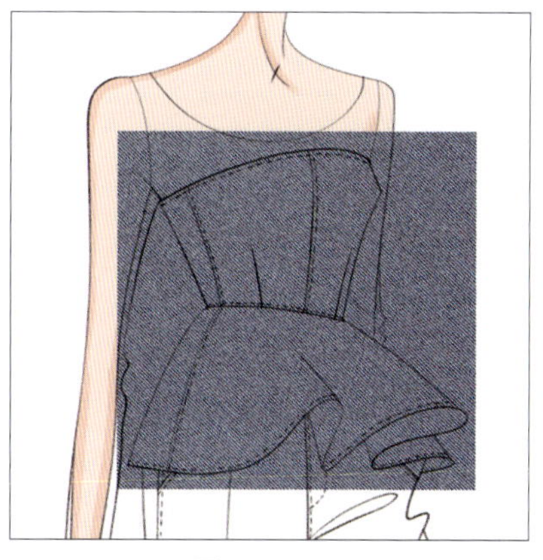

图2.3.7–17

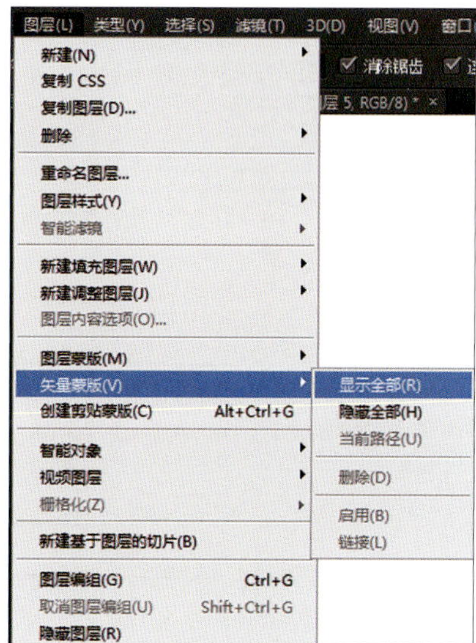

图2.3.7–18

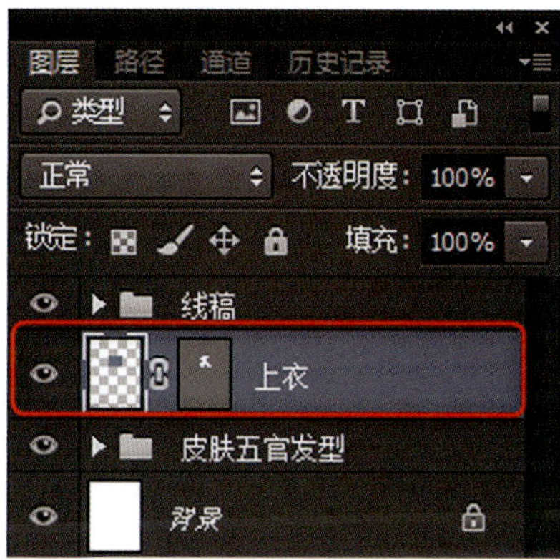

图2.3.7–19

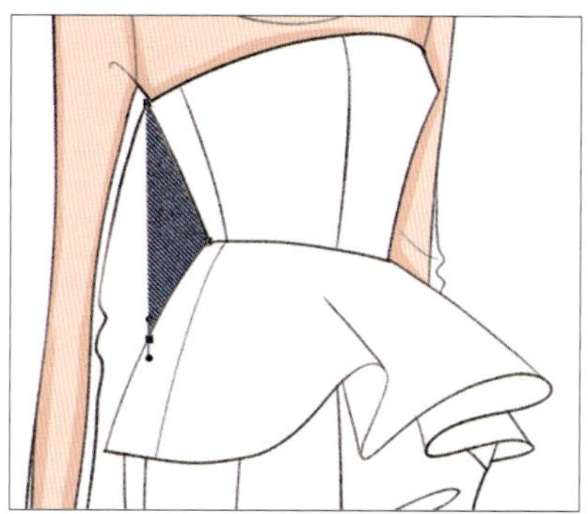

图2.3.7–20

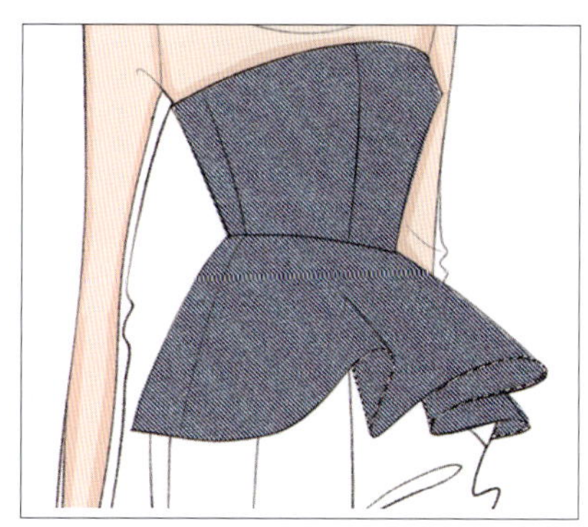

图2.3.7–21

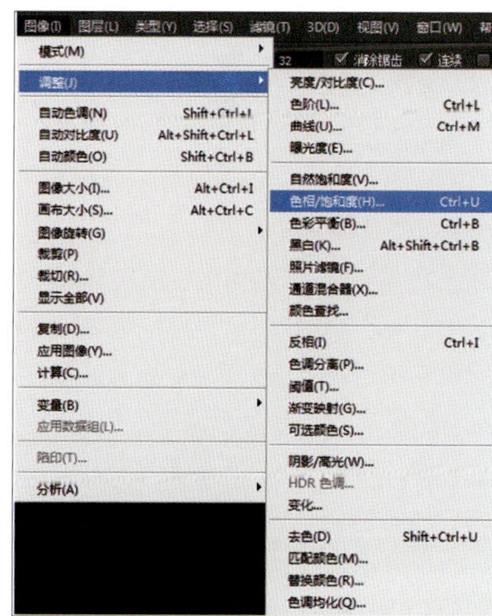

图2.3.7–22

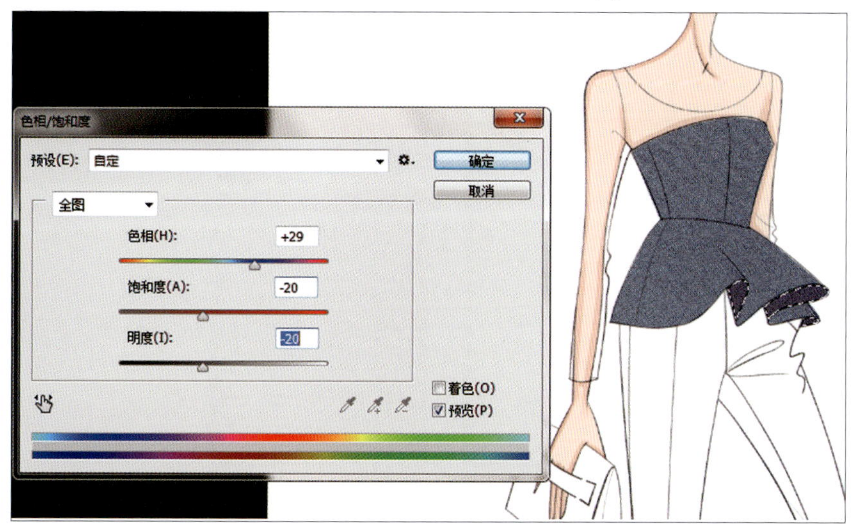

图2.3.7–23

（6）同样用“矢量蒙版”的方法绘制裤子部分牛仔面料，如图2.3.7–24所示。

（7）分别建立“上衣暗部”和“裤子暗部”图层，图层类型选择“正片叠底”。用“画笔”工具选择“硬边缘压力不透明度”笔刷，前景色为浅灰色，根据明暗关系绘制出牛仔服装的暗部。同时建立“高光”图层，用灰白色绘制高光部位，可以通过调整“不透明度”参数，让高光和面料更协调，如图2.3.7–25所示。

（8）选择“钢笔”工具，在属性栏，设置形状填充类型选择“填充：”，设置形状描边类型选择“描边：1点”，用“钢笔”工具沿着明线位置进行绘制，线条自动显示设置好的颜色和虚线，如图2.3.7–26所示。

4. 蕾丝的绘制

（1）在Photoshop中打开蕾丝面料素材并解锁，如图2.3.7–27所示。在菜单栏中点击“选择—色彩范围”，出现色彩范围对话框，如图2.3.7–28所示。

（2））选择白色区域点击，白色区域被选中，如图2.3.7–29所示。按“Delete”键，白色部分被删除，如图2.3.7–30所示。

图2.3.7–24

图2.3.7–25

图2.3.7–26

图2.3.7–27

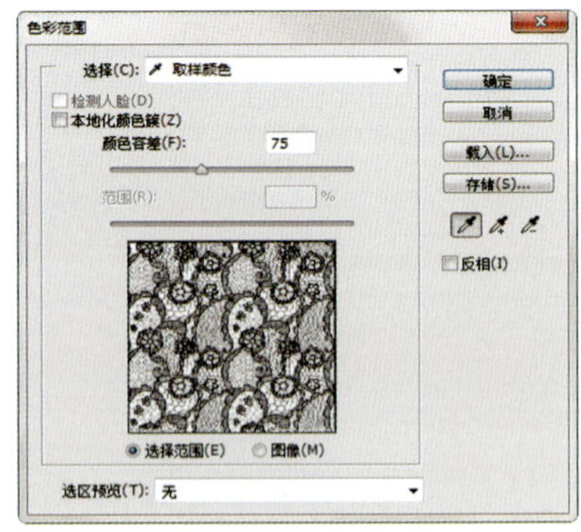

图2.3.7–28

图2.3.7–29

图2.3.7–30

（4）在“选择”工具的状态下，将蕾丝面料直接拖拽到效果图文件里并自动生成一图层，选择“图层—矢量蒙版—显示全部”，此时图层建立蒙版图层，如图2.3.7-31所示。

图2.3.7-31

（5）用“钢笔”工具根据蕾丝款式沿上衣线稿绘制服装轮廓，蕾丝面料会显示在路径绘制的区域内，如图2.3.7-32所示。

图2.3.7-32

5. 手包的绘制

（1）在线稿图层上用“魔术棒”工具或“磁性套索”工具建立选区，新建“包底色”图层，填充色彩，如图2.3.7-33所示。

图2.3.7-33

（2）在Photoshop中打开皮革素材，点击“选择”工具将皮革素材直接拖拽到效果图文件里并自动生成一图层，选择“编辑—自由变换”（快捷键：Ctr+T）将皮革面料调整至合适的方向，如图2.3.7-34所示。

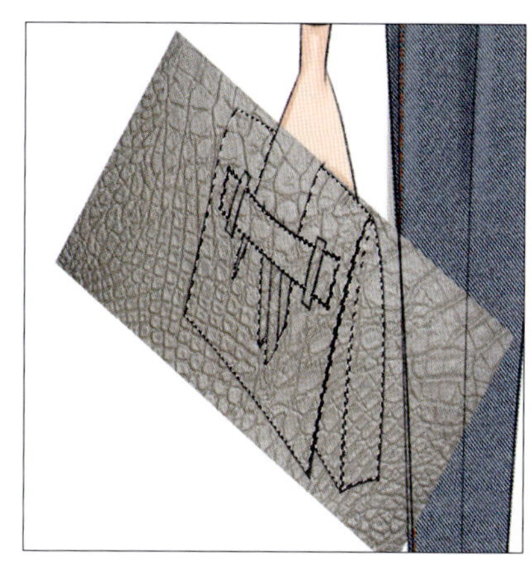
图2.3.7-34

（3）选择“皮革”图层，在图层上点击右键，选择“创建剪切蒙版”，如图2.3.7-35所示。

图2.3.7-35

（4）选择“图像—调整—色相/饱和度”，调整色相到所需要色彩。分别建立包的暗部和高光图层，完成包的立体效果，如图2.3.7-36所示。

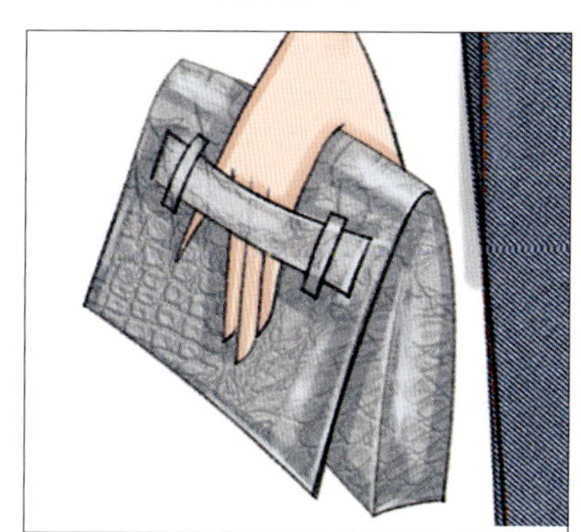
图2.3.7-36

6. 鞋的绘制

（1）在“线稿”图层上，将鞋子建立选区，新建“鞋”图层，填充所需颜色，如图2.3.7-37所示。

图2.3.7-37

（2）选择“滤镜—杂色—添加杂色”，调整相关参数，如图2.3.7-38所示。

图2.3.7-38

（3）在鞋子图层上分别建立“鞋子暗部”图层，画出阴影，图层模式选择“正片叠底”。建立“鞋子高光”图层，画出鞋子高光，调整高光的不透明度，达到鞋子色彩的统一，如图2.3.7-39所示。

（4）新建“珍珠”图层，在此图层上绘制出珍珠饰品的色彩、质感和体感，如图2.3.7-40所示。

最后完成图，如图2.3.7-41所示。

图2.3.7-39

图2.3.7-40

图2.3.7-41

练习题：

选择一块牛仔面料素材，用Photoshop绘制一款牛仔风格的女式连衣裙效果图，要求运用“矢量蒙版”工具填充牛仔面料。

☞ 任务8：Photoshop绘制针织风格服装

任务目标：

◆能够熟练地运用 Photoshop 定义画笔预设

◆掌握运用“钢笔”工具绘制路径，对其进行路径描边

◆掌握用“剪切蒙版”进行面料填充

一、任务内容

对图2.3.8–1所示的电脑服装效果图，运用Photoshop CC绘制出相同款式的针织风格服装。要求针织的花型基本一致，人体比例、结构准确，色彩搭配基本符合样稿，整体形式美感强。

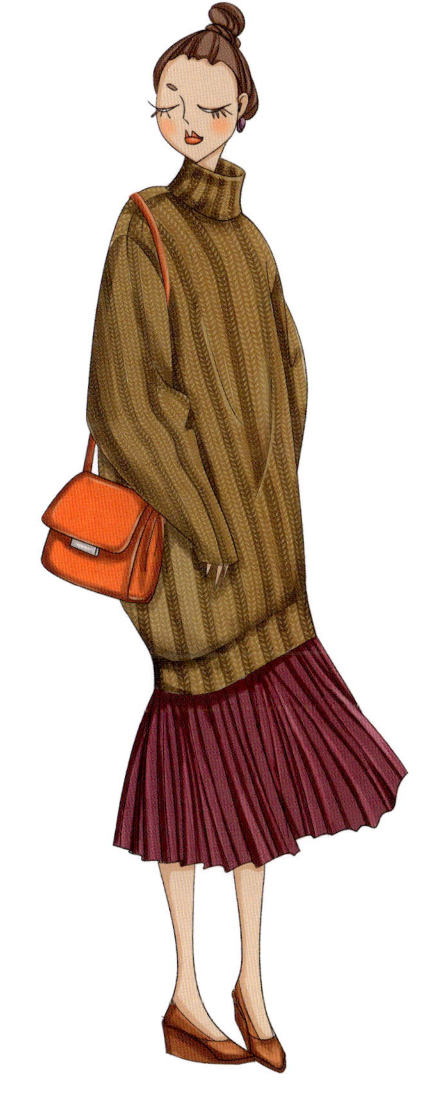

图2.3.8–1

二、内容分析

绘制图2.3.8–1所示女式针织风格服装效果图，首先要分析用电脑绘制此效果图所需要的基本素材：服装效果图着装线描稿和已经定义的画笔预设。运用电脑主要完成服装效果图中针织面料的绘制与填充，人体皮肤、头发和服饰品等色彩绘制。

给出的这张样图是用Photoshop制作的彩色服装效果图，要求绘制者能熟悉该软件的一般功能。运用到Photoshop的知识点主要有定义画笔预设、“钢笔”工具绘制路径、路径描边、剪切蒙版等。绘制时一方面要注意软件的使用技巧，同时要注意效果图的形式美感。

三、相关知识点

（一）定义画笔预设

见本章任务4相关知识点（一）。

（二）用“钢笔”工具绘制路径和描边路径

见本章任务4相关知识点（二）。

四、任务实施

（一）准备工作

（1）能运行Photoshop CC软件的相关配置计算机一台。

（2）安装Photoshop CC应用程序。

（3）在电脑中新建A4大小文件，用数位板直接绘制针织服装效果图线描稿。

（二）针织风格服装效果图分析

本任务中，运用已经做好的画笔笔刷定义的画笔进行针织效果制作，重点是针织效果图形在人体上的起伏关系和质感，以及不同部位针织花型的变化。

裙子的表现，皮肤、五官、头发绘制，包和鞋等服饰品等的绘制相对简单，注意服装色彩、肤色、服饰品之间的关系，整体上要统一。

（三）绘制步骤与方法

1. 线稿的绘制

运行Photoshop CC后，用组合键【Ctr+N】新建A4大小文件，分辨率为300像素/英寸。新建“线稿”图层，将线稿和背景分开，如图2.3.8–2所示。

2. 皮肤五官及发型的绘制

（1）在封闭的线稿上，用“魔术棒”工具点选皮肤部分选区。在选区状态下，打开“选择—修改—扩展”扩展量输入1像素，新建皮肤图层，并填充皮肤色。“线稿”图层始终放在最上面，如图2.3.8–3所示。

（2）新建一图层，命名为“皮肤阴影”，选择比皮肤略深的颜色，用“画笔”工具中“硬边圆压力不透明度”笔刷画出皮肤阴影部分，图层模式为“正片叠底”，如图2.3.8–4所示。

（3）新建“腮红”图层，用“柔边圆压力大小”笔刷画腮红，笔刷大小调到146像素，画出腮红效果。同时新建“口红”和“眉”图层将口红和眉毛画好，如图2.3.8–5所示。

（4）新建一图层，命名为“头发”，将头发载入选区载入，填充颜色，如图2.3.8–6所示。

（5）新建“头发阴影”图层，选择比头发略深的颜色，用“画笔”工具中“硬边圆压力不透明度”笔刷画出头发阴影部分，图层模式为“正片叠底”，如图2.3.8–7所示。

（6）新建一图层，命名为“耳环”，填充紫色；再绘制出耳环的暗部和高光部分，如图2.3.8–8所示。

图2.3.8–2

图2.3.8–3

图2.3.8–4

图2.3.8–5

图2.3.8–6

图2.3.8–7

图2.3.8–8

3. 绘制针织毛衫部分

（1）选择“画笔”工具，在属性栏点按可打开“画笔预设”选取器，选择本章任务四中“图2.2.4-18”设定的一个笔刷。

（2）选择“画笔”工具，在属性栏点按“切换画笔面板”，出现如图2.3.8-9所示对话框，在调整“画笔笔尖形状”界面下调整相关参数，角度为90°，间距调整到自己需要的数值。

（3）在画笔面板，选择“形状动态”，按照图2.3.8-10所示设定相关选项，其中“角度抖动”控制选项选择“方向”。

（4）将前衣身建立选区，新建“针织前衣身底色”图层，填充任意颜色，如图2.3.8-11所示。

（5）新建“针织前衣身”图层，根据针织条纹在人体上的状态，用“钢笔”工具在衣身上绘制针织条纹的方向和起伏关系，设置前景色为土黄色，在“钢笔”工具状态下，点击鼠标右键，选择描边路径，绘制好纵向浅色针织条纹。根据任务图绘制出二浅一深的色彩效果，针织条纹可以超出底色区域，如图2.3.8-12所示。

（6）如图2.3.8-13所示，按照上图步骤，完成整个前衣片。

（7）选择“针织前衣身”图层，在菜单中选择“图层—创建剪贴蒙版”（快捷键：Alt+Ctrl+G）或在该图层上击右键选择“创建剪贴蒙版”，如图2.3.8-14所示。

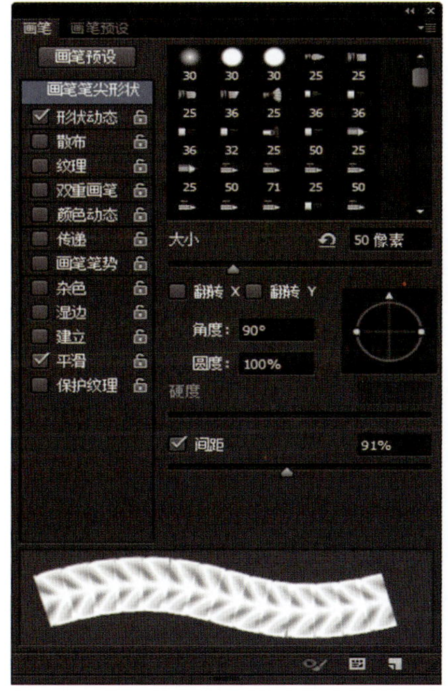

图2.3.8-9

图2.3.8-10

图2.3.8-11

图2.3.8-12

图2.3.8-13

图2.3.8-14

（8）用同样的方法，将后肩针织部分绘制完成，如图2.3.8–15、图2.3.8–16所示。

（9）用同样的方法，将右袖片针织部分绘制完成，如图2.3.8–17、图图2.3.8–18所示。

（10）用同样的方法，将左袖片、底摆、高领口针织部分绘制完成，如图2.3.8–19所示

（11）分别在每个针织面料剪切蒙版的图层上新建阴影图层，图层模式选择正片叠底，选择“画笔”工具用浅灰色画出服装的暗部。在阴影图层上建立高光图层，用“画笔”工具在高光部位用浅黄色画出服装的高光，可以通过调整高光的不透明度，让高光与服装固有色和暗部形成色彩上的统一，如图2.3.8–20所示。

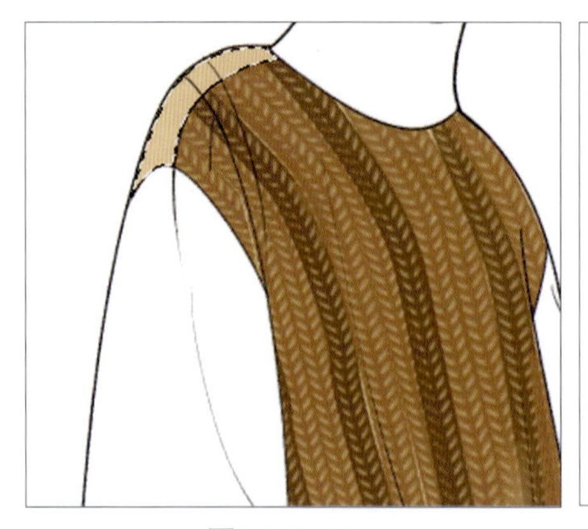

图2.3.8–15

图2.3.8–16

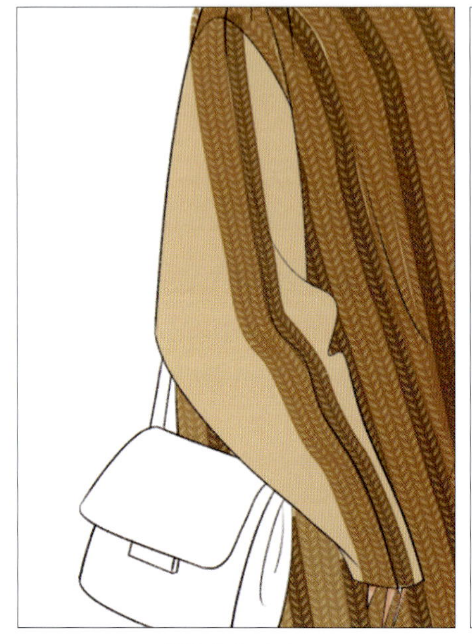

图2.3.8–17

图2.3.8–18

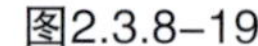

图2.3.8–19

图2.3.8–20

4. 包的绘制

（1）新建“包”图层，载入包的选区并填充桔红色，如图2.3.8-21所示。

（2）分别建立“包暗部”和“包高光”图层，将包的光感和体感表现完整。再建立“金属扣”图层，完成金属扣的光感和体感，如图2.3.8-22所示。

5. 裙子的绘制

（1）新建“裙子”图层，载入裙子选区，并填充紫色，如图2.3.8-23所示。

（2）分别建立“裙子暗部”和“裙子高光”图层，完成裙子的光感和立体感，如图2.3.8-24所示。

6. 鞋子的绘制

（1）新建“鞋子”图层，载入鞋子选区并填充褐色，如图2.3.8-25所示。

（2）在鞋子图层上分别建立“鞋子阴影”图层，画出阴影，图层模式选择“正片叠底”。建立“鞋子高光”图层，画出鞋子高光，调整高光的不透明度，达到鞋子色彩的统一，如图2.3.8-26所示。

图2.3.8-21

图2.3.8-22

图2.3.8-23

图2.3.8-24

图2.3.8-25

图2.3.8 26

最后完成图，如图2.3.8–27所示。

图2.3.8–27

练习题：

根据最新流行趋势发布会，选择一款有特色针织服装，用 Photoshop 绘制针织服装效果图，要求针织结构清晰，男女装不限。

第三章　CorelDRAW 服装设计图表现技法

第一节 CorelDRAW 工作界面简介

一、CorelDRAW X4工作界面简介

CorelDRAW软件是Corel公司开发的一款软件，它是一款融合了绘画与插图、文本操作、绘图编辑等高品质的输出于一体的矢量图绘图软件。本章以“CorelDRAW X4”版本为例，如图3.1–1所示，左图是桌面图标，右图是欢迎界面。

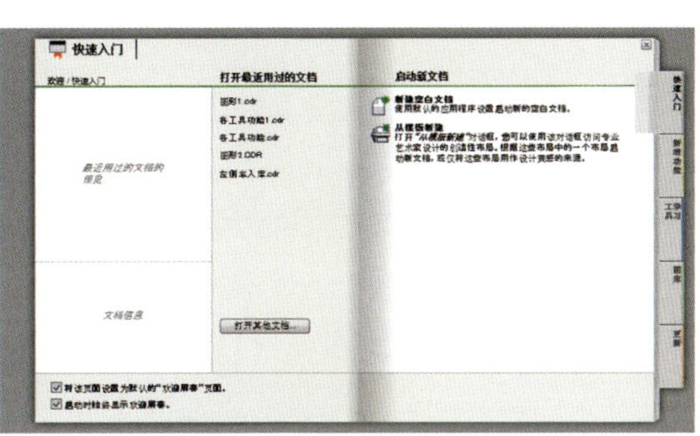

图3.1–1

启动CorelDRAW X4后，可以看到它的工作界面是一个标准的Windows窗口。它由工具箱、标题栏、菜单栏、标准工具栏、绘图窗口、属性栏、泊坞窗 、标尺、文档导航、绘图页、状态栏、导航器、调色板等组成，如图3.1–2所示。

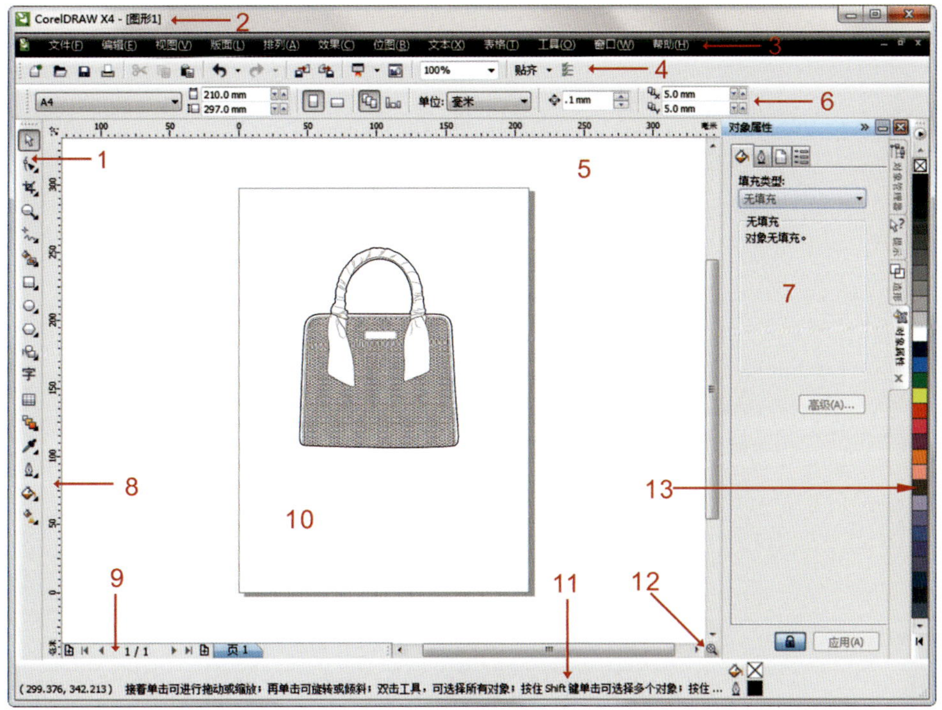

图3.1–2

二、CorelDRAW X4工作界面内容

根据CorelDRAW X4工作界面展示内容，按照图3.1–2的标注序号进行介绍。

1. 工具箱

工具箱包含工具的浮动栏，可用于创建、填充和修改绘图中的对象，如图3.1–3所示。

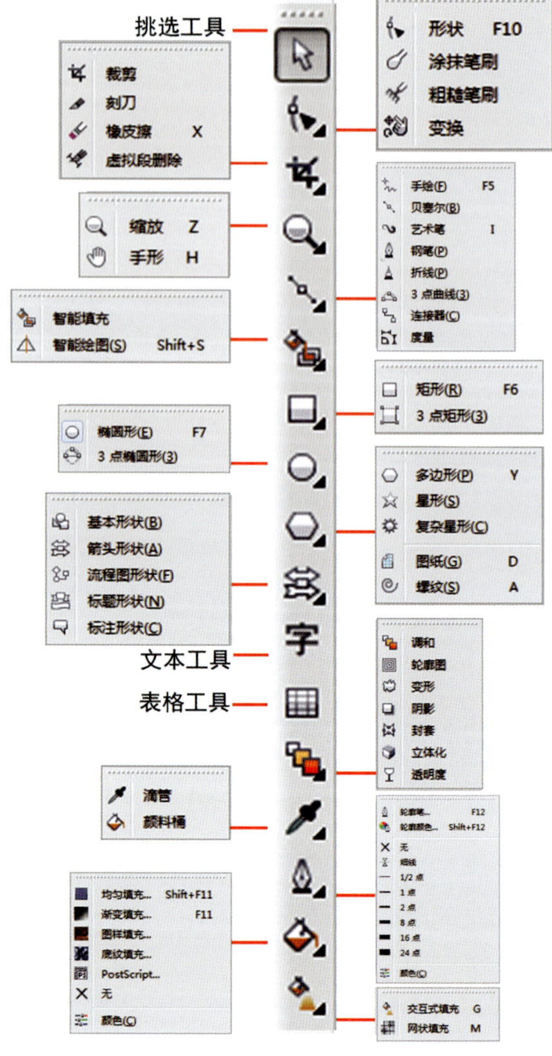

图3.1–3

2. 标题栏

标题栏显示当前打开的绘图的标题的区域 。

3.菜单栏

CorelDRAW X4共有12个菜单，每个菜单包含下拉菜单选项的子菜单。

4. 标准工具栏

工具栏包含菜单和其它命令的快捷方式的可分离栏。

5. 绘图窗口

绘图窗口是指绘图页之外的区域，以滚动条和应用程序控件为边界。

6. 属性栏

属性栏包含与活动工具或对象相关的命令的可分离栏。 例如，文本工具为活动状态时，文本属性栏上将显示创建和编辑文本的命令。

属性栏显示与活动工具或所执行的任务相关的最常用的功能。 尽管属性栏外观看起来像工具栏，但是其内容随使用的工具或任务而变化。 例如，单击工具箱中的“文本”工具时，属性栏显示与文本相关的命令。在下面的示例中，属性栏显示文本、格式化、对齐和编辑工具。

7. 泊坞窗

泊坞窗包含与特定工具或任务相关的可用命令和设置的窗口。

泊坞窗显示与对话框类型相同的控件，如命令按钮、选项和列表框。 与大多数对话框不同，泊坞窗可以在操作文档时一直打开，便于使用各种命令来尝试不同的效果。 泊坞窗的功能与其他图形程序中调色板的功能类似。要访问泊坞窗，请单击“窗口—泊坞窗”，并单击泊坞窗。

8. 标尺

标尺用于确定绘图中对象大小和位置的水平和垂直边框。

9. 文档导航

在应用程序窗口左下方的区域，包含用于页面间移动和添加页的控件。

10. 绘图页

绘图窗口中的矩形区域，它是工作区域中可打印的区域。

11. 状态栏

在应用程序窗口底部的一个区域，包含关于对象属性（如类型、大小、颜色、填充和分辨率）的信息。 状态栏还显示鼠标的当前位置。

12. 导航器

在绘图窗口右下角的按钮，可打开一个较小的显示窗口，帮您在绘图上进行移动操作。

13. 调色板

调色板包含色样的泊坞栏。点击下方[◀]图标 ，可以将色板展开。

第二节 CorelDRAW绘制服饰配件案例

☞ 任务1：CorelDRAW绘制拉链

任务目标：

◆能够熟练地运用 CorelDRAW“排列—造形”工具。

◆掌握用“渐变填充”填充色彩的方法。

◆掌握运用“交互式调和”工具表现拉链的连续效果。

一、任务内容

对图3.2.1-1所示的电脑绘制的拉链效果图，运用CorelDRAW绘制出相同款式效果的拉链。要求拉链图案组合完整，包括拉链头、拉链齿，色彩有金属质感，整体形式美感强。

图3.2.1-1

二、内容分析

绘制图3.2.1-1所示拉链效果图，首先要分析用电脑绘制此效果图所需要的基本素材：拉链图案黑白矢量图形和拉链金属色搭配。运用电脑主要完成拉链矢量图形绘制，色彩搭配填充，拉链布料填充与整体组合。

给出的这张样图是用CorelDRAW制作的拉链效果图，要求绘制者能熟悉该软件的一般功能。运用到CorelDRAW的知识点主要有“矩形”工具、“椭圆形”工具、“形状”工具、“排列造型”工具、“渐变填充”工具、“交互式调和”工具等。绘制时一方面要注意软件的使用技巧，同时要注意效果图的形式美感。

三、相关知识点

（一）“排列—造型”工具的应用

利用菜单栏中的“排列—造型”命令，可以将选择的多个图形进行焊接或修剪等运算，从而生成新的图形。其子菜单中包括“焊接”“修剪”“相交”“简化”“移除后面对象”“移除前面对象”和“造形”7种命令。以下主要讲解“焊接”“修剪”“相交”3个命令。

1. 焊接

可以将选择的多个图形焊接为一个整体，相当于多个图形相加运算后得到的图形形态。选择两个或两个以上的图形，然后执行“排列—造形—焊接”命令或单击属性栏中的“焊接”按钮，即可将选择的图形焊接为一个整体图形，如图3.2.1-2所示。

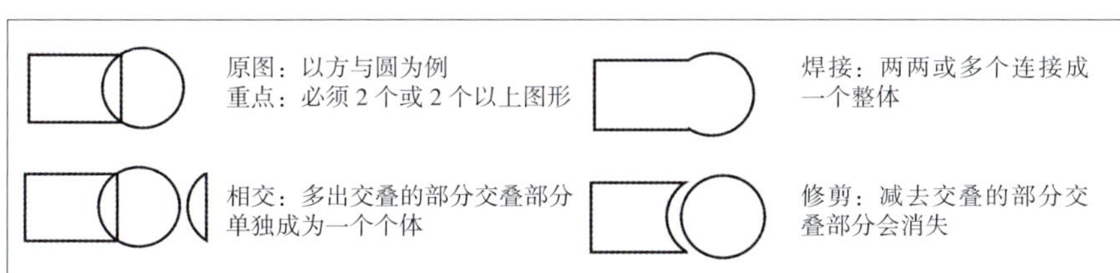

图3.2.1-2

2. 修剪

利用此命令可以将选择的多个图形进行修剪运算，生成相减后的形态。选择两个或两个以上的图形，然后选择“排列—造形—修剪”命令或单击属性栏中的“修剪”按钮，即可对选择的图形进行修剪运算，产生一个修剪后的图形形状，如图3.2.1–2所示。

3. 相交

利用此命令可以将选择的多个图形中未重叠的部分删除，以生成新的图形形状。选择两个或两个以上的图形，然后选择“排列—造形—相交”命令或单击属性栏中的“相交”按钮，即可对选择的图形进行相交运算，产生一个相交后的图形形状，如图3.2.1–2所示。

（二）“渐变填充”工具

色彩是一副画的灵魂，CorelDRAW有各种上色工具，可以绘制出不同效果的图形，通过单击“填充”工具组中的相关按钮，可弹出相应的对话框，从中设置所需的颜色，即可为所选的对象填充颜色。

填充工具包括“均匀填充”工具、“渐变填充”工具、“图样填充”工具、“底纹填充”工具、“PostScript填充”工具、“交互式填充”工具和“网状填充”工具，下面主要对“渐变填充”工具进行介绍。

利用“渐变填充”工具可以为图形添加渐变效果，使图形产生立体感或材质感。选中图形后，选择工具，将弹出如图所示的“渐变填充”对话框。

（1）“类型”选项：在此下拉列表中包括“线性”“射线”“圆锥”和“方角”4种渐变方式，如图3.2.1–3所示。

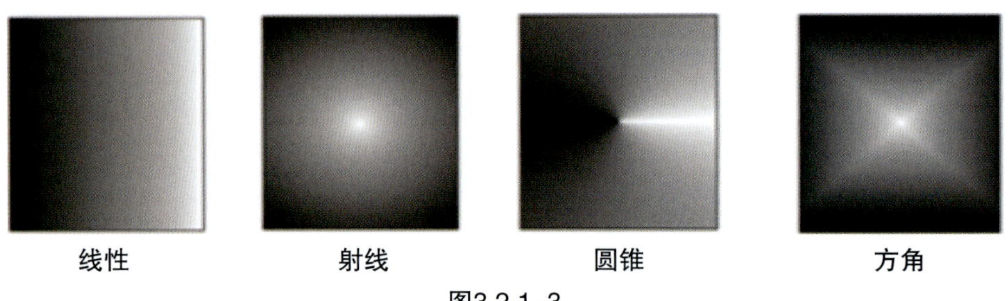

图3.2.1–3

（2）“中心位移”栏：当在“类型”下拉列表中选择除“线性”外的其他选项时，“中心位移”栏即可变为可用状态，它主要用于调节渐变中心点的位置，如图3.2.1–4所示。

（3）“选项”栏：用于调节渐变色的角度、步长和边界。“角度”选项：用于改变渐变颜色的渐变角度；“步长”选项：激活右侧的“锁定”按钮后才可用，用于对当前渐变的发散强度进行调节，数值越大，发散越大，渐变越平滑。“边界”选项：决定渐变光源发散的远近度，数值越小发散得越远，如图3.2.1–4所示。

（4）“颜色调和”栏：包括“双色”和“自定义”两种颜色调和方式。点选“双色”单选项，可以单击“从”按钮和“到”按钮来选择要渐变调和的两种颜色。 点选“自定义”单选项，可以为图形填充两种或两种颜色以上颜色混合的渐变效果，如图3.2.1–4所示。

（5）“预设”选项：在此下拉列表中包括软件自带的渐变效果，用户可以直接选择需要的渐变效果来完成图形的渐变填充，如图3.2.1–4所示。

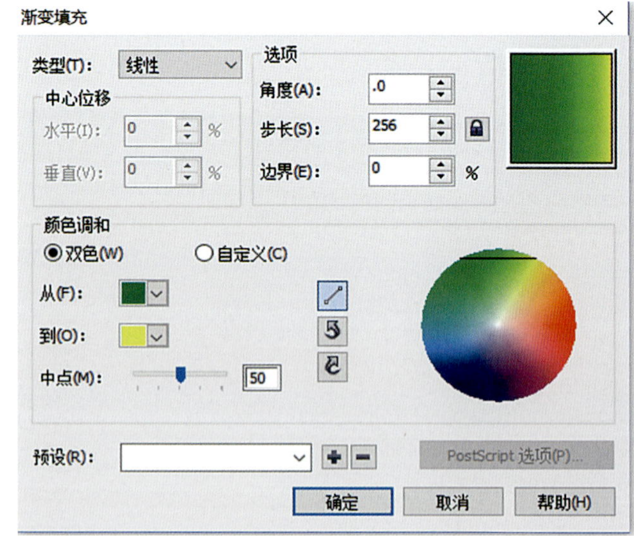

图3.2.1–4

（三）“交互式调和”工具

利用“交互式调和”工具可以将一个图形经过形状、大小和颜色的渐变过渡到另一个图形上，且在这两个图形之间形成一系列的中间图形，这些中间图形显示了两个原始图形经过形状、大小和颜色的调和过程。

其使用方法非常简单：选择工具，将鼠标指针移动到图形上，当鼠标指针显示为形状时，按住鼠标左键向另一个图形上拖曳，当在两个图形之间出现一系列的虚线图形时，释放鼠标左键即可完成调和图形操作，如图3.2.1-5所示。

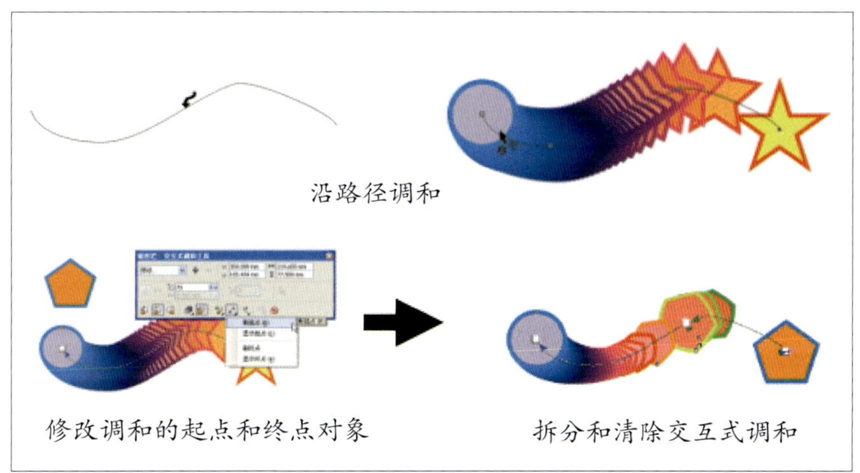

图3.2.1-5

练习1：创建交互式调和效果

（1）使用工具箱中的“星形”工具和“椭圆形”工具分别创建如图的两个矢量图形。

（2）使用工具箱中的“交互式调和”工具在星形对象上按下鼠标左键不放，向椭圆对象拖动鼠标，此时在两个对象之间会出现起始控制柄和结束控制柄。

（3）松开鼠标后，即可在两个对象之间创建调和效果，如图3.2.1-6所示。

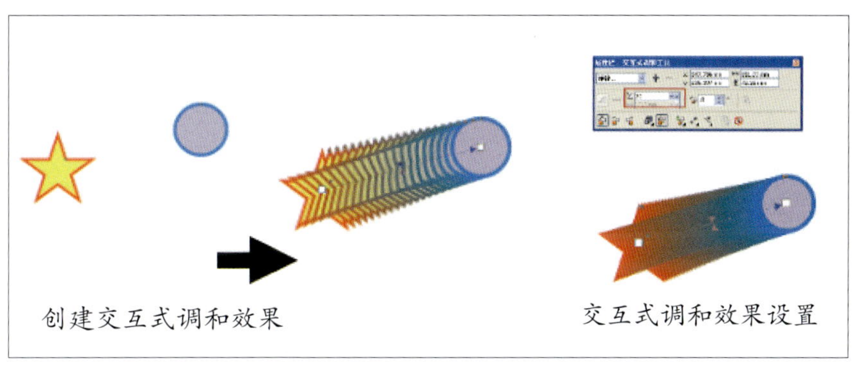

图3.2.1-6

练习2：交互式调和效果设置

（1）在“步数或调和形状之间的偏移量”属性栏中可以设置调和的步数，也就是调和中间生成对象的数目，这里更改为“20”，效果如图3.2.1-7所示。

图3.2.1-7

（2）在“调和方向”属性栏中，可以设定中间生成对象在调和过程中的旋转角度。当该值不为零时，将激活“环绕调和”按钮，单击该按钮，则调和的中间对象除予自身旋转外，同时将以起始对象和终点对象的中间位置为旋转中心做旋转分布，形成一种弧形旋转调和效果，如图3.2.1-8所示。

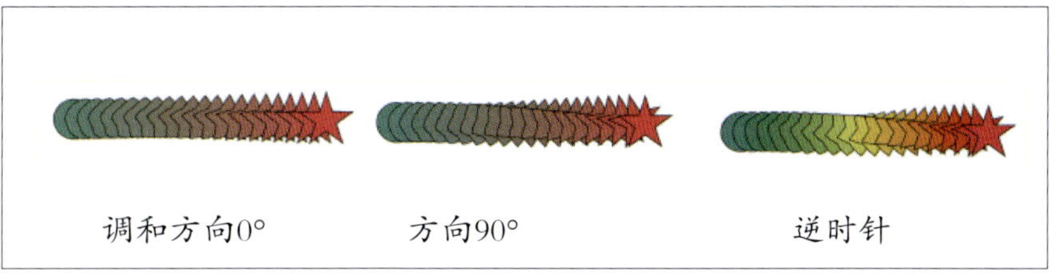

图3.2.1-8

（3）属性栏中提供了"直接调和""顺时针调和""逆时针调和"3种调和类型，通过选择不同的调和类型，可改变光谱色彩的变化。这里单击"顺时针调和"按钮，即可得到图3.2.1–8所示效果。

（4）单击属性栏中的"对象和颜色加速"按钮，在弹出的界面中单击按钮，可将调和加速控制点分开设置：拖动上面的滑块，可单独控制调和的中间对象的分布；拖动下面的滑块可控制调和颜色的分布，如图3.2.1–8所示。

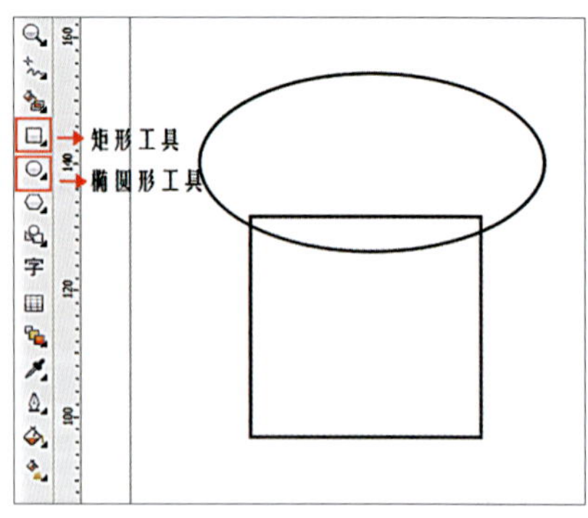

图3.2.1–9

四、任务实施

（一）准备工作

（1）能运行CorelDRAW X4软件的相关配置计算机一台。

（2）安装CorelDRAW X4应用程序。

（二）拉链效果图分析

本任务中，拉链效果图的重点是拉链矢量图的快速绘制，金属色彩的上色技巧，填充颜色后拉链的金属质感。拉链中拉链齿部分属于重复交错图案，因此，不能简单地将单个拉链齿复制粘贴，而需要有技巧地使用相应工具来提高效率。拉链面料部分相对简单，注意整体上要统一即可。

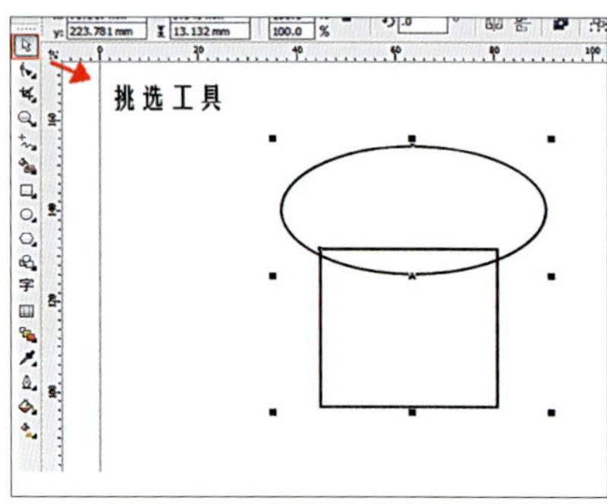

图3.2.1–10

（三）绘制步骤与方法

1. 拉链头矢量图绘制

（1）运行CorelDRAW后，用工具箱中"矩形"工具与"椭圆形"工具，绘制相交的两个图形，形成拉链头雏形，如图3.2.1–9所示。

（2）使用"挑选"工具同时框选椭圆形与矩形时，属性栏即会出现"造形"工具，点击"造形—焊接"，这时椭圆形与矩形相交的部分会连接成一体形成完整图形，如图3.2.1–10和图3.2.1–11所示。

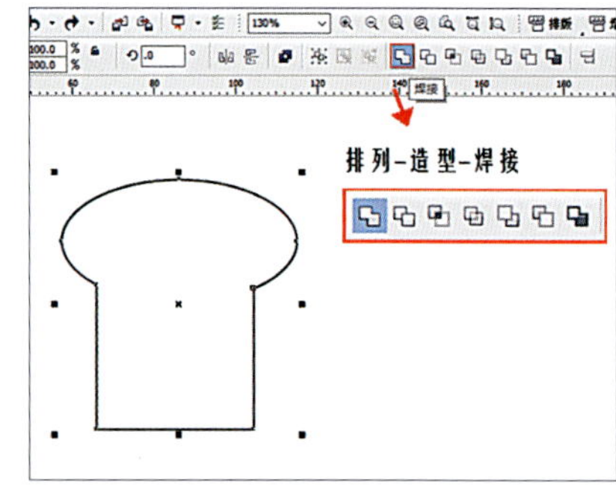

图3.2.1–11

（3）此时图形与拉链头的效果相差甚远，需要使用"挑选"工具选中图形后鼠标右击，点击"转换为曲线"，或使用快捷键"Ctrl+Q"，这时就可以使用"形状"工具，通过节点与操控杆修改图形曲线样式，使图形达到想要的样子，如图3.2.1–12所示。

（4）为了使图形左右对称，可以使用"工具栏—裁剪—刻刀"工具，从图形的中心节点，由上而下划开成为两个图形，如图3.2.1–13所示。

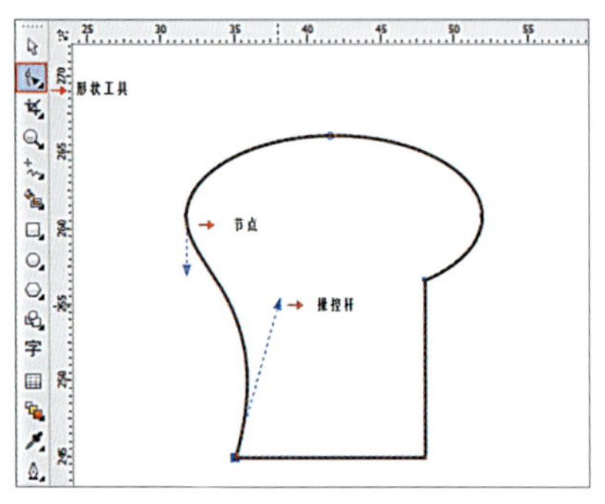

图3.2.1–12

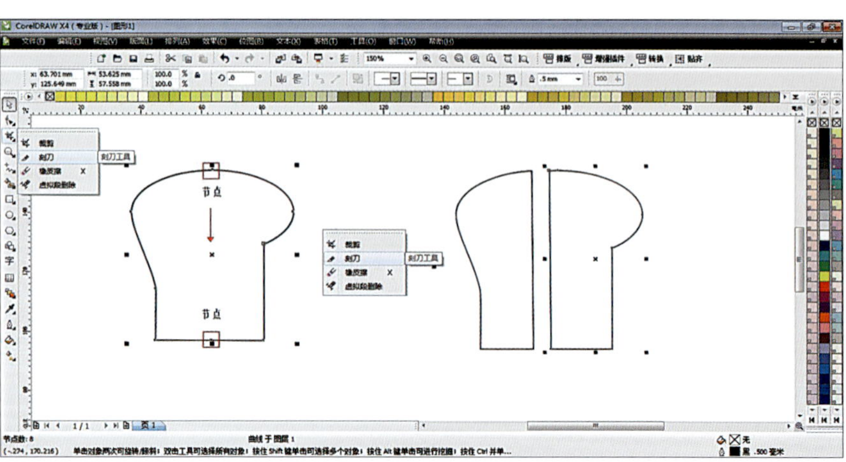

图3.2.1–13

（5）复制半个拉链头，点击左半个拉链头，再点击水平镜像图标，即可得到一个对称的右半个拉链头，将两个半个图形交叉，使用“挑选”工具同时框选后，即会出现“排列—造型”工具，点击“焊接”，得到图右边的完整拉链头图形，如图3.2.1–14所示。

（6）使用相同方法绘制拉链头上的其他部件，如图3.2.1–15所示。

（7）拉链头上挂坠部分是一个镂空造型，这里需要将镂空图形放置于底图形之上，同时框选两个图形后，即会出现“排列—造型”工具，点击“修剪”，得到图右边的镂空装饰图形，如图3.2.1–16所示。

（8）使用相同方法在挂坠部分再绘制一个镂空圆，完成图形绘制。如图3.2.1–17所示。

（9）组合拉链头与挂坠部分，在两者之上绘制扣头：使用“矩形”工具绘制相应大小的扣头，直接点击工具箱中“形状”工具，拖拉四角即可得到圆角矩形。如图3.2.1–18所示。

（10）为了使拉链头有立体感，分别复制拉链头各部位，鼠标右击，利用“置于此对象后”命令，并放置到相应的下方，稍稍错位，即可得到如图3.2.1–19所示效果。

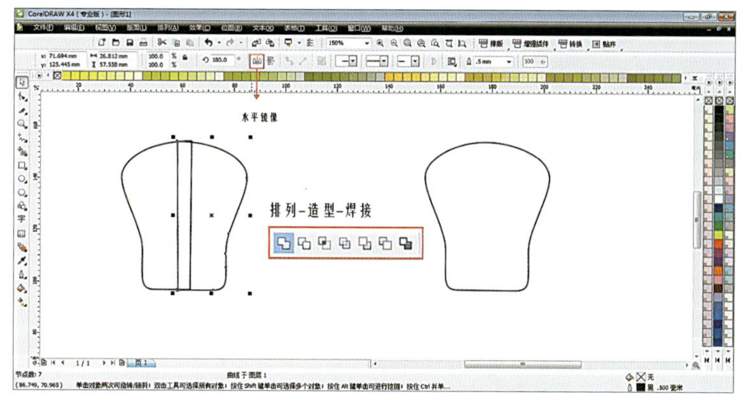

图3.2.1–14

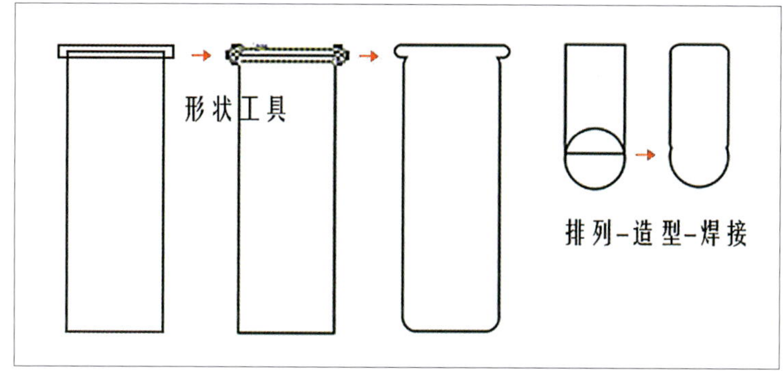

图3.2.1–15

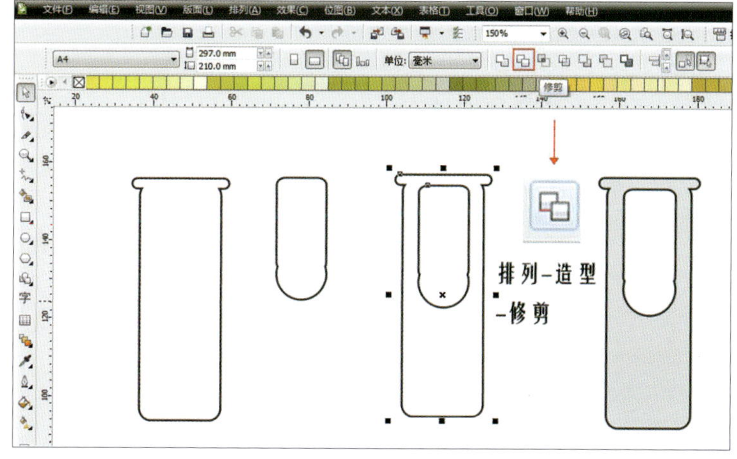

图3.2.1–16

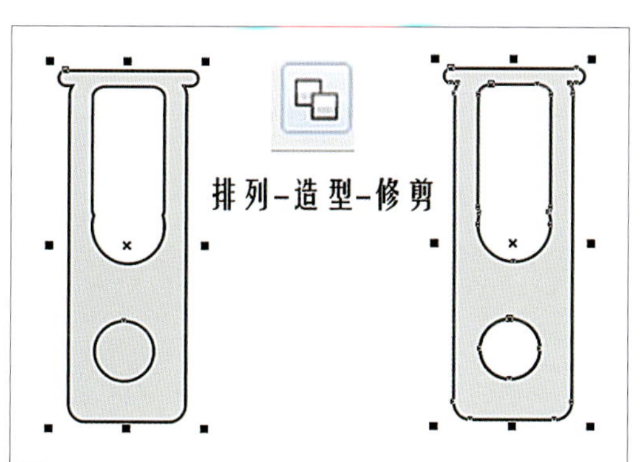

图3.2.1–17

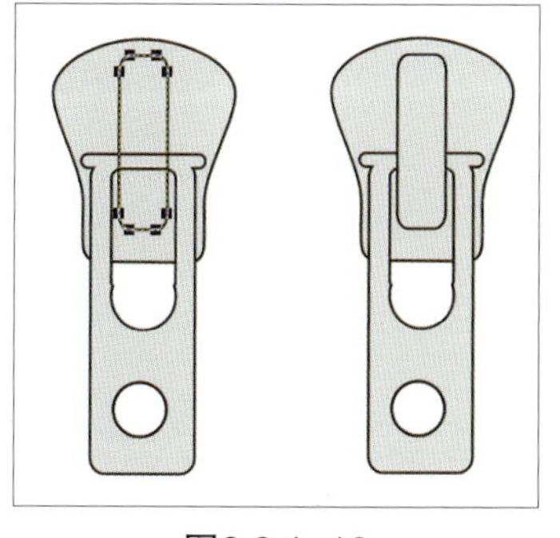
图3.2.1–18

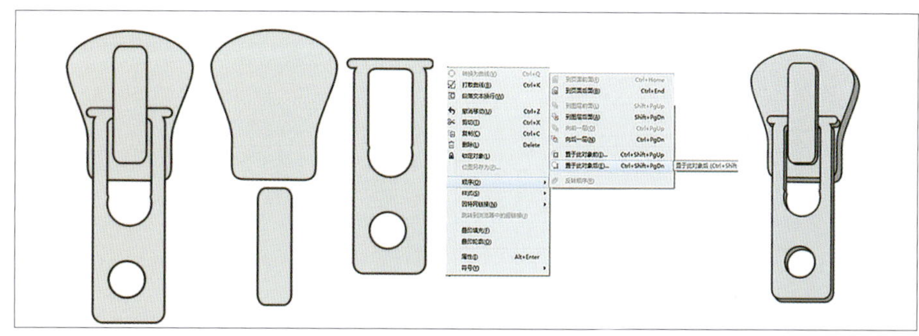
图3.2.1–19

（11）拉链头图形完成后，即可单击其中某一部位填充色彩，此处选择“工具箱—填充—渐变填充”工具，出现“渐变填充”对话框，点击“类型—线性”、“颜色调和—自定义”设置需要的颜色，在色彩选择部位双击出现三角图标之后，点击右方色组，即可得到相应颜色，如图3.2.1-20所示。

2．拉链齿矢量图绘制

（1）使用工具箱中“矩形”工具与“椭圆形”工具，绘制相交的三个图形，形成拉链齿雏形，再使用“挑选”工具框选三个图形，同时出现“排列—造型”工具，点击“焊接”工具，得到拉链齿基本图形，最后右键点击拉链齿，转为曲线，调整图形曲面造型，得到图3.2.1-21所示完整的拉链齿图形。

（2）因为拉链齿是连续多个相同的图形，此处可以使用“交互式调和工具—调和”，复制一个拉链齿，在两个图形之间拉一条直线，这时将出现状态栏，在状态栏中选择“直接调和”“步长”设置需要依图而定，最终“步长”数据达到拉链齿之间依次衔接没有空隙即可，如图3.2.1-22所示。

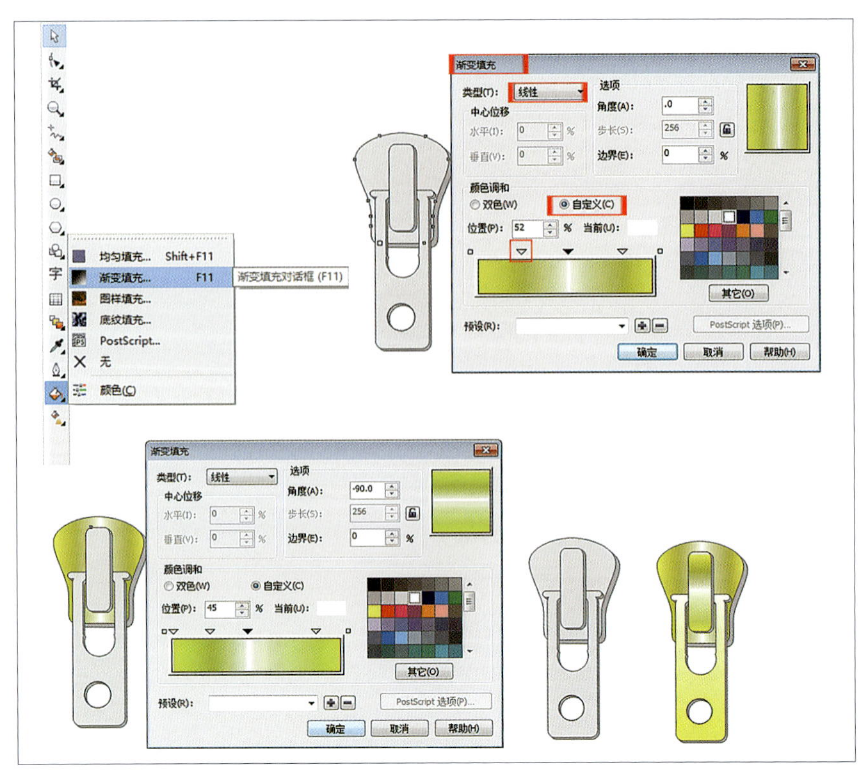

图3.2.1-20

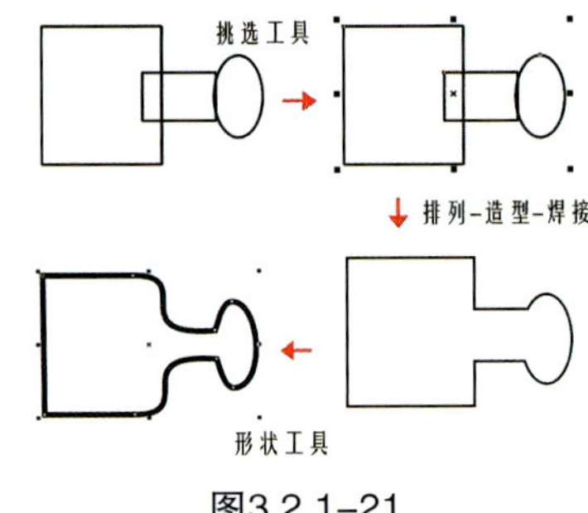

图3.2.1-21

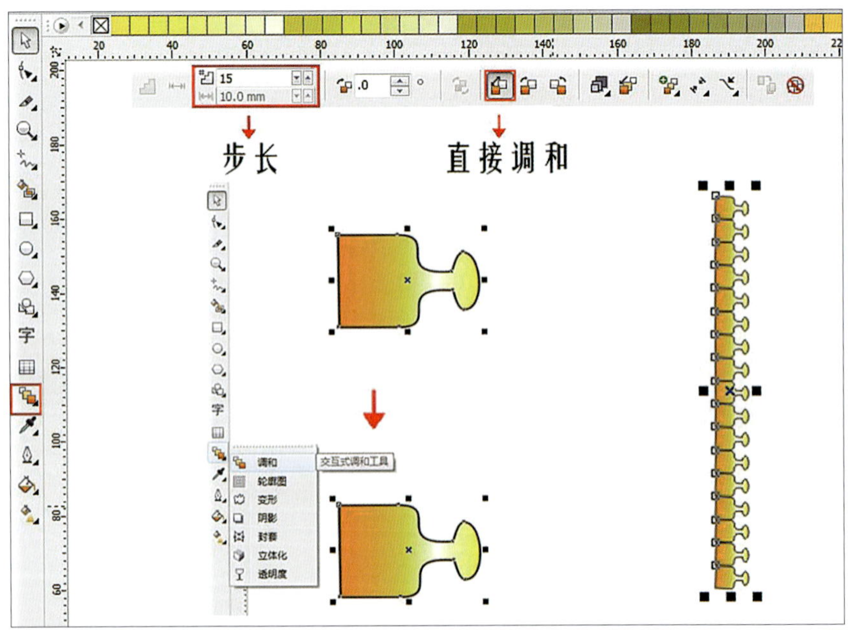

图3.2.1-22

（3）复制拉链齿，点击水平镜像图标，即可得到一个对称的拉链齿，将两个半个图形错位交叉，即可得到完整的拉链齿，最后将拉链头放置在最上方，完成图形，如图3.2.1–23所示。

3. 拉链布矢量图绘制及上色

（1）使用“矩形”工具在拉链齿的下层绘制两块长方形拉链布，颜色填充使用“工具箱—填充—图样填充”工具，选择“双色”对话框中“格子图案”，在右面的色彩中选择前部色与后部色（可根据个人爱好填充），“宽度”调整为15mm，即可得到图3.2.1–24所示效果。

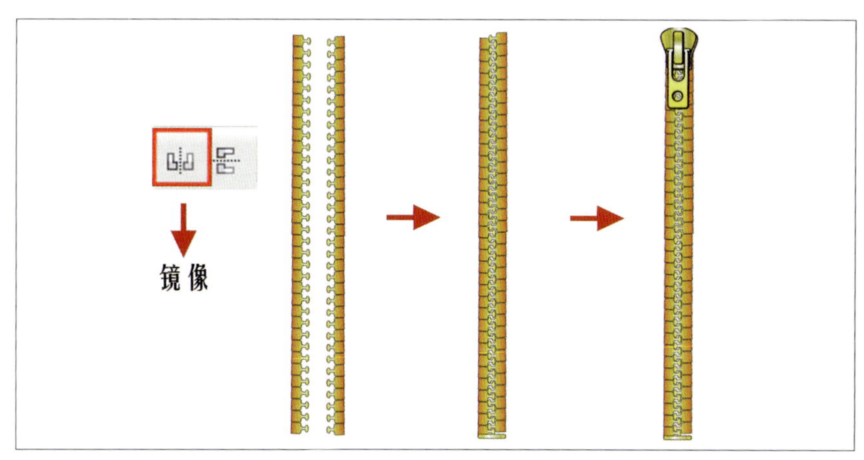

图3.2.1–23

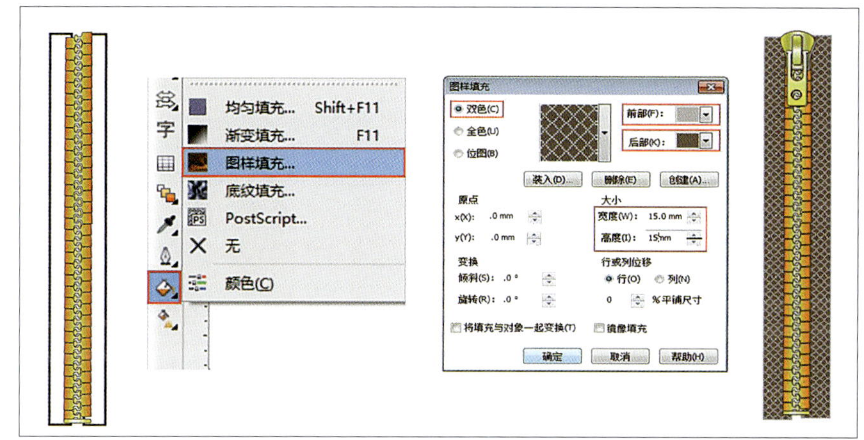

图3.2.1–24

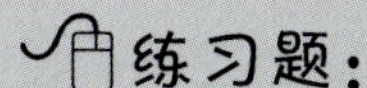

练习题：

用Coreldraw绘制格子面料的拉链矢量图，如右图所示。

要求：

（1）图形完整，左右对称；

（2）拉链金属质感特征明显；

（3）整体效果好。

☞ 任务2：CorelDRAW绘制帽子

任务目标：

◆能够熟练地运用 CorelDRAW 绘制帽子的矢量图。

◆能够熟练地运用 CorelDRAW “图框精确剪裁” 工具。

◆掌握 “PostScript” 填充图样的方法表现。

一、任务内容

对图3.2.2–1所示的帽子效果图，运用CorelDRAW绘制出相同款式的棒球帽。要求帽子结构完整，包括帽片、帽檐、帽条，整体形式美感强。

图3.2.2–1

二、内容分析

绘制图3.2.2–1棒球帽，首先要分析用电脑绘制此效果图所需要的基本素材：帽子各部位组合关系和牛仔面料、蕾丝面料之间搭配。

给出的这张样图是用CorelDRAW X4制作的棒球帽效果图，要求绘制者能熟悉该软件的一般功能。运用到CorelDRAW的知识点主要有图框精确裁剪、“PostScript” 填充等，绘制时一方面要注意软件的使用技巧，同时要注意效果图的形式美感。

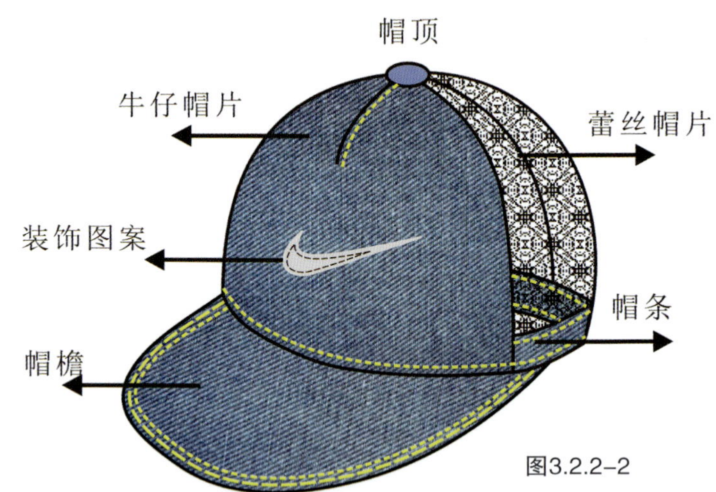

图3.2.2–2

三、任务实施

（一）棒球帽效果图分析

本任务中，棒球帽效果图的重点是帽片、帽条、帽片之间的组合关系以及牛仔、蕾丝面料上色技巧，要使填充后的帽子富有面料质感，如图3.2.2–2所示

（二）绘制步骤与方法

1. 帽片矢量图绘制

（1）运行CorelDRAW X4后，用工具箱中的“椭圆形”工具，Ctrl + 鼠标拖动，绘制一个正圆，再使用“形状”工具，调整节点成为一个帽片的形状，如图3.2.2–3所示。

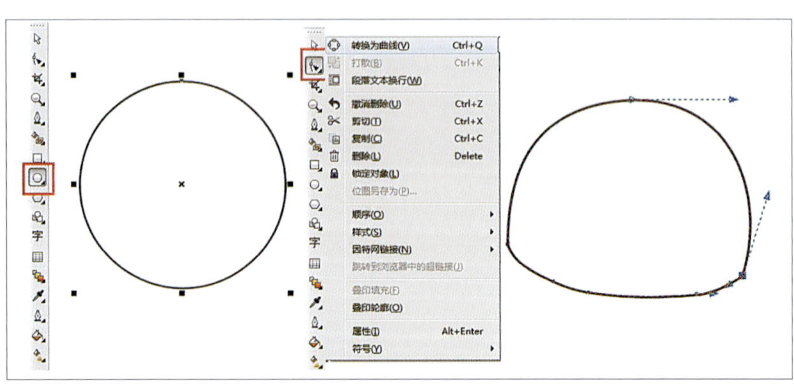

图3.2.2–3

（2）使用“矩形”工具绘制一个方形，右键点击使用“形状”工具，调整节点成为另一个帽片的形状，使用“挑选”工具同时框选两个帽片，属性栏即会出现“造形”工具，点击“造形—相交”，两个图形相交的部分形成新帽片，如图3.2.2-4所示。

2. 帽檐矢量图绘制

使用“钢笔”工具绘制帽檐，使用“挑选”工具同时框选两个帽片帽檐，属性栏即会出现“造形”工具，点击“造形—修剪”，两个图形相交的部分消失形成新帽檐，如图3.2.2-5所示。

3. 帽条矢量图绘制

（1）使用“矩形”工具绘制一个长方形，右键点击使用“形状”工具，调整节点形成帽条的形状，使用帽条一边符合帽子弧度，如图3.2.2-6所示。

（2）使用“挑选”工具同时框选帽片、帽条后，即会出现“排列—造形”工具，点击“相交”，得到如图右边的完整帽条图形，如图3.2.2-7所示。

（3）使用相同方法绘制后片帽条，如图3.2.2-8所示。

（4）在上一步骤绘制的帽条，需要调整图层顺序，鼠标点击选中，右键单击出现“顺序—置于此对象后”，出现箭头后点击对象，图形就会置于对象的后方，如图3.2.2-9所示。

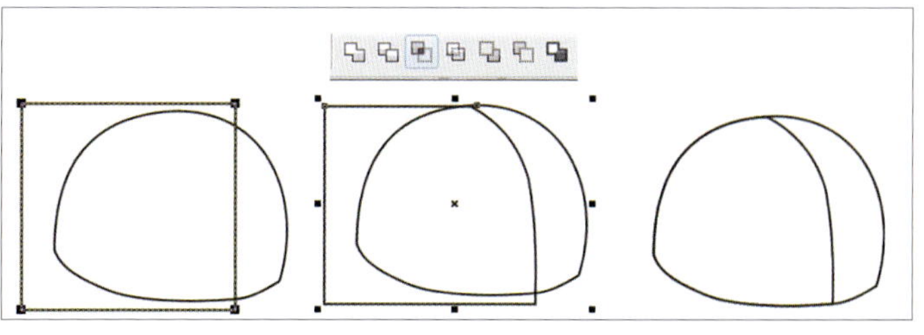

图3.2.2-4

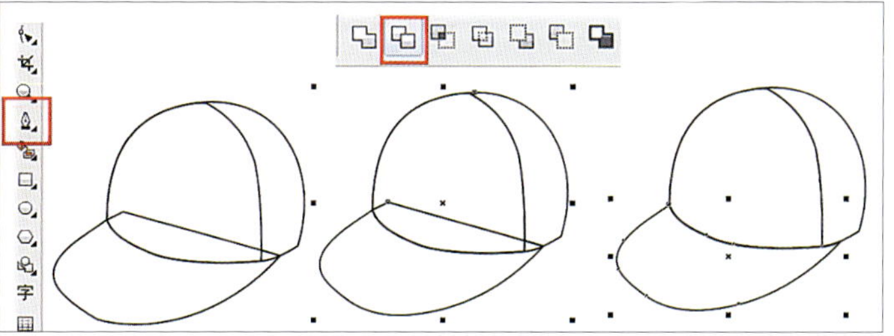

图3.2.2-5

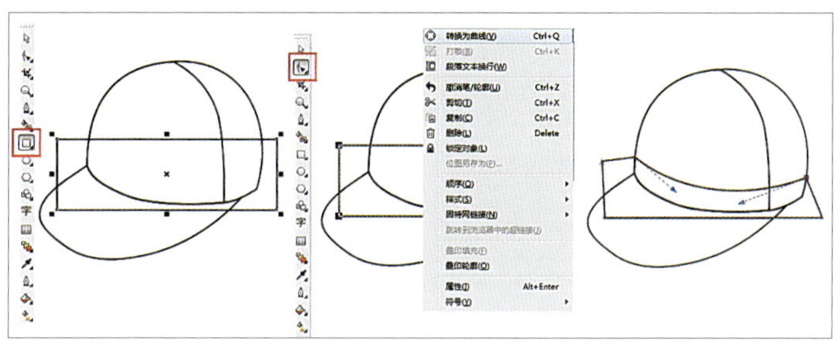

图3.2.2-6

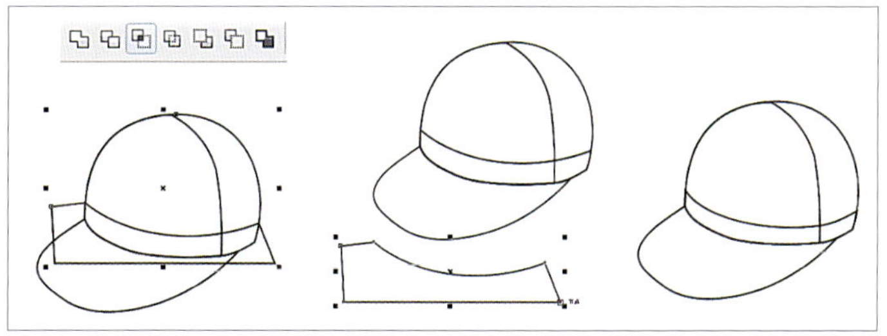

图3.2.2-7

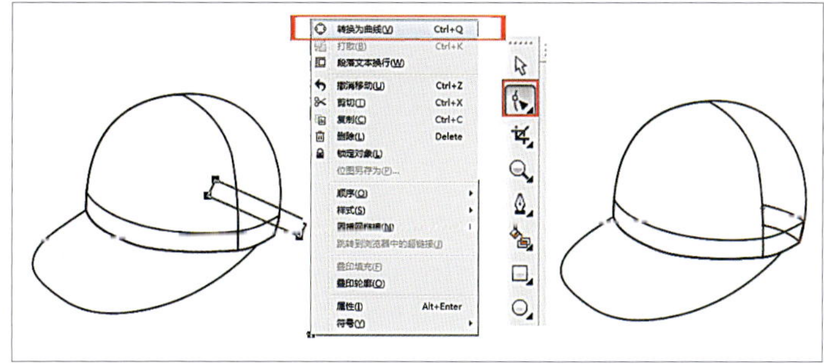

图3.2.2-8

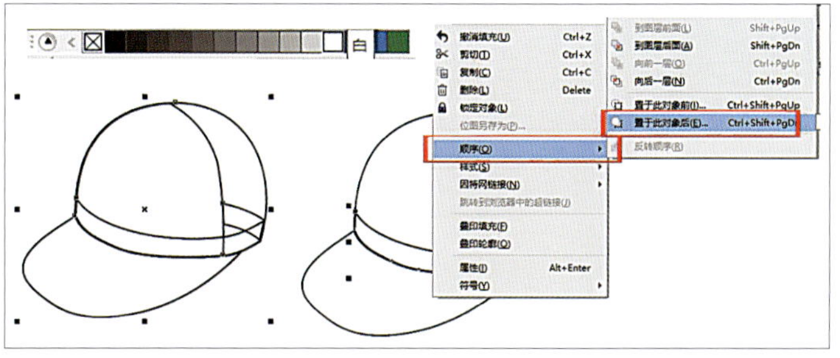

图3.2.2-9

4. 帽子装饰线绘制

（1）使用“三点曲线”绘制明线迹，再使用“轮廓”工具改变线条样式为虚线样式，如图3.2.2-10所示。

（2）使用相同方法绘制帽顶装饰线，再使用椭圆形，Ctrl + 鼠标拖动，绘制一个椭圆帽顶，如图3.2.2-11所示。

（3）帽檐明线迹使用“工具箱—交互式调和工具—轮廓图”，设置“步长1”轮廓图偏移量“1.0”鼠标向内推，得到两个内框，右键点击图形，“打散轮廓图群组”，如图3.2.2-12所示。

（4）点击帽檐明线迹右击“取消群组”，取出两个明线迹，点击内框选择“工具箱—轮廓—轮廓笔”，修改轮廓宽度，样式为虚线段，形成明线迹样式，即可得到图3.2.2-13所示效果。

5. 装饰图案矢量图绘制

（1）使用“钢笔”工具绘制如下图图形，再使用“形状”工具修改图形，得到图3.2.2-14所示完整的装饰图形。

（2）使用图3.2.2-12与图3.2.2-13相同的方法制作装饰明线迹，如图3.2.2-15所示。

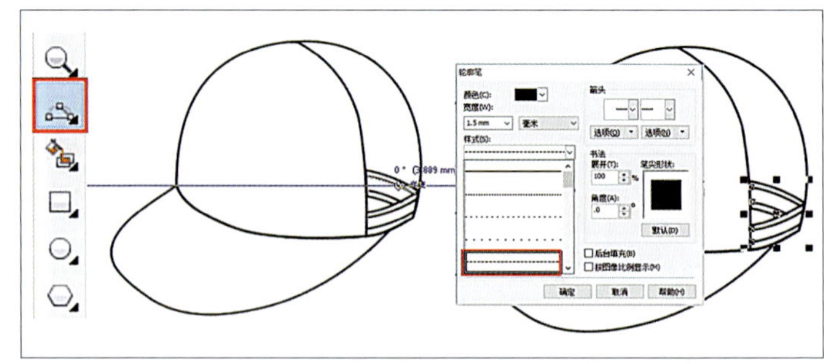

图3.2.2-10

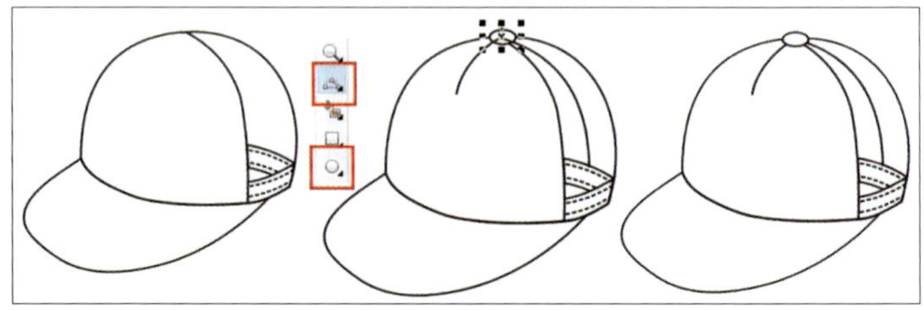

图3.2.2-11

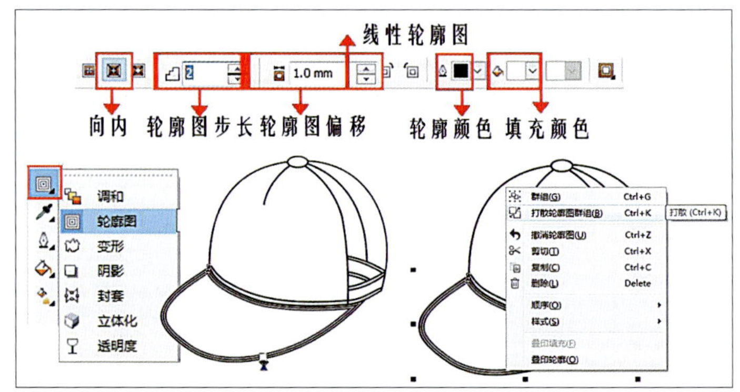

图3.2.2-12

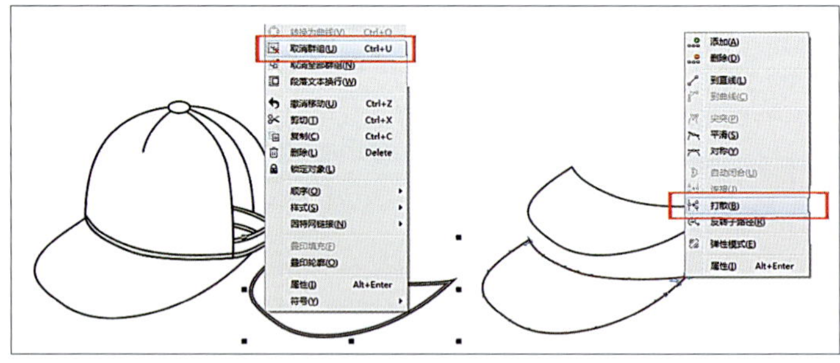

图3.2.2-13

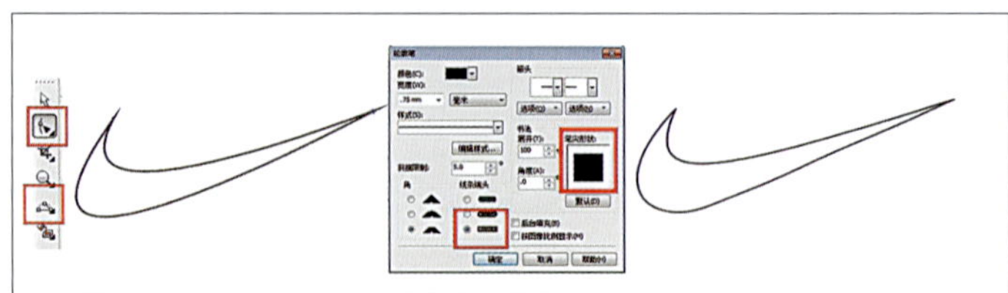

图3.2.2-14

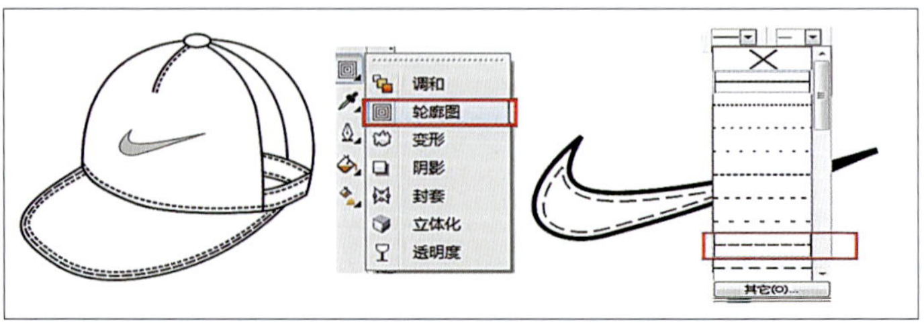

图3.2.2-15

6. 牛仔面料、蕾丝面料填充

（1）选择一块牛仔面料，点击“效果—图框精确裁剪”，点击牛仔面料，选中放置容器中的对象（帽片、帽檐与帽条），选择“效果—图框精确裁剪—放置在容器内”选项，此时鼠标变成黑色箭头状态，用光标单击容器，分别填充牛仔面料，如图3.2.2–16所示。

（2）帽檐面料方向需要调整，左键点击帽檐面料部分，右击“编辑内容”选项，鼠标右击图形，点击“编辑内容”对牛仔面料进行旋转，完成后“结束编辑”，如图3.2.2–17所示。

（3）选择需要填充蕾丝面料的帽片部分，在工具箱中单击“交互式填充”工具，在下拉菜单点击“PostScript填充”，再在出现的对话框中点击“地毯”图形，点击“预览填充”观看效果，点击“确定”后如图3.2.2–18所示。

（4）最后，将装饰明线迹填充黄色，装饰图案填充灰色，帽顶填充蓝色，即可得到如图3.2.2–19效果，完成绘制。

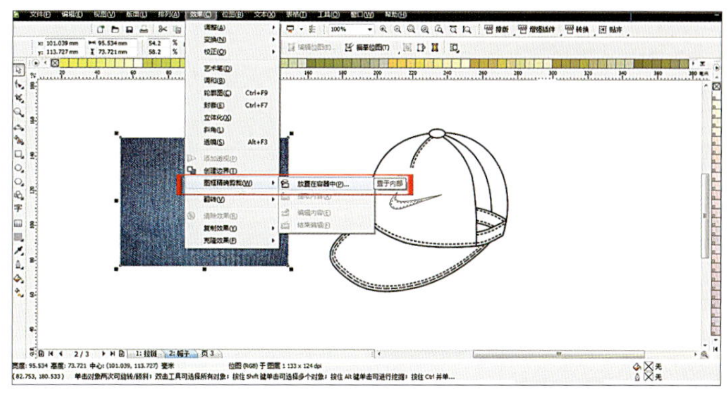

图3.2.2–16

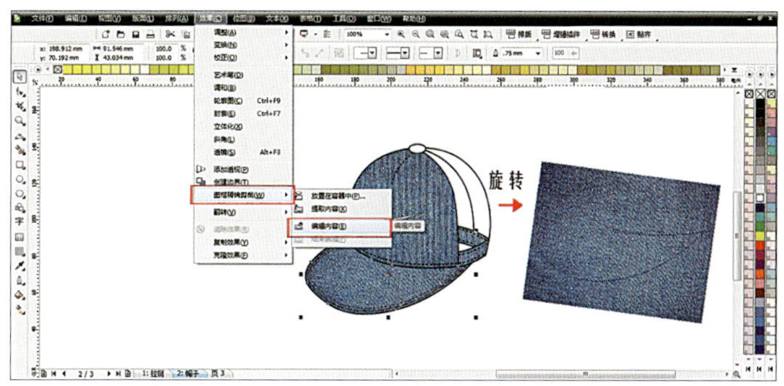

图3.2.2–17

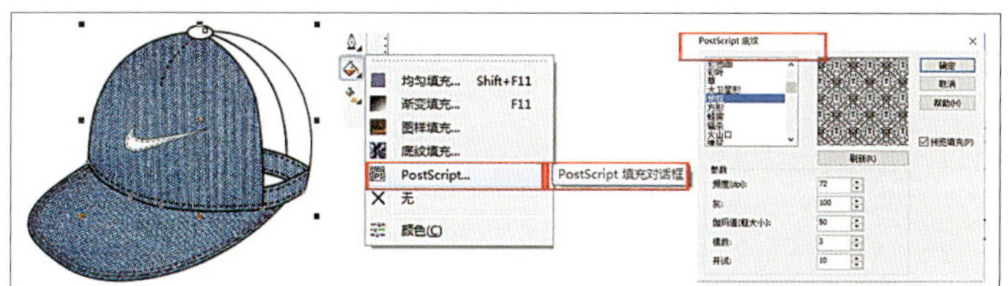

图3.2.2–18

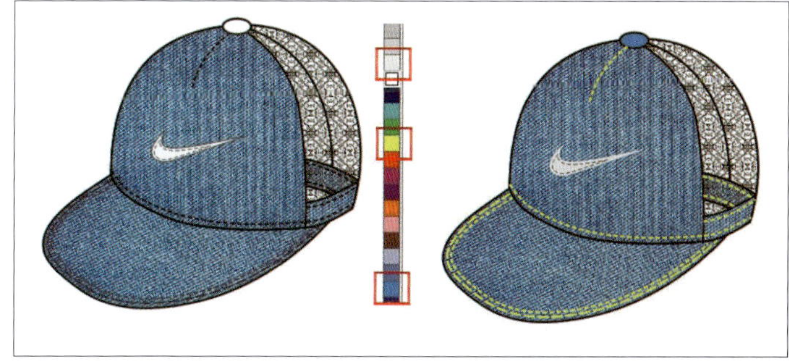

图3.2.2–19

练习题：

用Coreldraw绘制牛仔面料的棒球帽矢量图，如右图所示。

要求：

（1）图形完整，款式时尚；

（2）细节完整位置合适；

（3）整体效果好。

第三节 CorelDRAW绘制服装面料案例

☞ 任务3：CorelDRAW绘制格子面料

任务目标：

◆能够熟练地运用 CorelDRAW 绘制格子面料。

◆能够熟练地掌握 CorelDRAW“交互式调和”工具和“交互式变形”工具。

◆掌握用 “Ctrl+R” 移动复制的操作方法。

一、任务内容

对图3.3.3–1所示的格子面料效果图，运用CorelDRAW绘制出相同款式的格子面料。要求格纹组合完整，图案连续，整体形式美感强。

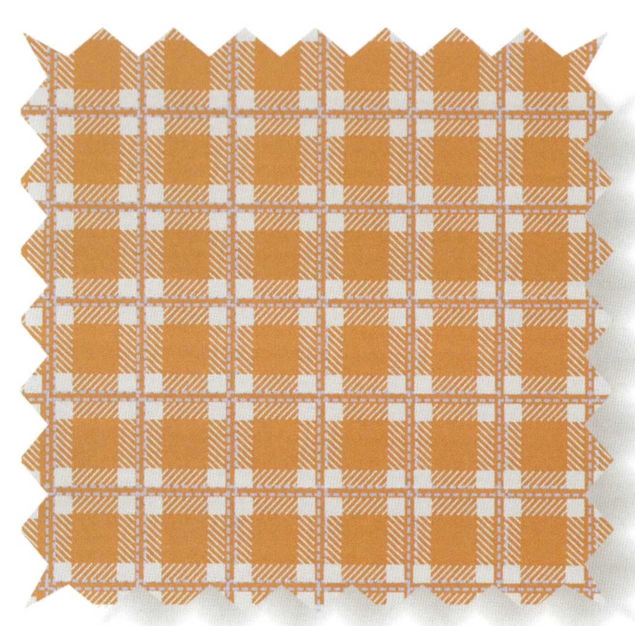

图3.3.3–1

二、内容分析

绘制图3.3.3–1所示格子面料，首先要分析用电脑绘制此效果图所需要的基本素材：格纹面料的各部位组合关系和面料纹理质感之间搭配。重点掌握“均匀填充”工具、“手绘”工具、“交互式调和”、“交互式变形”工具、“图框精确裁剪”工具和“Ctrl+R”移动复制的操作方法，在后面绘制的款式图中将会用到这块格子面料。

三、任务实施

本任务中，格子面料效果图的重点是格纹设计所展示的效果，要使填充后的格纹富有面料质感。

（一）绘制步骤与方法

1. 格纹矢量图绘制

（1）新建A4大小文件，在文件上绘制格子图案。

（2）按住“Ctrl”键，用“矩形”工具绘制一个10cm × 10cm正方形。使用工具箱中“均匀填充”工具填充格纹面料底色颜色，如图3.3.3–2所示。

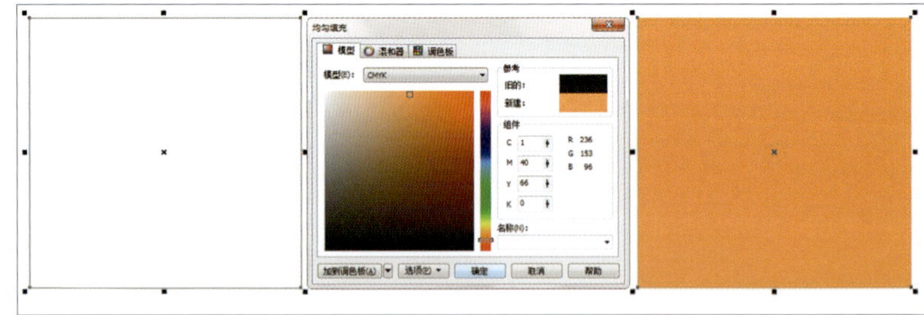

图3.3.3–2

（3）用鼠标右击调色板中去除轮廓线按钮，将正方形轮廓线去掉。使用工具箱中的“手绘”工具在正方形的上方绘制一条直线，轮廓宽度

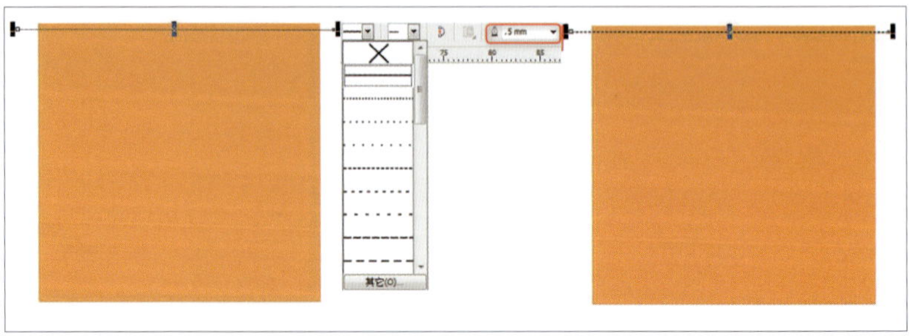

图3.3.3–3

0.5mm，轮廓样式为虚线段样式，如图3.3.3–3所示。

（4）复制线段，形成平行双线段，框选两条线段，按快捷键“Ctrl+G”键群组，如图3.3.3–4所示。

（5）复制一条到底边，用“交互式调和”工具拖拉，步长设置为5，按“Ctrl+G”键群组，如图3.3.3–5所示。

（6）按“+”键复制，在属性栏中设置旋转90°，如图3.3.3–6所示。

（7）放大格纹左上角，按“Ctrl”键，用“矩形”工具绘制一个小正方形，“均匀填充”工具填充颜色，去掉轮廓色，如图3.3.3–7所示。

（8）复制一个小正方形到大格子下方，再给上方小格子画一条对角线，同样复制到下方小格子，如图3.3.3–8所示。

（9）用“交互式调和”工具，拖拉这对角线，步长设置为9，再按“Ctrl+G”键群组，最后调整颜色与小正方形相同，如图3.3.3–9所示。

（10）执行“排列—顺序—置于此对象后”，将此图形放置到小正方形后面后按“Ctrl+G”键群组，如图3.3.3–10所示。

（11）按“+”键复制这个群组的图形，旋转90°排列并群组，如图3.3.3–11所示。

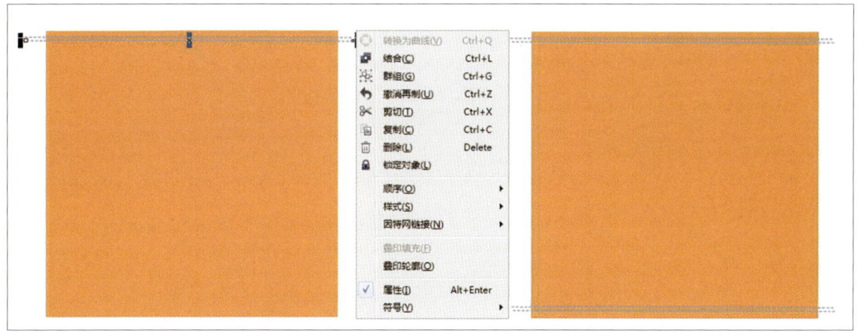

图3.3.3–4

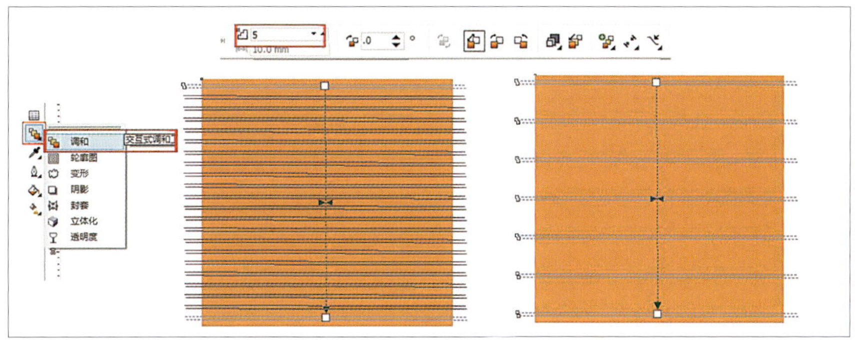

图3.3.3–5

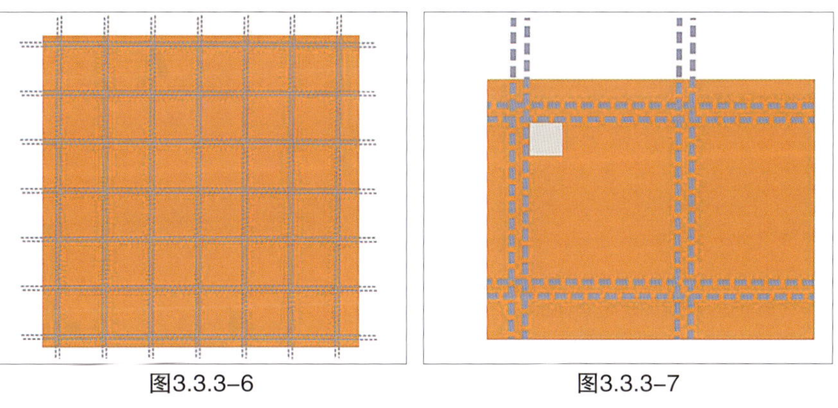

图3.3.3–6

图3.3.3–7

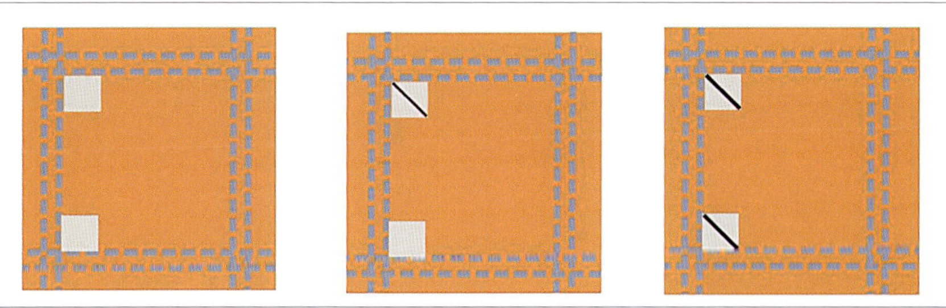

图3.3.3–8

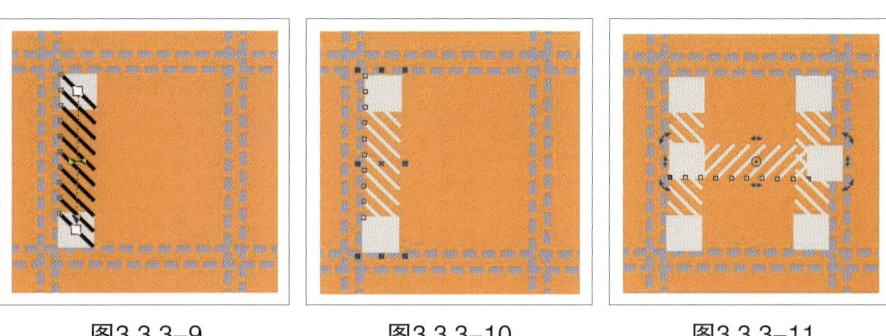

图3.3.3–9

图3.3.3–10

图3.3.3–11

（12）选择这个图形，将它移动到下一个大方格中，然后反复按“Ctrl+R”，图形就会依照前一个移动的轨迹继续复制，最后排列效果如图3.3.3–12所示。

（13）“Ctrl+G”键群组第一组格纹，将它移动到下一组大方格中，然后反复按“Ctrl+R”，图形就会依照前一个移动的轨迹继续复制，最后排列效果如图3.3.3–13所示。

（14）在格纹右方按住Ctrl用“矩形”工具绘制一个正方形，10cm×10cm，备用，效果如图尺寸为3.3.3–13所示。

（15）点击工具箱—交互式调和—变形，在属性栏中设置“拉链变形”、拉链失真振幅15与15，正方形变成锯齿边缘状，效果如图3.3.3–14所示。

（16）执行“效果—图框精确裁剪”，将做好的格子布放置到锯齿形正方形中，效果如图3.3.3–14所示。

2. 阴影

为了使图形具有立体感，可以适当添加阴影，用鼠标右击调色板中去除轮廓线按钮，然后点击“工具箱—交互式调和工具—交互式阴影”工具，鼠标点击格纹面料中心，向需要阴影的方向拉，就会出现阴影，属性栏中还可以调整阴影的样式，如图3.3.3–15所示。

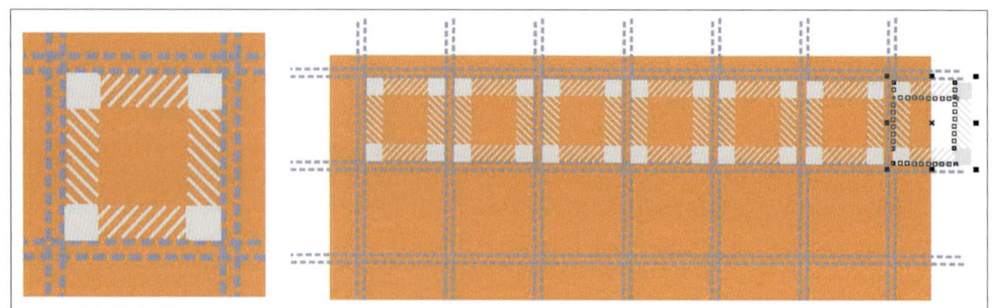
图3.3.3–12

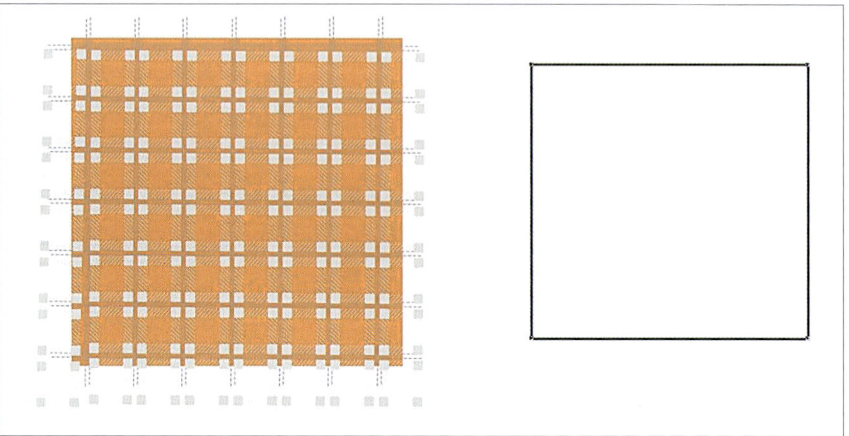
图3.3.3–13

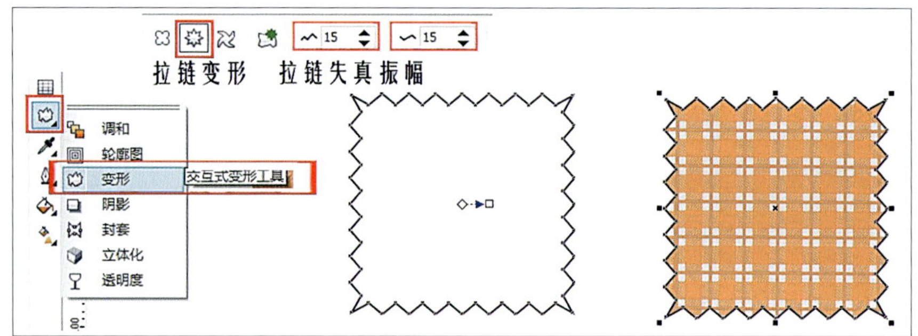

图3.3.3–14

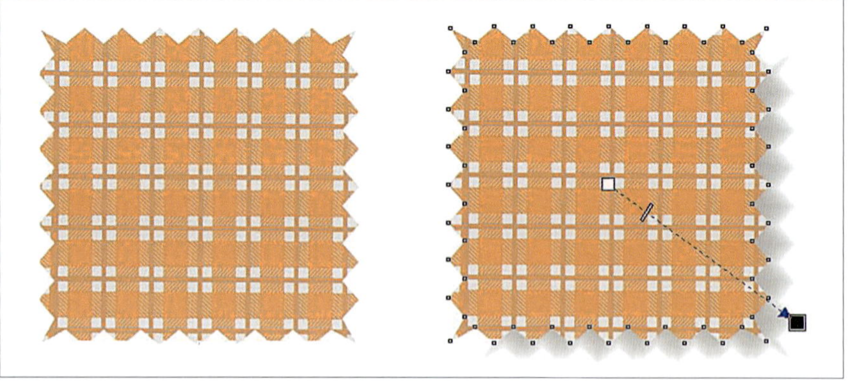
图3.3.3–15

最后完成图，如图3.3.3-16所示。

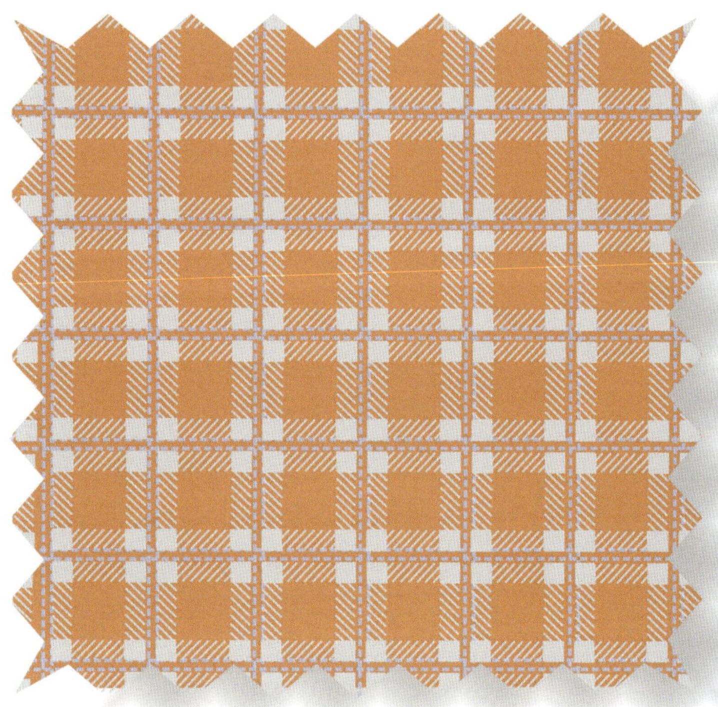

图3.3.3-16

练习题：

选择最新品牌发布会中格子面料服装，用 Coreldraw 绘制格子面料矢量图。

要求：

（1）图形完整，格纹清晰；

（2）整体效果好 。

☞ 任务4：CorelDRAW绘制针织面料

任务目标：

◆能够熟练掌握 CorelDRAW 绘制针织面料。

◆能够熟练地运用 CorelDRAW “形状” 工具调整图形形状。

◆掌握用工具箱中 “填充—均匀填充” 色彩的方法。

一、任务内容

对图3.3.4–1所示的针织面料效果图，运用CorelDRAW绘制出相同款式的针织面料。要求针织面料图案组合完整，包括针织位置排列、色彩搭配，整体形式美感强。

图3.3.4–1

二、内容分析

绘制图3.3.4–1所示针织面料，首先要分析用电脑绘制此效果图所需要的基本素材：针织单位矢量图形、色彩搭配。要求学生能熟悉该软件的一般功能，运用到CorelDRAW的知识点主要有：“三点曲线”工具、“形状”工具、“镜像”工具、“快速复制”工具、“填充”工具等。绘制时一方面要注意软件的使用技巧，同时要注意效果图的形式美感。

三、任务实施

（一）CorelDRAW绘制针织面料

1. 针织矢量图图案绘制

（1）运行CorelDRAW X4后，使用“三点曲线”绘制麦穗形状的图案，使用“形状”工具，调整图形形状。选择“复制—水平镜像”，得到对称的图形，形成一个针织元素，如图3.3.4–2所示。

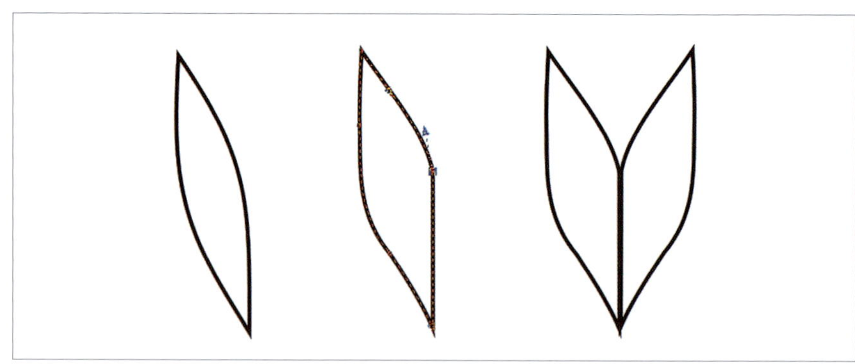

图3.3.4–2

（2）点击图形，选择“工具箱—轮廓—轮廓笔”，修改轮廓宽度，角的形状为方形，最后使用快捷键“Ctrl+G”群组图案，如图3.3.4–3所示。

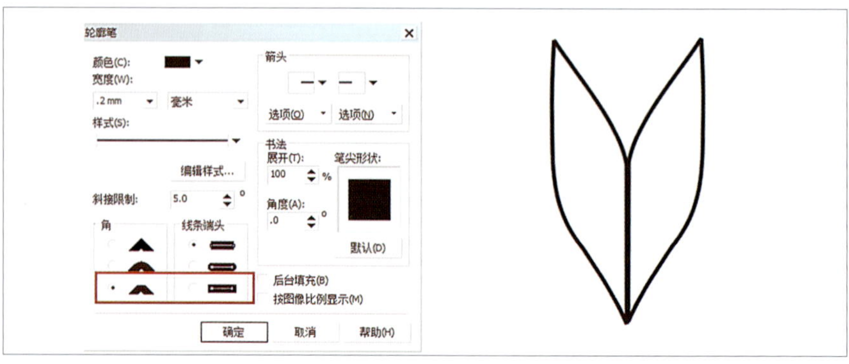

图3.3.4–3

（3）选择绘制好的针织元素，将它平移到下一位置，然后反复按“Ctrl+R”，图形就会依照前一个移动的轨迹继续复制。使用快捷键“Ctrl+G”群组图案，将它平移到下一位置，然后反复按“Ctrl+R”，如图3.3.4–4所示。

（4）绘制完成后，右击“取消群组”“取消全部群组”，留下5个针织组，删除其他。按照如图3.3.4–5所示，填充针织单位颜色，组成一个针织图案，使用快捷键“Ctrl+G”群组针织图案。

（5）复制针织图案，然后选择“复制—水平镜像”得到对称的图形，将图形拼合为一个完整的针织图案，反复复制可得到连续针织图案，如图3.3.4–6所示。

（6）全选针织面料，右键点击调色板上“黑色”，添加针织外轮廓，将针织图案面料变的更加清晰，如图3.3.4–7所示。

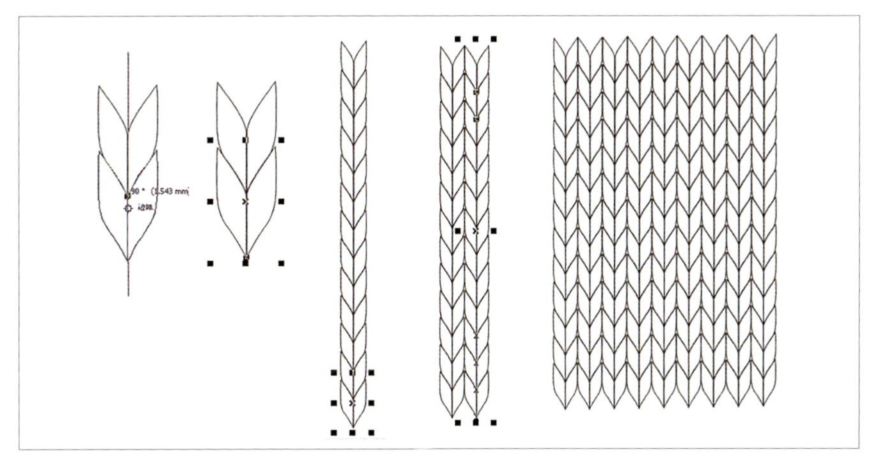

图3.3.4–4

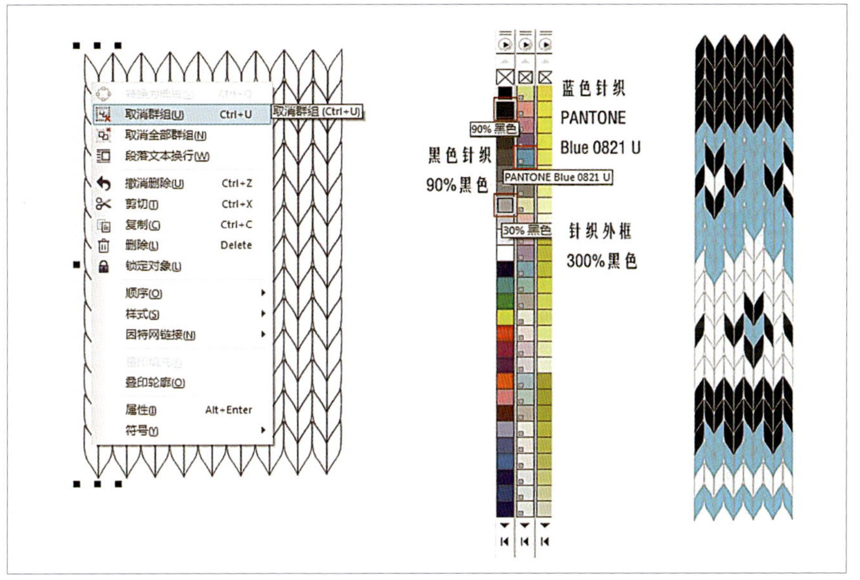

图3.3.4–5

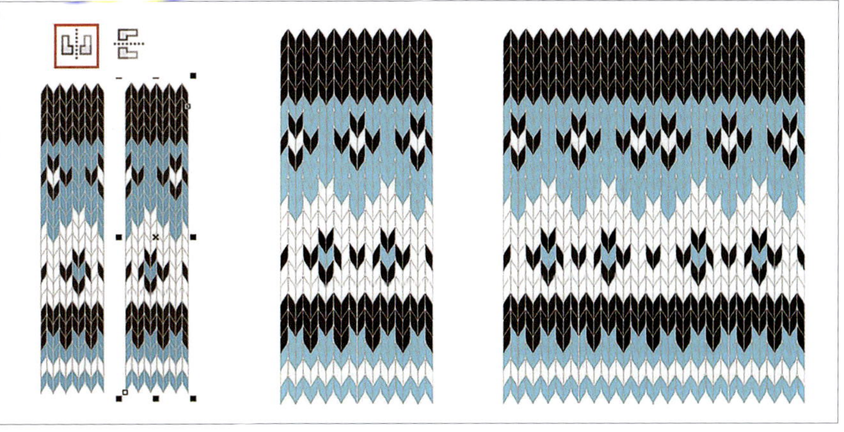

图3.3.4–6

图3.3.4–7

练习题：

选择最新品牌发布会中针织服装，用 Coreldraw 绘制服装中的针织面料。

要求：

（1）图形完整、图案连续；（2）针织质感特征明显；（3）整体效果好。

第四节　CorelDRAW绘制服装款式图案例

☞ 任务5：CorelDRAW绘制蕾丝连衣裙

任务目标：

◆熟练掌握用 CorelDRAW 绘制蕾丝连衣裙。

◆能够熟练地掌握 CorelDRAW 工具的组合运用。

◆掌握用“网格”工具绘制人体模特的方法。

一、任务内容

对图3.4.5-1所示的蕾丝连衣裙，运用CorelDRAW绘制出相同款式的蕾丝连衣裙正背面款式图。要求连衣裙绘制准确优美、蕾丝面料拼接恰当合理，整体形式美感强。

图3.4.5-1

二、内容分析

绘制图3.4.5-2所示蕾丝连衣裙款式图，首先要分析连衣裙的款式特点和细节，用电脑绘制此款式图所需要的基本素材：连衣裙矢量图形、蕾丝面料填充、色彩搭配。要求绘制者能熟悉该软件的一般功能，运用到CorelDRAW的知识点主要有：“视图”工具、“矩形”工具、“椭圆形”工具、“形状”工具、“镜像”工具、“造型”工具等。绘制时一方面要注意软件的使用技巧，同时要注意款式图的形式美感。

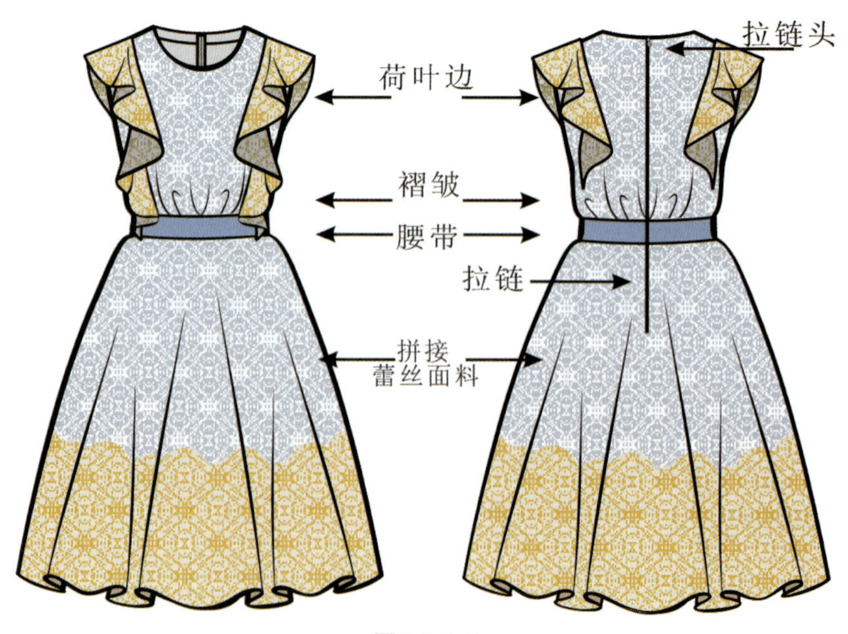

图3.4.5-2

三、相关知识点

（一）图框精确裁剪

利用菜单栏中的“效果—图框精确裁剪”命令，可以将矢量图或位图移入另一个矢量图形中，从而生成新的图形，以下主要讲解“放置在容器内”“编辑内容”“结束编辑”3个命令。

（1）“放置在容器内”选项：选中放置容器中的对象，选择

“效果—图框精确裁剪—放置在容器内”选项，此时鼠标变成黑色箭头状态，用光标单击容器的对象即可，如图3.4.5-3所示。

（2）“编辑内容”选项，鼠标右击图形，点击“编辑内容”即可对内容进行放大、缩小、旋转等变化，如图3.4.5-4所示。

（3）“结束编辑”选项，“编辑内容”结束后，需要鼠标右击“结束编辑”完成变化，如图3.4.5-5所示。

（二）PostScript填充

“交互式填充”工具可以在对象中应用PostScript填充，PostScript底纹填充是使用PostScript语言创建的。有些底纹非常复杂，因此打印或屏幕更新可能需要较长时间。填充可能不显示，而显示字母“PS”，这取决于使用的视图模式。在应用PostScript底纹填充时，可以更改诸如大小、线宽、底纹的前景和背景中出现的灰色量等属性。

这里使用“PostScript填充”填充类似蕾丝的面料效果，选择需要填充的对象，在工具箱中单击“交互式填充”工具，在下拉菜单点击“PostScript填充”，再在出现的对话框中点击“地毯”图形，点击“预览填充”观看效果，如图3.4.5-6所示。最后效果如图3.4.5-7所示。

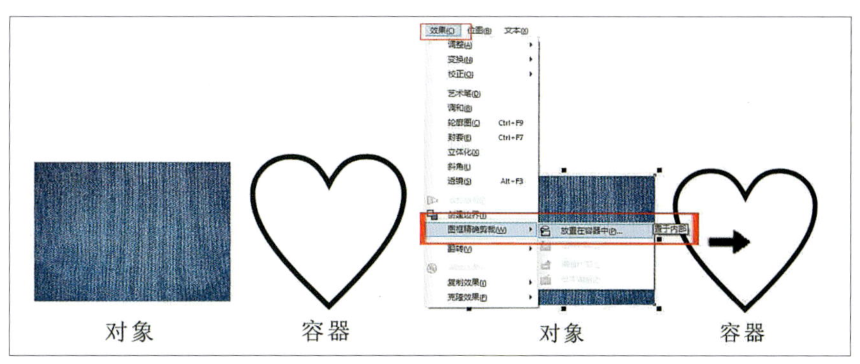

图3.4.5-3

图3.4.5-4

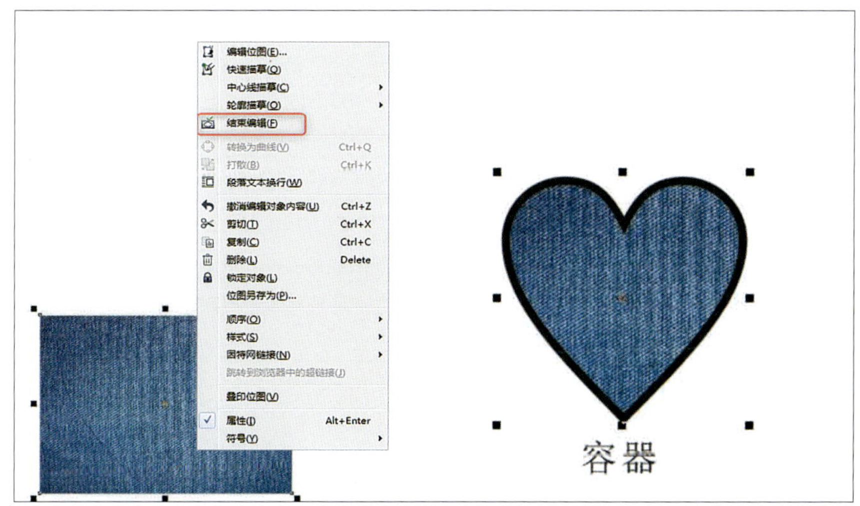

图3.4.5-5

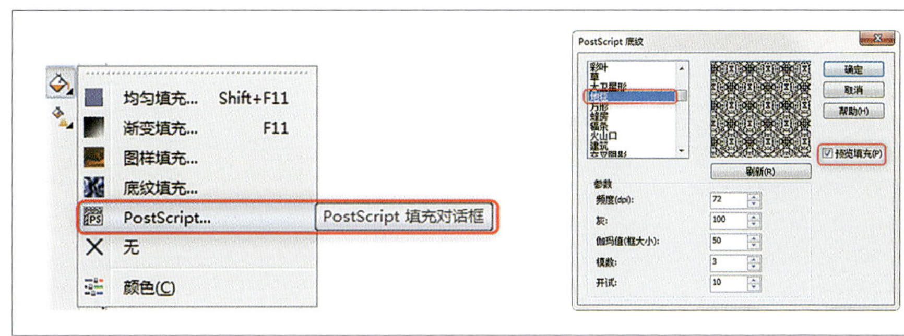

图3.4.5-6

图3.4.5-7

三、任务实施

（一）CorelDRAW绘制蕾丝连衣裙

1. 人体模型绘制

（1）运行CorelDRAW X4后，选择使用“菜单栏—视图—网格”工具，放大网格直到清晰为止，如图3.4.5-8所示。

（2）在页面上，以一个网格为一个单位，使用“矩形”工具绘制一个长27个格子，宽6个格子的长矩形，绘制完成后将长矩形按图3.4.5-8所示绘制若干线段。

（3）在线段各个部位点击加点定位，如图3.4.5-9所示，使用线段连接各点成半片人体模型造型。

（4）将侧缝部分线段，使用“形状”工具，休整成为一个圆顺线条造型，如图3.4.5-9所示。

（5）绘制完成后，标示出胸围线、腰围线与臀围线。复制半边人模，选择“水平镜像”，得到对称的图形。将图形交叉放置，选择菜单栏“排列—造形—焊接”，得到完整的人体模型，最后绘制公主线等辅助线条即可，如图3.4.5-10所示。注意“焊接”完成后，三围线会隐藏在人体模型之后，需要调整图像顺序方可。

（6）绘制完成后按“Ctrl+G”群组，将人体模型放置在页面合适位置，右击调色板，将线条颜色改为浅色备用。

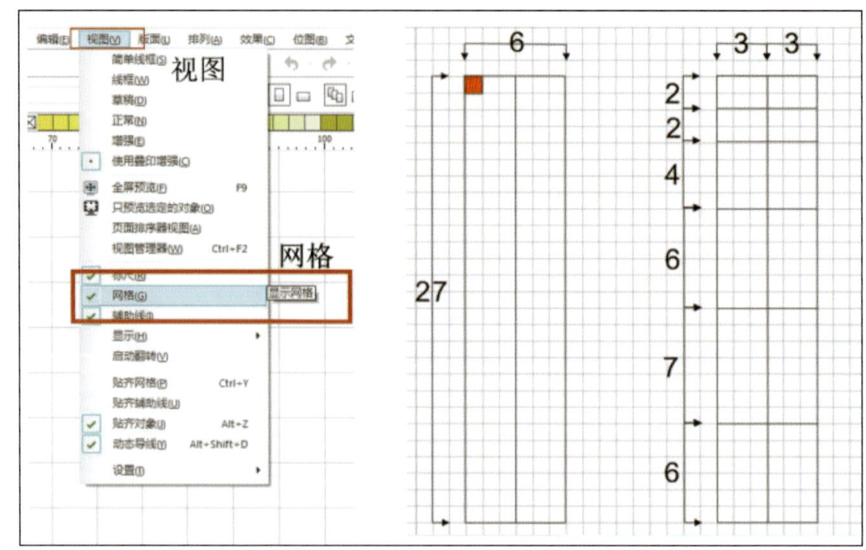

图3.4.5-8

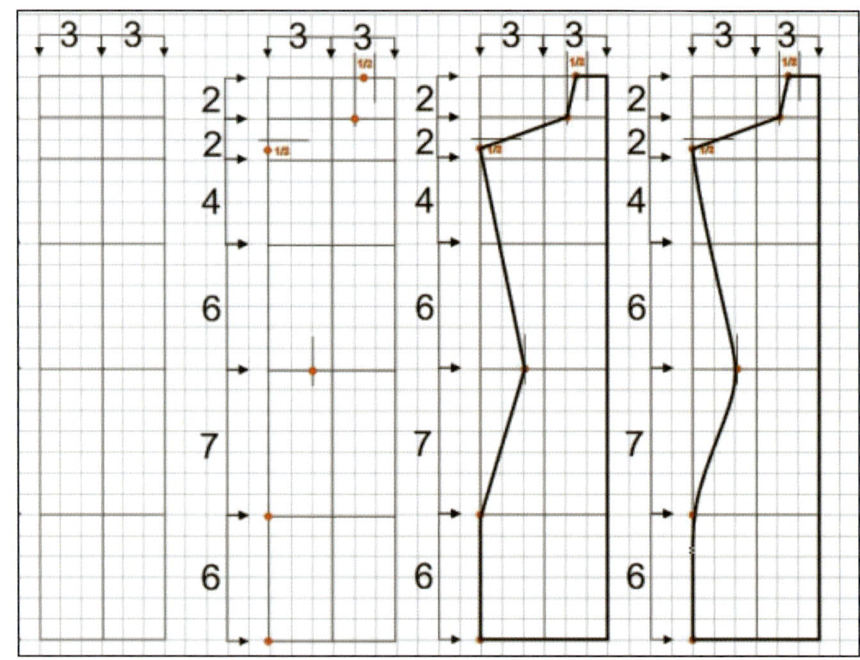

图3.4.5-9

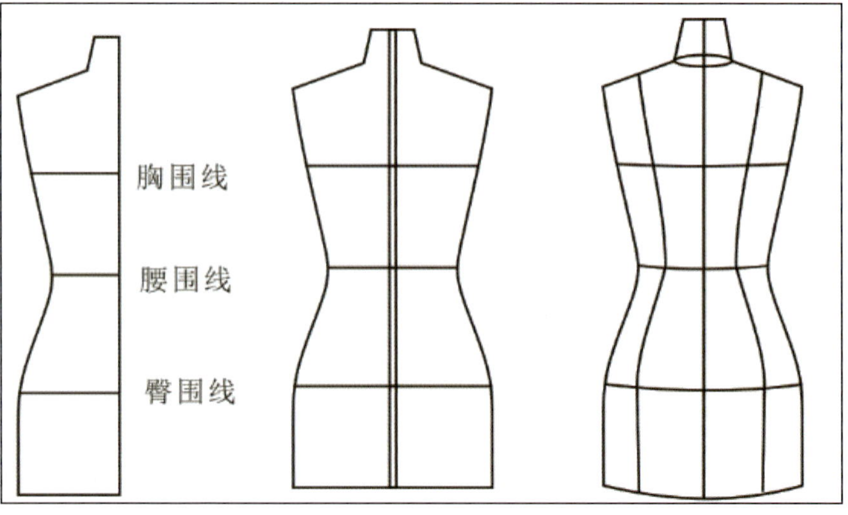

图3.4.5-10

2. 蕾丝连衣裙绘制

（1）右击人体模型“锁定对象”，锁定后模特将不可移动选取，方便使用。使用“钢笔”工具或“贝塞尔”工具绘制连衣裙上下衣身基础外轮廓，如图3.4.5-11所示。

（2）右击连衣裙基础外轮廓，使用“形状”工具，调整连衣裙各部位曲线。将上下衣裙图形交叉放置，全选后，选择菜单栏“排列—造形—焊接”，得到完整的半片连衣裙，如图3.4.5-12所示.

（3）复制半片连衣裙，选择“水平镜像”，得到对称的图形，全选后，选择菜单栏“排列—造形—焊接”，拼合为一个完整的连衣裙，在腰部位置使用“矩形”工具绘制腰带，如图3.4.5-13所示。

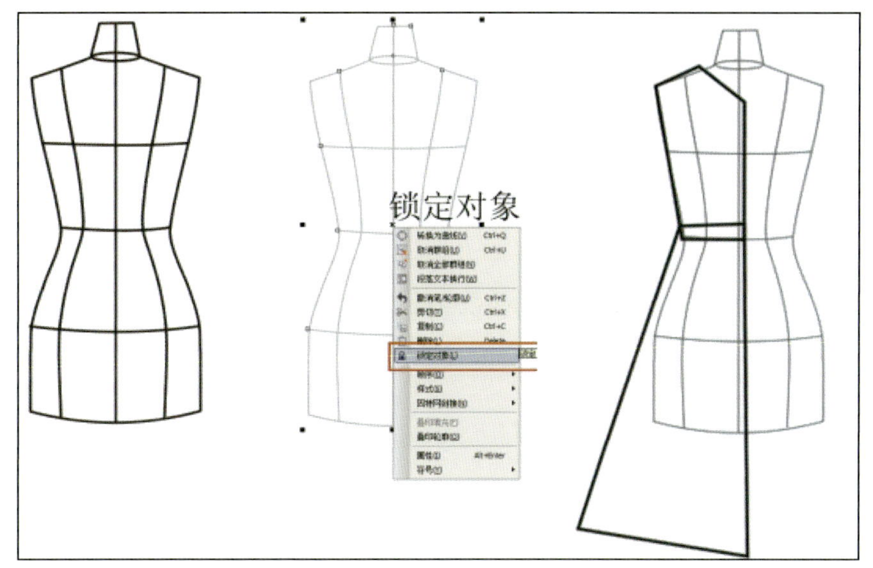

图3.4.5-11

图3.4.5-12

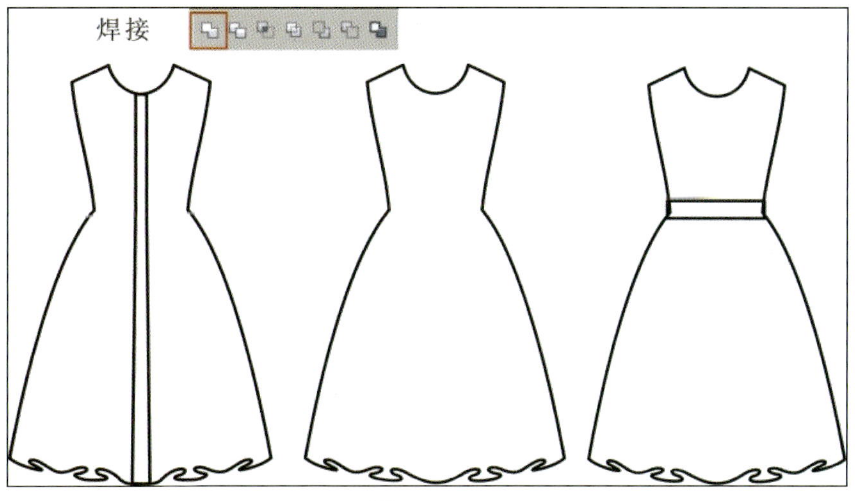

图3.4.5-13

（4）使用“形状”工具，调整腰带上下连接处，衣身微微向外扩张，呈现出腰带系紧服装的样式，然后使用“三点曲线”，绘制荷叶边转折线条与褶皱线条，如图3.4.5–14所示。

（5）荷叶边转折线条与褶皱线条如果都是统一粗细，就会显得死板。选择“菜单—排列—将轮廓转为对象”，再点击“形状”工具，线条就转化为图形，可以调整粗细了。将荷叶边转折线条与褶皱线条调整成粗细变化的样式，如图3.4.5–15所示。

（6）绘制荷叶边：首先使用“钢笔”工具绘制荷叶边大轮廓，然后使用“形状”工具调整荷叶边卷曲的造型。使用“三点曲线”工具绘制荷叶边转折线，最后绘制荷叶边背面（深灰色部分），注意调整荷叶边与背面部分的位置关系，如图3.4.5–16所示。

图3.4.5–14

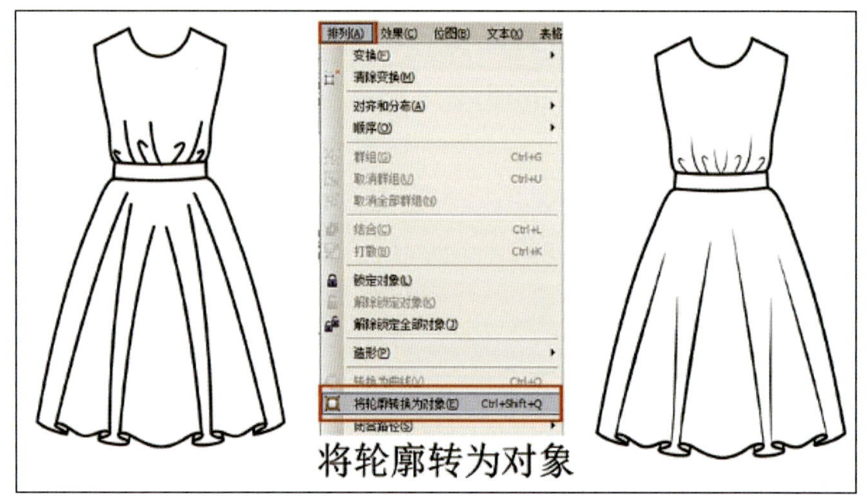

图3.4.5–15

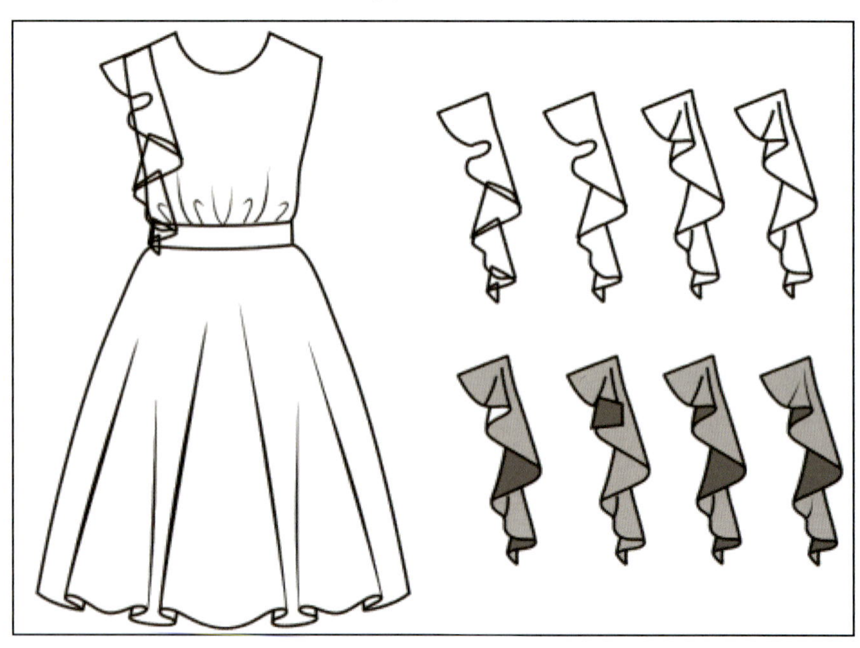

图3.4.5–16

（7）荷叶边绘制好后，复制荷叶边，然后水平镜像，得到对称荷叶边的图形，将图形放置于合适位置，如图3.4.5–17所示。

（8）绘制裙子后领：使用“矩形”工具绘制一个长方形，放置于连衣裙领口后方，右键点击“转换为曲线”，调整领口曲线，如图3.4.5–18所示。

（9）绘制后领贴边：使用“矩形”工具绘制一个长方形，放置于后领上方，右键点击“转换为曲线”，全选后，选择菜单栏“排列—造形—修剪”工具，得到后领贴边。最后，在裙中心位置绘制拉链缝线效果，如图3.4.5–19所示。

（10）绘制波浪花边：首先使用椭圆形，绘制多个连接的圆，全选后，选择菜单栏“排列—造形—焊接”，完成第一步，如图3.4.5–20所示。

图3.4.5–17

图3.4.5–18

图3.4.5–19

图3.4.5–20

（11）然后使用“矩形”工具绘制一个长方形，与圆相交（注意矩形要长于裙摆），使用“Shift”键同时选取圆与矩形，最后使用“排列—造形—焊接”工具，完成第二步，如图3.4.5-21所示。

（12）使用“Shift”键同时选取步骤14中底边图形与连衣裙，使用“排列—造形—修剪”工具，完成波浪花边，如图3.4.5-22所示。

3. 蕾丝面料填充

（1）使用“矩形”工具绘制一个长方形为面料填充对象，选择工具箱中“填充”工具，在下拉菜单点击“PostScript填充对话框”。在出现的对话框中选择“地毯”图形，勾选“预览填充”观看效果。填充后的蕾丝面料为黑色，如果想要彩色的蕾丝面料，则需要点击面料，选择“菜单—位图—转换为位图”，在对话框中选择“光滑处理”与“透明背景”，如图3.4.5-23所示。

（2）转化为位图后，使用“菜单—效果—替换颜色”，在对话框中，使用“原颜色”选框中使用吸管吸取蕾丝面料上的黑色，再在“新建颜色”选框中选择需要的颜色（这里选择白色），如图3.4.5-24所示。

图3.4.5-21

图3.4.5-22

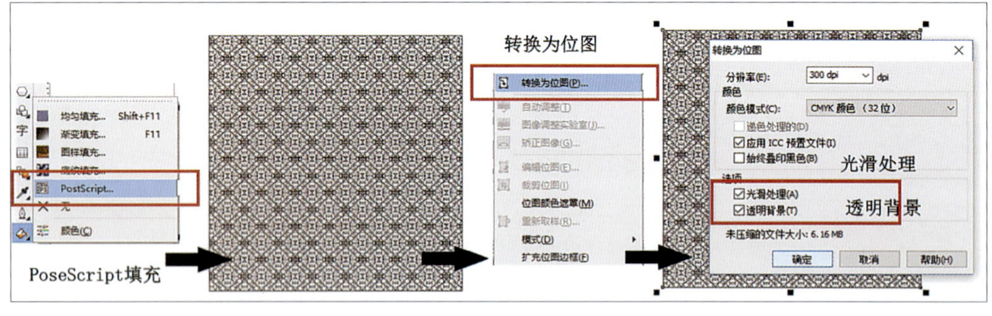

图3.4.5-23

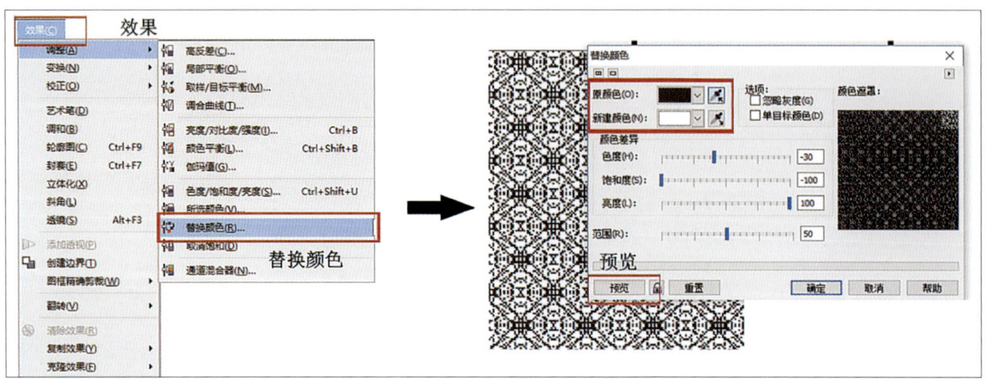

图3.4.5-24

（3）转换过的蕾丝面料颜色如下，再使用相同方法制作两块浅黄色与深黄色蕾丝面料，如图3.4.5–25所示。

（4）点击蕾丝面料，选择“效果—图框精确裁剪—放置在容器内”选项，此时鼠标变成黑色箭头状态，用光标单击连衣裙，即可将蕾丝面料放置在连衣裙中，如图3.4.5–26所示。

（5）使用相同方法填充荷叶边与波浪下摆部分，如图3.4.5–27所示。

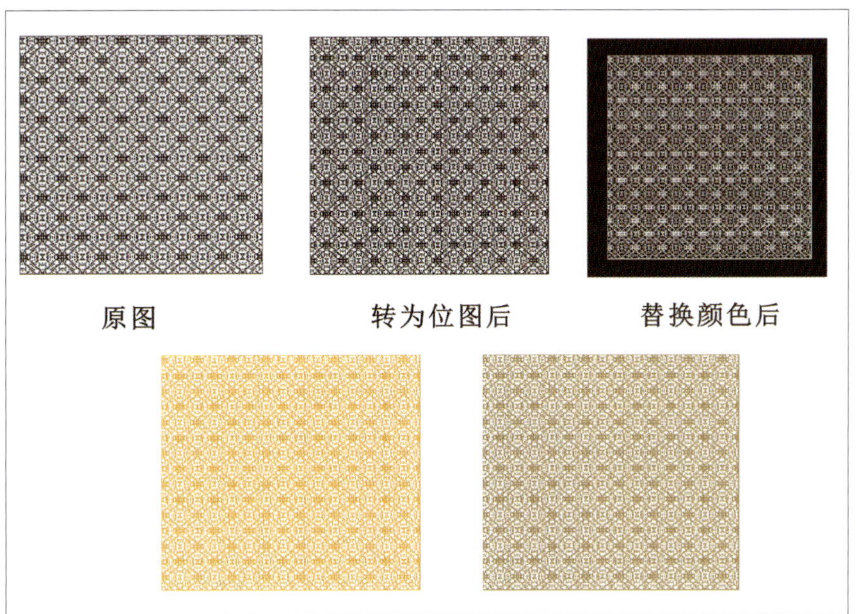

图3.4.5–25

图3.4.5–26

图3.4.5–27

（6）裙下摆转折反面因是线条无法填充面料，可以放大下摆部分，使用“钢笔”工具绘制转折反面部分，填充深黄色蕾丝面料，注意调整图形的顺序，将反面放置在裙子的后方，如图3.4.5-28所示。

（7）使用相同方法绘制其他翻折处的裙反面，如图3.4.5-29所示。

（8）用相同方法绘制荷叶边翻折处的反面，最后删除波浪花边的外轮廓线条，使两种颜色蕾丝融合成一体，如图3.4.5-30所示。

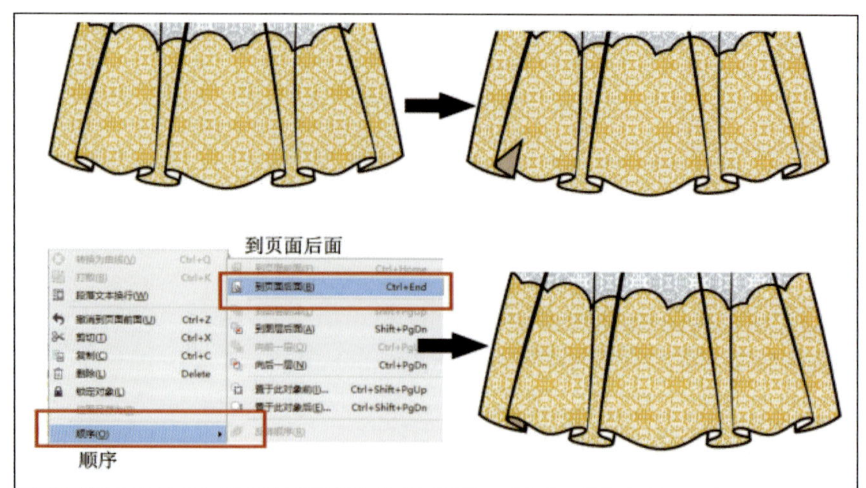

图3.4.5-28

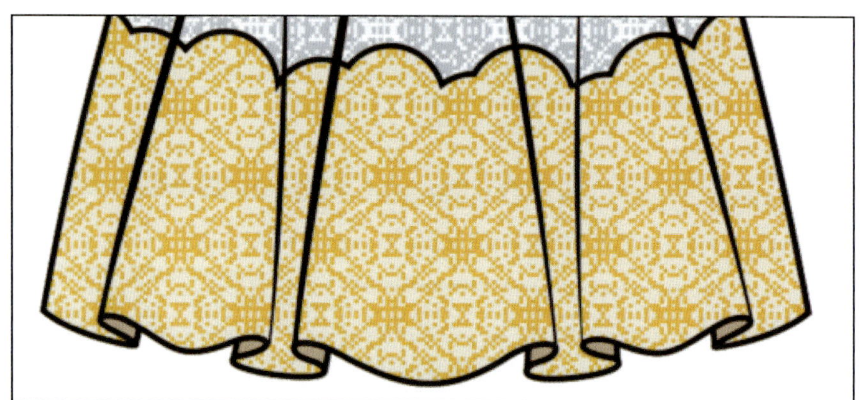

图3.4.5-29

图3.4.5-30

4. 绘制蕾丝连衣裙背面款式图

复制蕾丝连衣裙，将连衣裙后片不存在的部分删除，调整荷叶边形状与领口形状，最后绘制拉链，完成蕾丝连衣裙背面款式图，如图3.4.5-31所示。

5. 蕾丝连衣裙造型调整

（1）为了使蕾丝连衣裙线条更加清晰立体，可取出连衣裙外轮廓，鼠标选择菜单栏“排列—将轮廓转为对象”，再点击“形状”工具调整粗细，连衣裙外轮廓调整成粗细有度的样式，如图3.4.5-32所示。

（2）将调整后的轮廓与荷叶边轮廓放置在原线条的上方，完成蕾丝连衣裙绘制，如图3.4.5-33所示。

图3.4.5-31

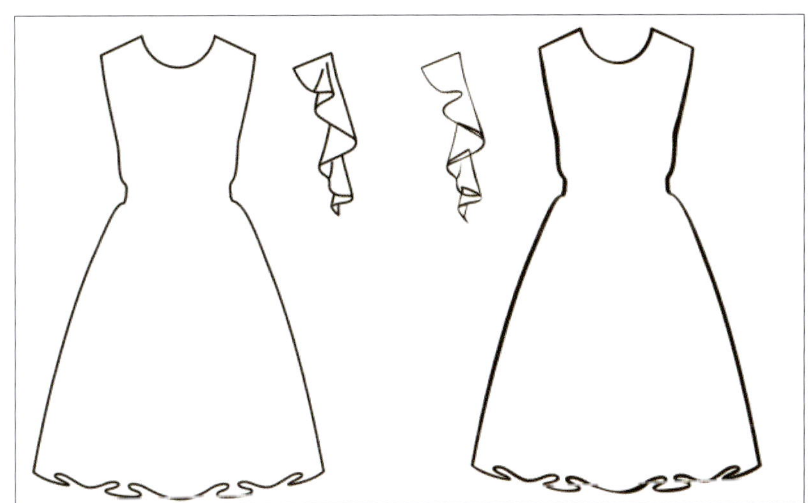

图3.4.5-32

练习题：

自己设计一款蕾丝连衣裙，用 CorelDRAW 绘制出连衣裙的正背面款式图。

要求：

（1）款式时尚有特点；

（2）蕾丝面料填充过渡自然；

（3）整体效果好。

图3.4.5-33

☞ 任务6：CorelDRAW绘制印花T恤衫

任务目标：

◆能够熟练地运用 CorelDRAW 绘制印花 T 恤衫。

◆能够熟练地运用 CorelDRAW “形状”工具调整图形。

◆掌握用“位图”快速描摹的方法。

一、任务内容

对图3.4.6–1所示的印花T恤，运用CorelDRAW绘制出相同款式的印花T恤款式图。要求T恤款式线条自然，印花图案组合完整，领口罗纹排列整齐，整体形式美感强。

图3.4.6–1

二、内容分析

绘制图3.4.6–1所示印花T恤，首先要分析用电脑绘制此款式图所需要的基本素材：T恤款式矢量图形、印花图案搭配、罗纹排列。要求绘制者能熟悉该软件的一般功能，运用到CorelDRAW的知识点主要有：“矩形”工具、“形状”工具、“造型”工具、“位图”工具等。绘制时一方面要注意软件的使用技巧，同时要注意效果图的形式美感。

三、任务实施

（一）CorelDRAW绘制印花T恤衫款式图

1. 印花T恤衫衣身绘制

（1）导入已绘制完成的人体模型，右击“锁定对象”，锁定人体模型。使用“矩形”工具绘制长方形或使用“钢笔”工具绘制大致外轮廓，如图3.4.6–2所示。

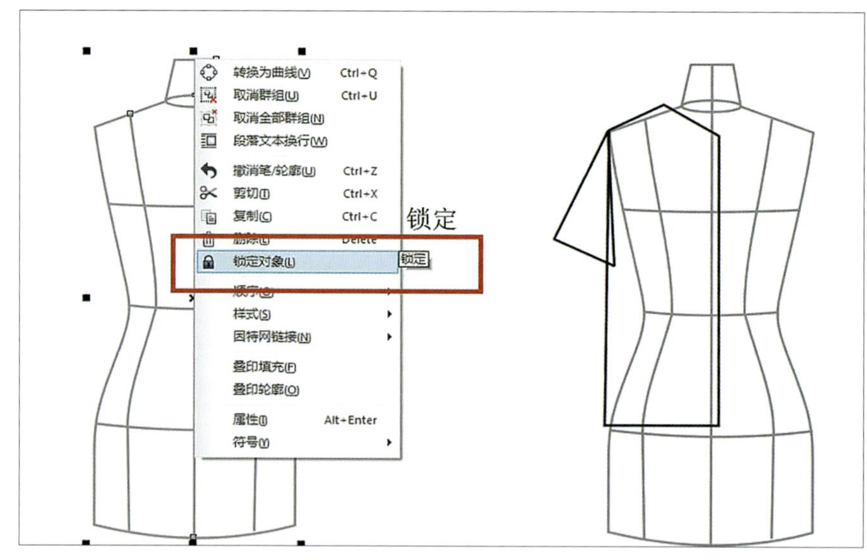

图3.4.6–2

（2）点击鼠标右键“转换为曲线”，修改领型、袖型，框选后，选择“排列—造形—焊接”，得到半面的T恤部分，焊接后有部分线条不顺，可右键点击“形状”工具继续修改，如图3.4.6–3所示。

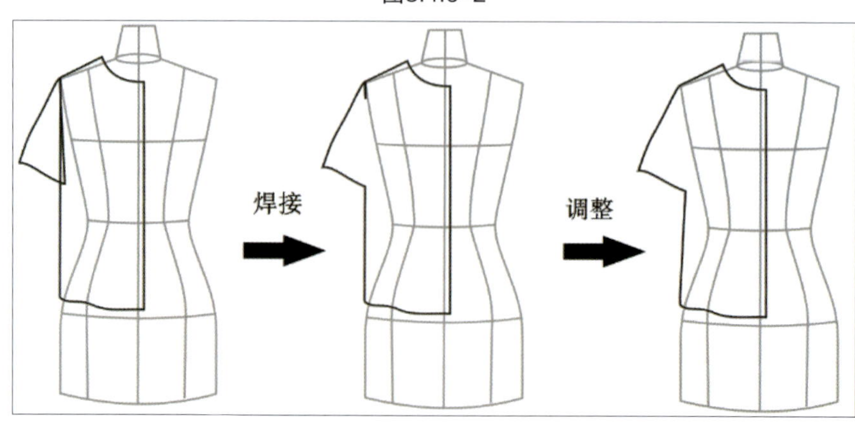

图3.4.6–3

（3）使用“三点曲线”绘制衣袖连接线，再使用“贝塞尔”工具或“钢笔”工具绘制袖口，最后使用“形状”工具调整袖口，如图3.4.6–4所示。

（4）衣身袖口线条如果都是统一粗细，就会显得死板，可以选择菜单栏“排列—将轮廓转为对象”，再点击“形状”工具，线条就转化为图形就可以调整粗细了，将衣身袖口等位置线条调整成粗细有度的样式，如图3.4.6–5所示。

（5）完成半个衣身后，点击模特右击“解除锁定对象”，删除模特。复制半个衣身，选择“水平镜像”，调整到合适位置，让左右衣片相互交叠，如图3.4.6–6所示。

（6）同时框选左右衣片，选择菜单“排列—造形—焊接”，得到完整的T恤轮廓。选择菜单栏“排列—将轮廓转为对象”，线条就转化为图形，点击“形状”工具，调整衣身线条的粗细，如图3.4.6–7所示。

图3.4.6–4

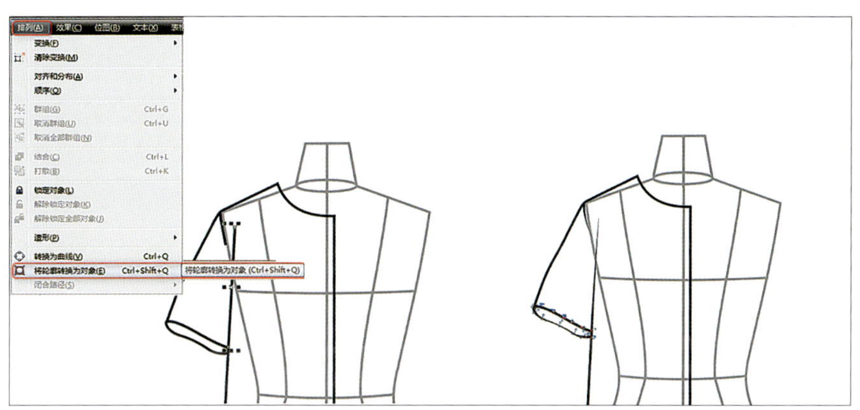

图3.4.6–5

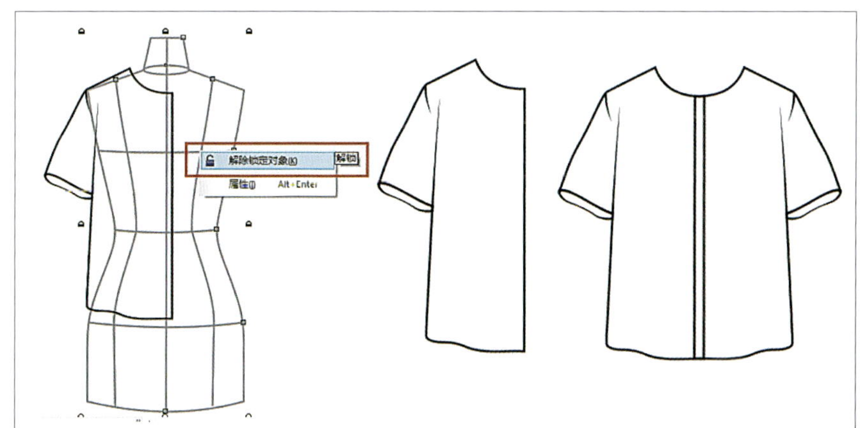

图3.4.6–6

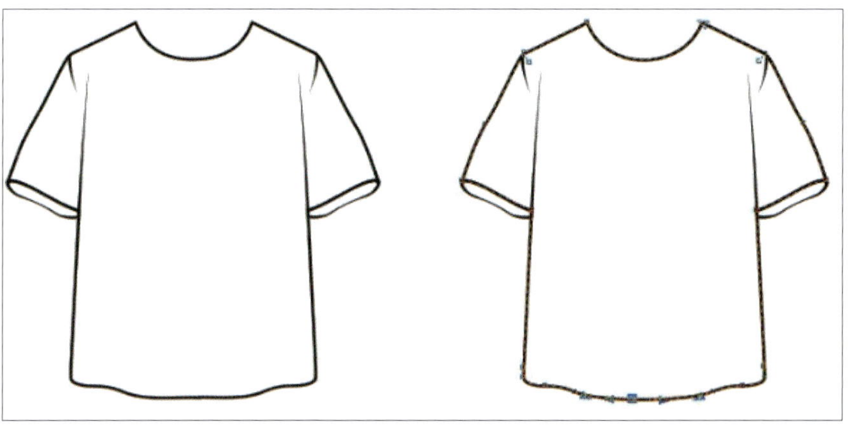

图3.4.6–7

（7）复制衣片，用“形状”工具选择衣片，点击右键选择“打散”，然后鼠标点击需要切割的节点，即可取消线段，留下需要的下摆部分线条。选中线条，在工具箱里选择“轮廓—轮廓笔”转换成虚线段，相同方法完成袖口明线迹，如图3.4.6–8所示。

2. 印花T恤领口绘制

（1）使用“矩形”工具绘制一个长方形，右键点击“转换为曲线”，调整成领口的形状，如图3.4.6–9所示。

（2）绘制罗纹领口：在领子前中线处画一条直线B，领肩处画另一平行线A，打开“交互式调和”工具，根据需要设置“步长和调和形状之间的偏移量”，然后由A到B拉出一排线条；在领弧线处画一条平行弧线C，打开“交互式调和”工具，选择AB之间罗纹图形的路径，右击罗纹路径，选择“新路径”，如图3.4.6–10所示。

（3）选择“新路径”出现折线箭头，将箭头指向C，如图3.4.6–11第一图示，沿路径拖动白色路径至前中；选择菜单栏“排列—打散路径群组上的混合”，删除路径。将半边罗纹复制镜像到另一边，线条改为黑色，完成罗纹领口制作，如图3.4.6–11所示。

（4）最后完成T恤造型，如图3.4.6–12所示。

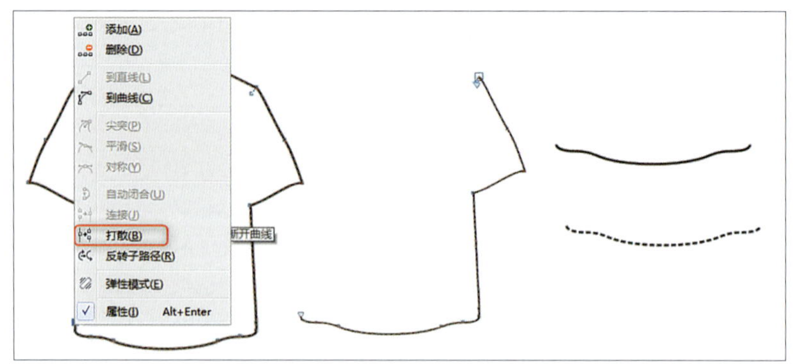

图3.4.6–8

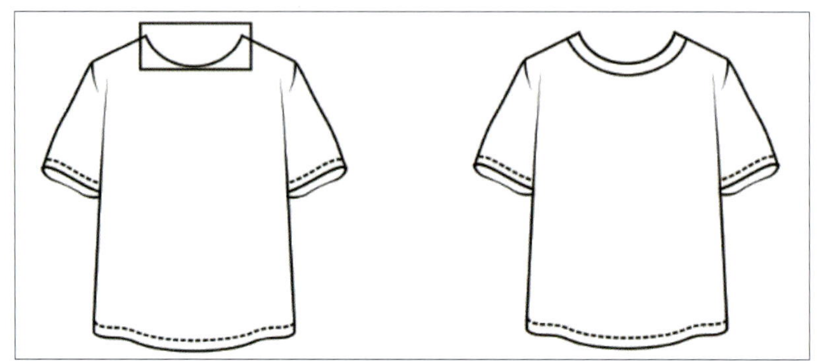
图3.4.6–9

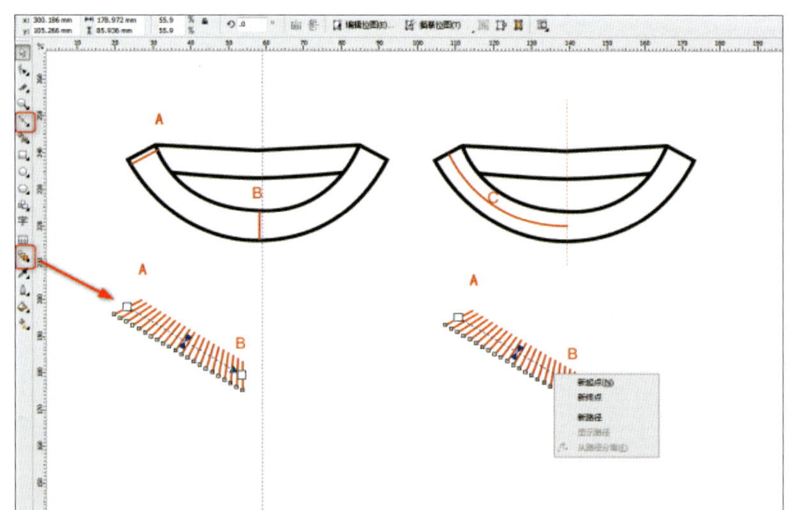

图3.4.6–10

图3.4.6–12

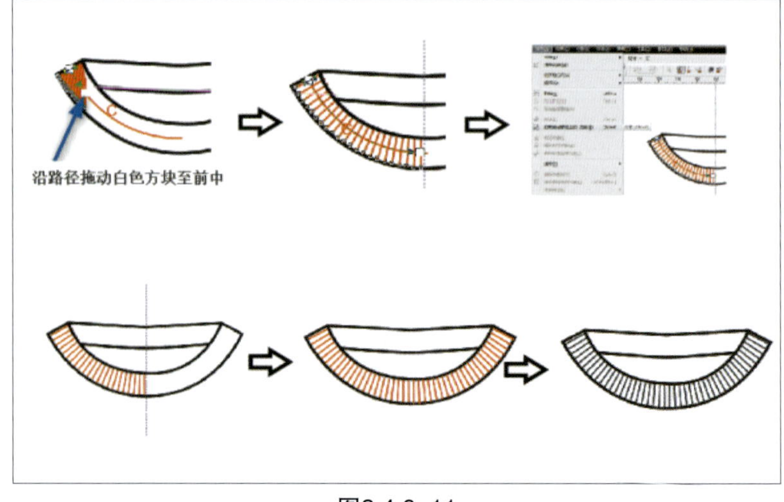

图3.4.6–11

图3.4.6–13

3. T恤印花绘制

（1）印花T恤的图案可以自己绘制，也可以使用网络图片，图片放置在T恤的合适位置即可，如图3.4.6–13所示。

（2）印花图案背景颜色与T恤不符合，所以可以使用以下方法。

方法一：使用“工具箱—滴管”点击印花背景，再使用“颜料桶”填充衣身，将印花图案与衣身相融合，如图3.4.6–14所示。

方法二：使用“菜单栏—位图—转换为位图”将印花图案转化为位图，注意“转换为位图”时选择“透明背景”，转换为位图后点击“快速描摹”，如图3.4.6–15所示。

（3）转换后的印花图案如图3.4.6–16所示。

（4）转换后的图案比原图更加简单死板、所以右击“取消全部群组”后，删除背景与多余的图像部分，最后在猫眼中添加白色亮光，增加图案的完整性，如图3.4.6–17所示。

图3.4.6–14

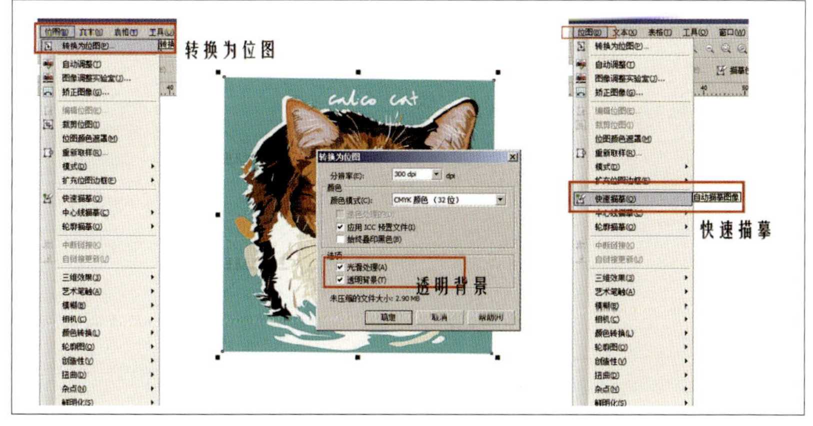

图3.4.6–15

图3.4.6–16

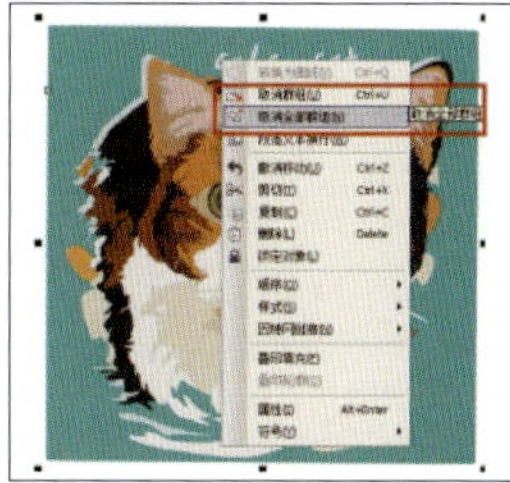

图3.4.6–17

（5）将印花图案放置在T恤上，完成印花装饰，为了使T恤更加立体自然，可以在衣身部分绘制褶皱线，如图3.4.6–18所示。

（6）为了使图形更加融入T恤，点击阴影线条后选择“工具箱—交互式调和工具—交互式阴影”工具，向需要阴影的方向拉，就会出现阴影，属性栏中还可以调整阴影的样式，如图3.4.6–19所示。

（7）点击阴影，右键选择“打散阴影群组”，删除线条留下阴影，如图3.4.6–20所示。

（8）完成可根据个人喜好调整T恤颜色图案，最后完成图如3.4.6–21所示。

图3.4.6–18

图3.4.6–19

图3.4.6–20

图3.4.6–21

练习题：

根据所给样图，用CorelDRAW绘制一件印花T恤。

要求：

（1）T恤款式完整；

（2）T恤印花与服装融合自然；

（3）整体效果好。

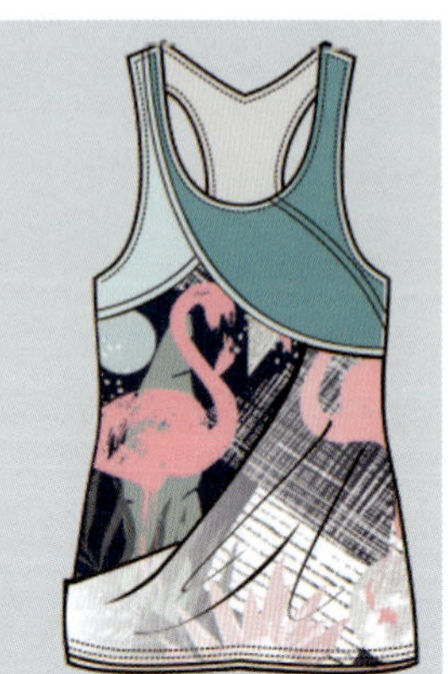

☞ 任务7：CorelDRAW绘制女式印花内衣

任务目标：

◆能够熟练地运用 CorelDRAW 绘制女式印花内衣。

◆能够熟练地运用 CorelDRAW “形状” 工具调整图形。

◆掌握用 “位图” 三维效果的方法。

一、任务内容

对图3.4.7–1所示的女式印花内衣效果图，运用CorelDRAW绘制出相同款式的女式印花内衣。要求款式、面料、图案组合完整，包括罩杯部分、肩带部分，格子面料填充、阴影高光设计等，整体形式美感强。

图3.4.7–1

二、内容分析

绘制图3.4.7–1所示女式印花内衣，首先要分析用电脑绘制此效果图所需要的基本素材：罩杯矢量图形、面料搭配与面料的球形三维效果。运用到CorelDRAW的知识点主要有“钢笔”工具、“形状”工具、“镜像”工具、“交互式变形”工具、位图中三维球面效果等。绘制时一方面要注意软件的使用技巧，同时要注意效果图的形式美感。

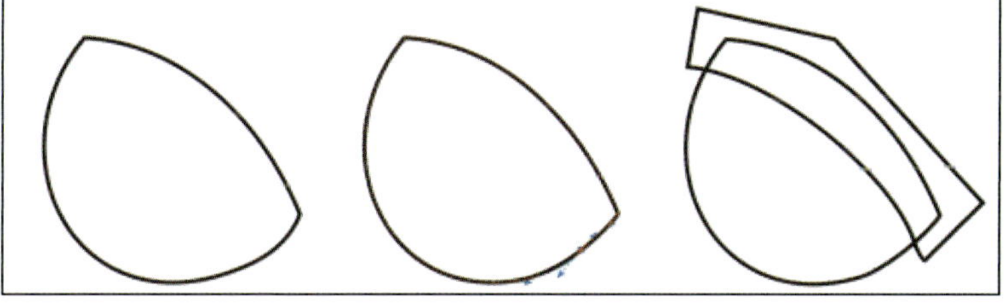

图3.4.7–2

三、任务实施

（一）CorelDRAW绘制女式印花内衣

1. 罩杯矢量图绘制

（1）运行CorelDRAW X4后，使用“钢笔”工具或“贝塞尔”工具绘制罩杯，再使用“形状”工具，调整图形形状，如图3.4.7–2所示。

（2）因罩杯上有分割装饰，所以随意绘制一个图形，只需要与罩杯相结合的部位形状正确即可，如图3.4.7–2所示。

（3）用“挑选”工具框选两个图形，属性栏即出现“造形”工具，点击“相交”，取出多余的图形，留下分割部分，如图3.4.7–3所示。

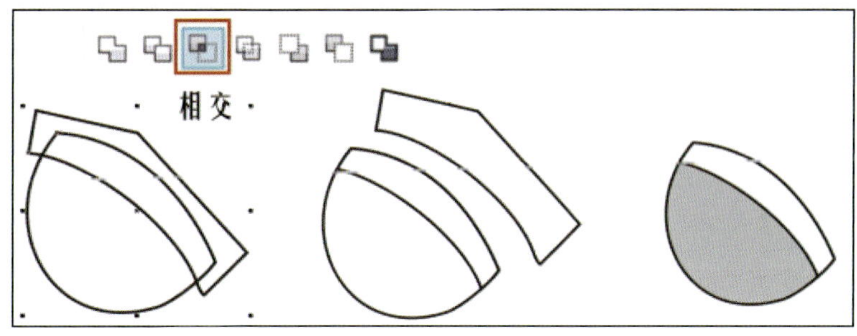

图3.4.7–3

（4）使用相同方法绘制罩杯下方分割部分，如图3.4.7–4所示。

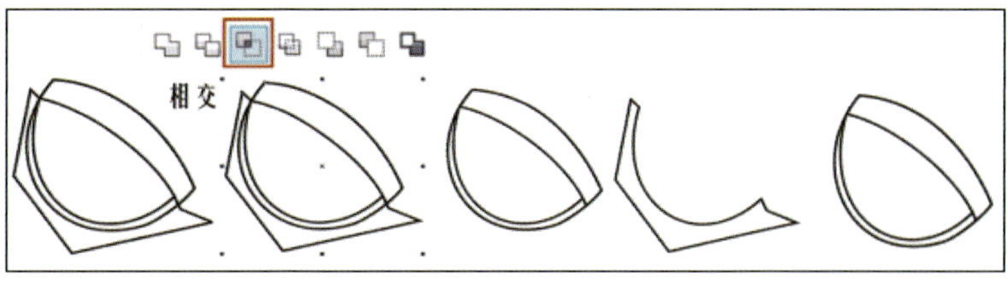

图3.4.7–4

（5）使用“矩形”工具绘制一个长方形，右键点击使用“形状”工具，调整连接罩杯处形状，用上面同样方法完成罩杯连接处的造型，如图3.4.7–5所示。

2. 罩杯肩带矢量图绘制

（1）使用“矩形”工具绘制一个细长方形，右键点击使用“形状”工具，调整肩带形状，注意前后肩带位置关系，将绘制好的肩带放置在罩杯后方，如图3.4.7–6所示。

（2）绘制肩带上的花边：复制肩带，使用“工具箱—交互式调和工具—变形”设置“拉链变形”“平滑变形”，“拉链失真频率”设置为4与59，完成后将花边放置在肩带后，按“Ctrl+G”群组，如图3.4.7–7所示。

（3）绘制肩带上的连接扣：首先使用“矩形”工具，绘制一个长方形，再使用“挑选”工具拉长方形一角得到圆角矩形，向内推出一个小圆角矩形，在松开鼠标的同时右击鼠标，即可得到一个同心圆角矩形，用“挑选”工具框选两个矩形，属性栏即出现“造形”工具，点击“修剪”，同心矩形即成为空心矩形，取出中心的矩形，只留下空心矩形备用，如图3.4.7–8所示。

（4）将连接扣放置在肩带合适位置，注意连接扣的大小、方向与角度。使用“三点曲线”绘制明线迹，点击“工具箱—轮廓—轮廓笔”，设置线条形状为虚线、角的形状为圆形，如图3.4.7–9所示。

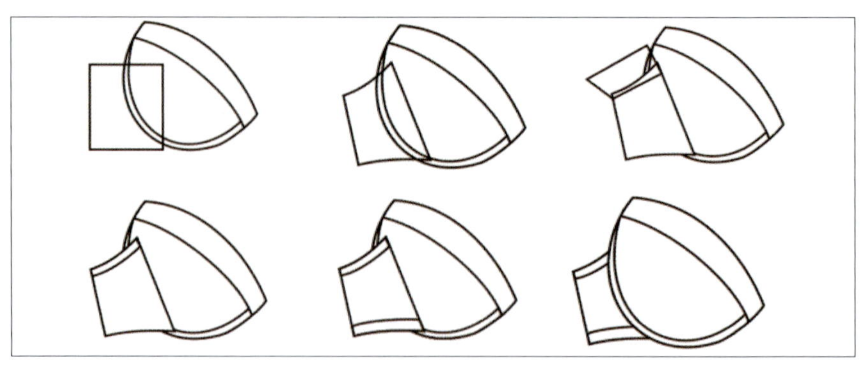

图3.4.7–5

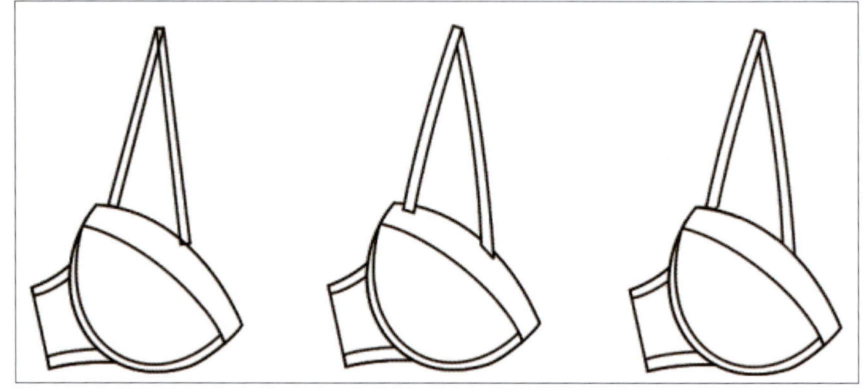

图3.4.7–6

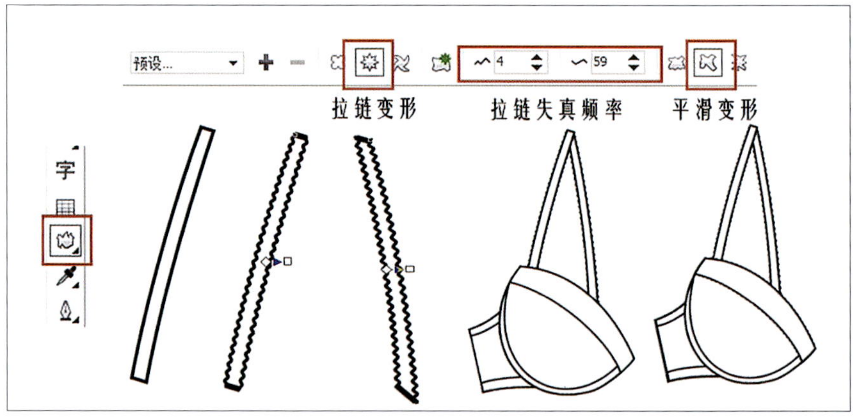

图3.4.7–7

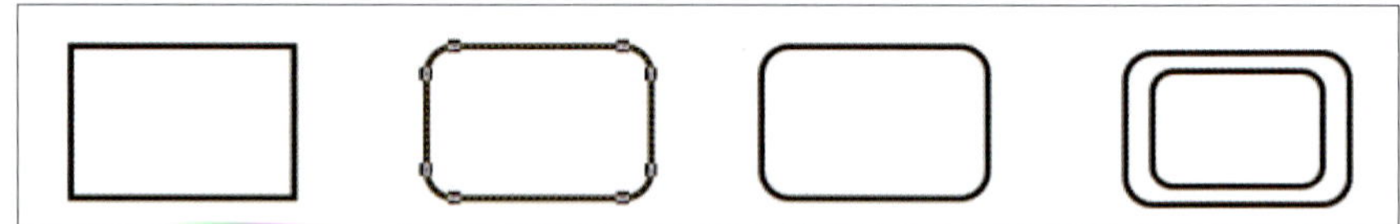

图3.4.7–8

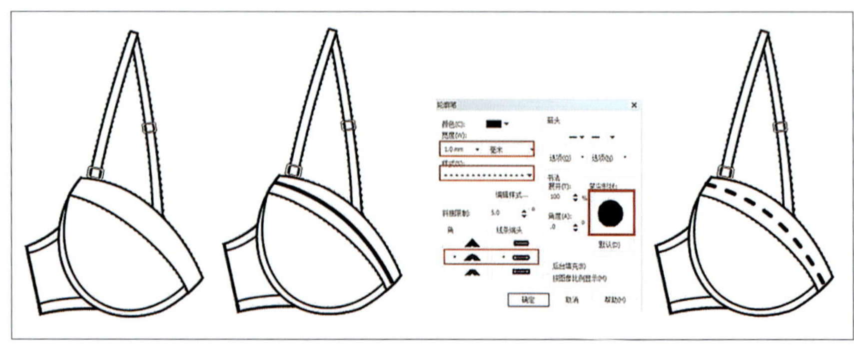

图3.4.7–9

（5）绘制好左侧后“复制—水平镜像”，得到对称的图形，将图形放置于合适位置，再在中心绘制连接带，如图3.4.7-10所示。

（6）导入本章任务4绘制的格子面料，点击菜单栏“效果—图框精确裁剪—放置在容器内”，将格子面料放置在罩杯图形内，如图3.4.7-11所示。

（7）为了让格子面料更加符合罩杯的角度，右键点击“编辑内容”，旋转调整面料，如图3.4.7-12所示。

（8）编辑结束后，右击“结束编辑”，相同方法完成其他部位面料填充，如图3.4.7-13所示。

（9）点击格子面料，选择菜单“位图—转换为位图”，需要注意分辨率与颜色模式，如图3.4.7-14所示。

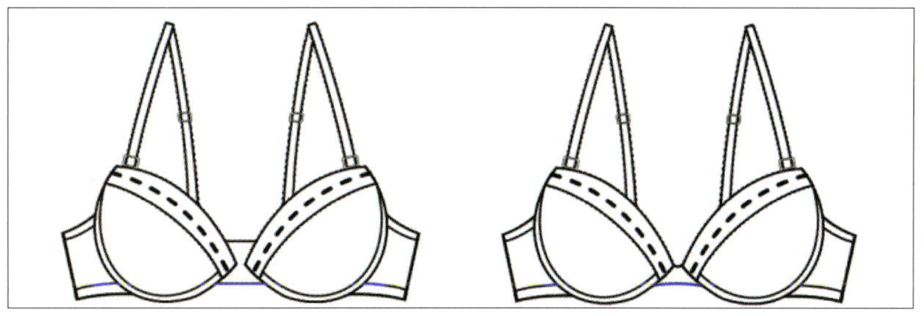

图3.4.7-10

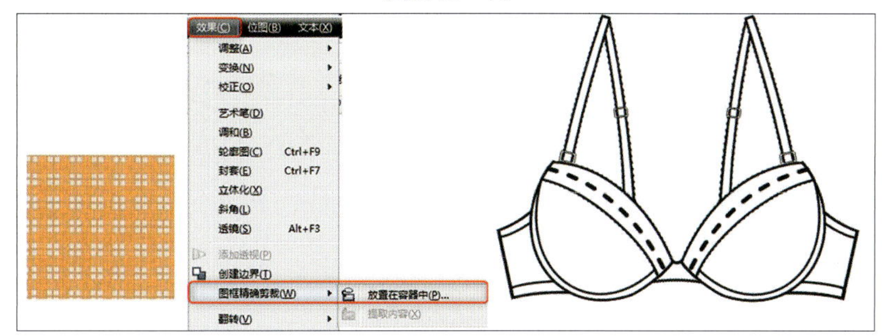

图3.4.7-11

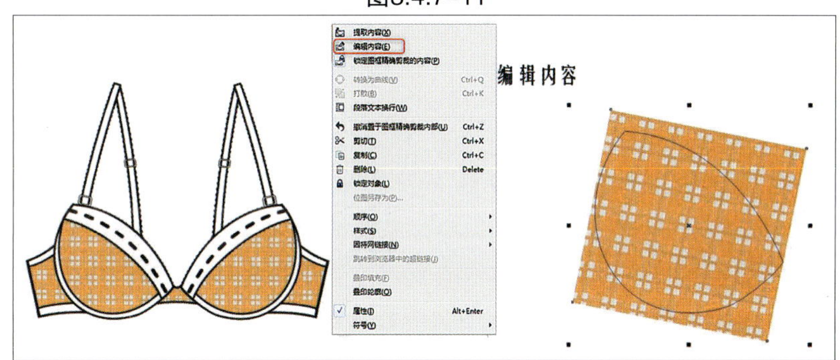

图3.4.7-12

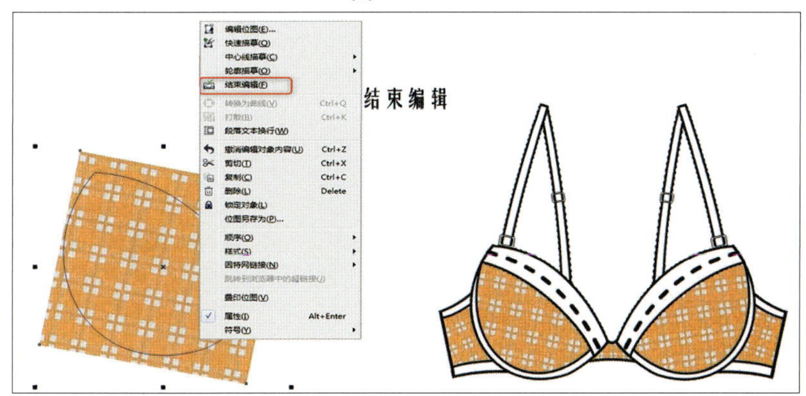

图3.4.7-13

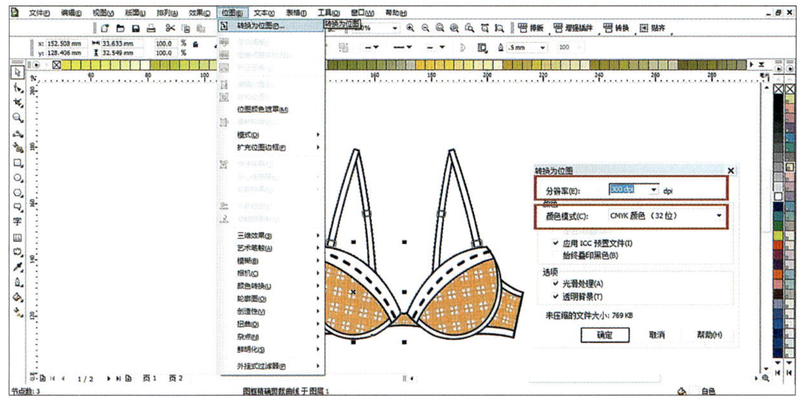

图3.4.7-14

（10）点击“位图—三维效果—球面”，将格子面料变化圆球形，使之符合内衣的立体效果。注意在“位图—三维效果—球面”时需要点击“预览”，才能实时看到效果，如图3.4.7-15所示。

（11）点击内衣各部位，填充相应颜色，注意后方肩带颜色更深一些，才能突出服装前后关系，如图3.4.7-16所示。

3. 罩杯阴影和高光绘制

（1）为了使女式内衣更加精致立体，使用“三点曲线”绘制阴影样式，阴影线条如果都是统一粗细，就会显得死板，可以鼠标点击菜单“排列—将轮廓转为对象”，再点击“形状”工具，线条就转化为图形，可以调整粗细了，将阴影线条调整成粗细有度的弧形样式，如图3.4.7-17所示。

（2）为了使阴影具有与内衣融合的效果，可以选中图形，点击工具箱“交互式调和工具—透明度”，鼠标在阴影图形上拉出一条直线，图形就会出现透明度效果。属性栏中还可以调整透明度的样式，这里设置“透明度类型—线性”“透明度目标—全部”，阴影角度深浅可以通过调整鼠标位置显示效果，这里可以自行尝试，得到自己认为合适的效果，如图3.4.7-18所示。

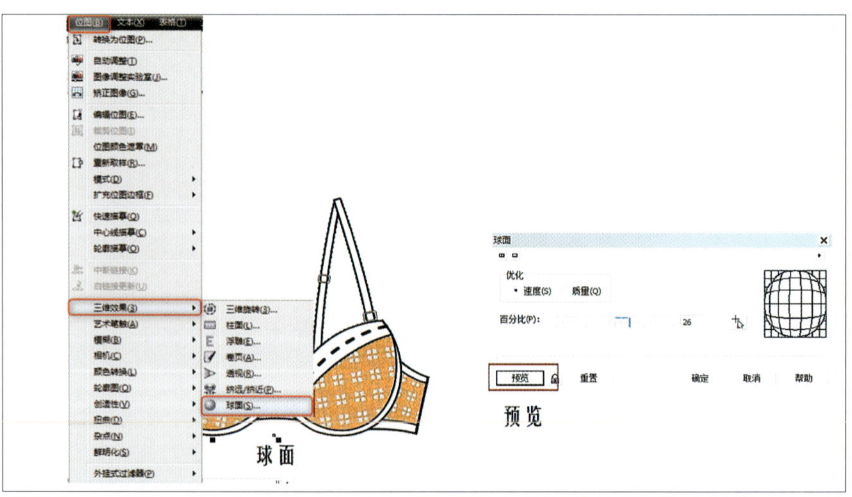

图3.4.7-15

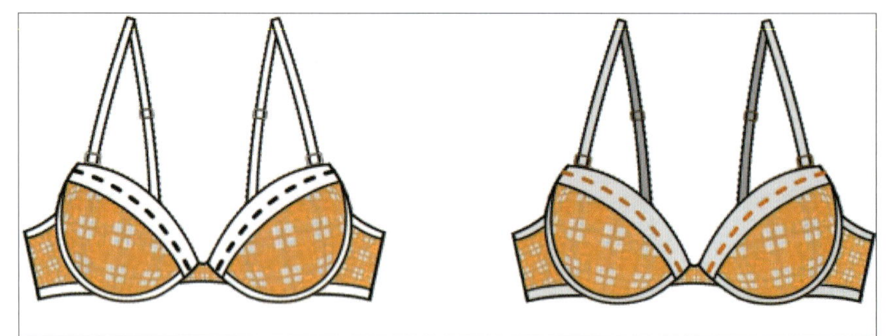
图3.4.7-16

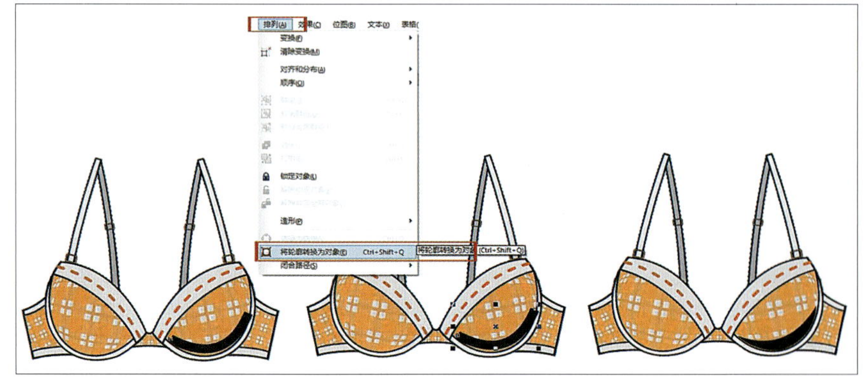
图3.4.7-17

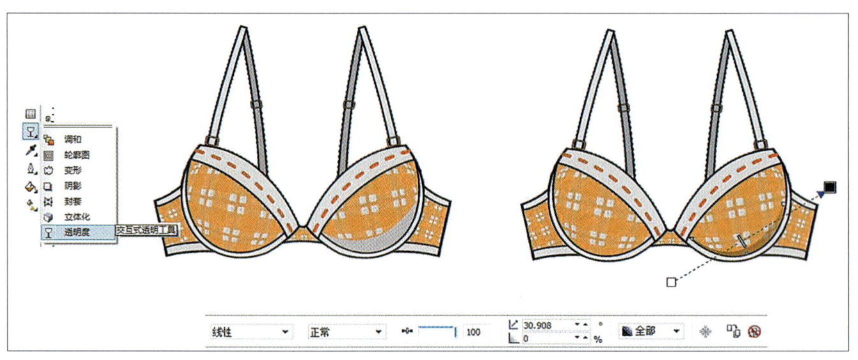
图3.4.7-18

（3）用相同方法绘制高光，颜色设置为白色即可，如图3.4.7–19所示。

（4）复制阴影与高光，完成图形如图3.4.7–20所示。

（5）框选所有图形，按“Ctrl+G”群组，添加阴影效果，如图3.4.7–21所示。

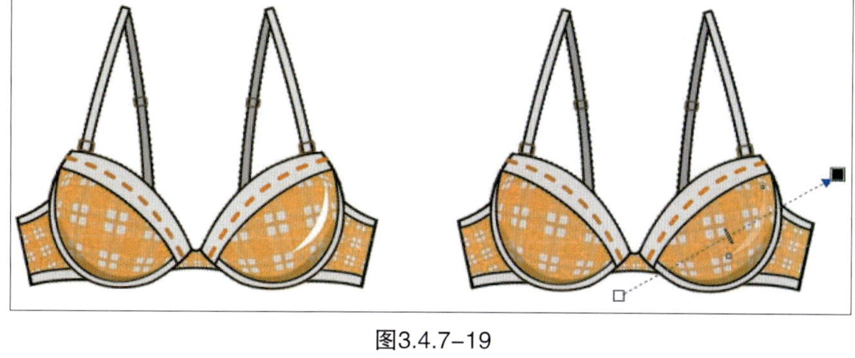

图3.4.7–19

图3.4.7–20

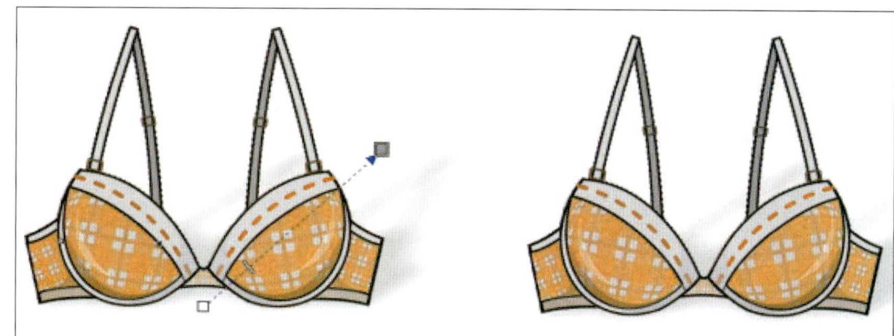

图3.4.7–21

练习题：

选择一块适合内衣的印花面料，用 CorelDRAW 绘制女式印花内衣。

要求：

（1）图形完整图案连续；

（2）女式内衣特征明显，立体感强；

（3）整体效果好。

☞ 任务8：CorelDRAW绘制男式西装

任务目标：

◆能够熟练地运用 CorelDRAW 绘制男式西装。

◆能够熟练地运用 CorelDRAW 轮廓图工具。

◆掌握用“图样填充”绘制面料的方法。

一、任务内容

对图3.4.8-1所示的男式西装款式，运用CorelDRAW绘制出相同款式的男西装的正背面。要求西装各部件组合完整，包括领子与衣身关系、色彩面料填充与搭配，扣子、口袋位置等，整体形式美感强。

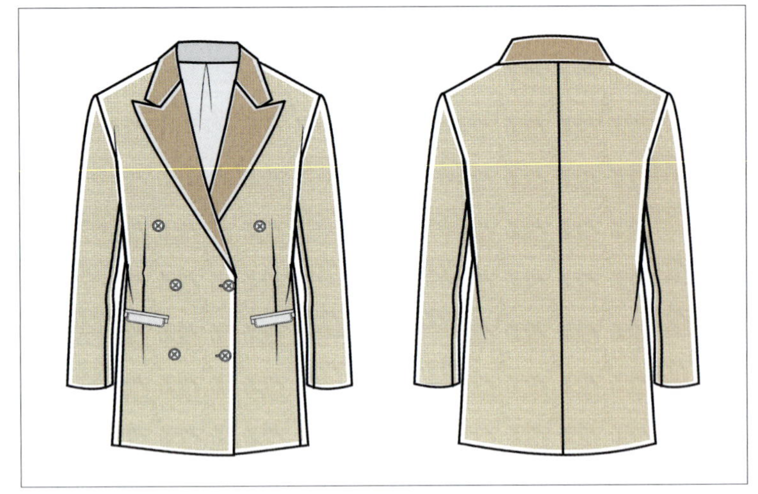

图3.4.8-1

二、内容分析

绘制图3.4.8-1所示男式西装款式图，首先要分析用电脑绘制此款式图所需要的基本素材：男西装正背面款式矢量图、色彩的填充与面料搭配。要求绘制者能熟悉该软件的一般功能。运用到CorelDRAW的知识点主要有“矩形”工具、“椭圆形”工具、“形状”工具、“三点曲线”工具、“镜像”工具、“轮廓图”工具、图样填充工具等。绘制时一方面要注意软件的使用技巧，同时要注意款式图的形式美感。

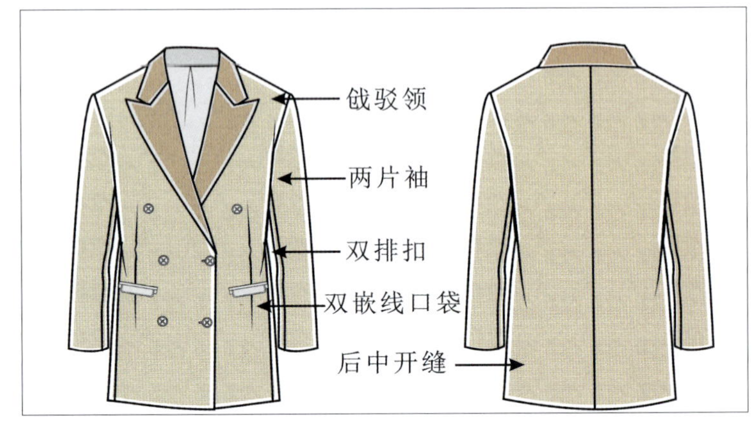

图3.4.8-2

三、任务实施

（一）CorelDRAW绘制男西装

1. 男西装正面款式绘制

（1）使用“矩形”工具绘制一个长方形，右键点击“转换为曲线”，使用“形状”工具，调整图形形状，如图3.4.8-3所示。

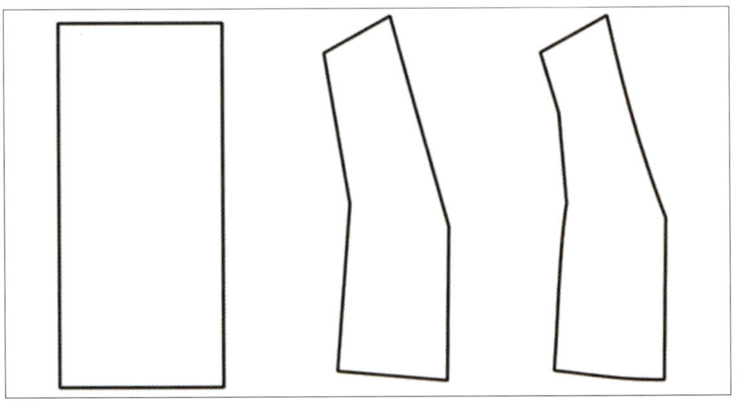

图3.4.8-3

（2）使用“钢笔”工具或“贝塞尔”工具绘制男西装戗驳领基础外轮廓，使用“形状”工具，调整图形形状，绘制完成男西装戗驳领，如图3.4.8–4所示。

（3）使用“三点曲线”，绘制衣身上的褶皱、分割线、省，如图3.4.8–5所示。

（4）使用“矩形”工具绘制一个长方形，右键点击“转换为曲线”，使用“形状”工具，调整图形形状，绘制袖子，完成后按住Shift键，同时选取袖子与衣身，然后选择菜单“排列—造形—修剪”，得到袖子部分，如图3.4.8–5所示。

（5）如要绘制与袖子相同褶皱的分割线，可右击图形使用“打散”断开曲线，再使用“形状”工具通过节点取消不需要的线段，留下需要的分割线部分，将分割线放置在袖子合适位置，完成袖子绘制，如图3.4.8–6所示。

（6）绘制双嵌线口袋：使用“矩形”工具绘制两个重叠的长方形为双嵌线口袋，再使用“矩形”工具绘制另外一个长方形为口袋盖。使用“形状”工具，调整口袋角的形状，最后复制口袋盖。使用“打散”断开曲线，再使用“形状”工具通过节点取消不需要的线段，留下口袋盖明线迹，将口袋放置在衣身合适位置，如图3.4.8–7所示。

（7）绘制扣子：使用“椭圆”工具，选择Ctrl＋鼠标拖动，绘制一个正圆，再使用“挑选”工具点击圆，按Shift键向内推出一个小圆，在松开鼠标的同时右击鼠标，即可得到一个同心圆。

（8）使用“矩形”工具绘制一个长方形，使用“形状”工具，调整长方形的形状，绘制好后“复制—水平镜像”，得到对称的图形，将图形旋转交叉，放置在扣子中完成扣子绘制，如图3.4.8–8所示。

（9）复制长方形为扣眼，选择“工具箱—交互式调和工具—变形”工具，设置“拉链变形”“拉链失真振幅4与80”、“平滑变形”，完成后将扣眼放置在扣子后，按“Ctrl+G”群组，如图3.4.8–8所示。

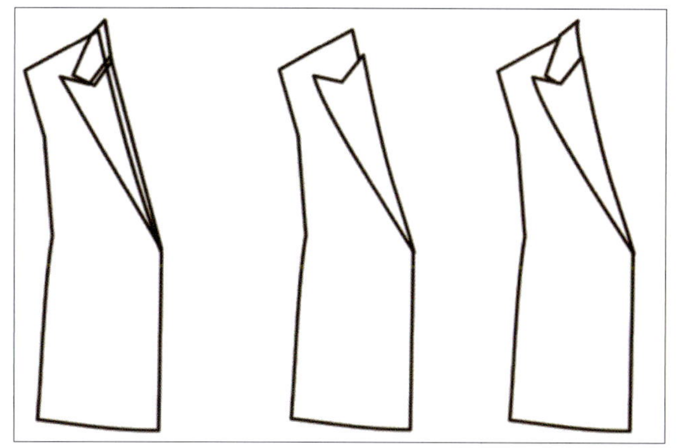
图3.4.8–4

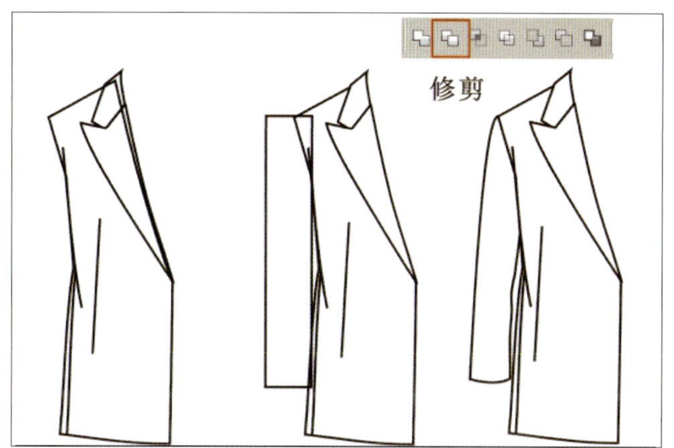

图3.4.8–5

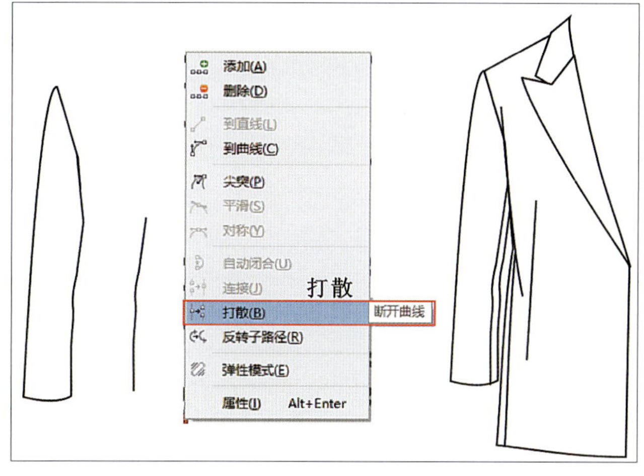

图3.4.8–6

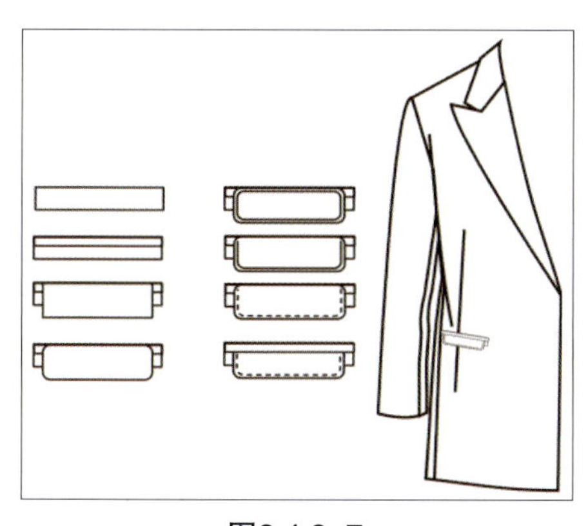
图3.4.8–7

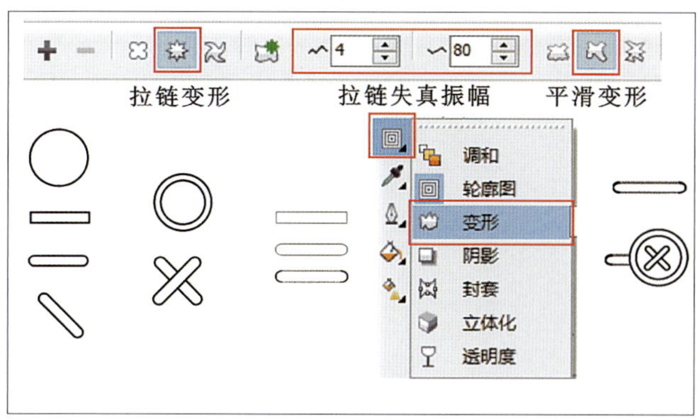

图3.4.8–8

（10）将绘制完成的扣子放置在西装衣身合适位置，如图3.4.8–9所示。

（11）线条如果都是统一粗细，就会显得死板，可以选择菜单栏“排列—将轮廓转为对象”，再点击“形状”工具，线条就转化为图形，可以调整粗细了，将省道线调整成粗细有度的样式，如图3.4.8–10所示。

（12）复制半个衣身，然后“复制—水平镜像”，得到对称的图形，将右半片放置在下方，注意以前中为交叠中心，如图3.4.8–11所示。

（13）删除多余扣子后绘制后领，如图3.4.8–12所示。

（14）使用“矩形”工具绘制一个长方形，放置在衣身后方，使用“形状”工具，调整领口，如图3.4.8–12所示。

（15）使用“矩形”工具绘制一个长方形，放置在戗驳领与后领之间为领座，使用“形状”工具，调整领座。

（16）按住Shift键，同时选取后领与领座，然后选择菜单“排列—造形—修剪”，得到领座部分，如图3.4.8–13所示。

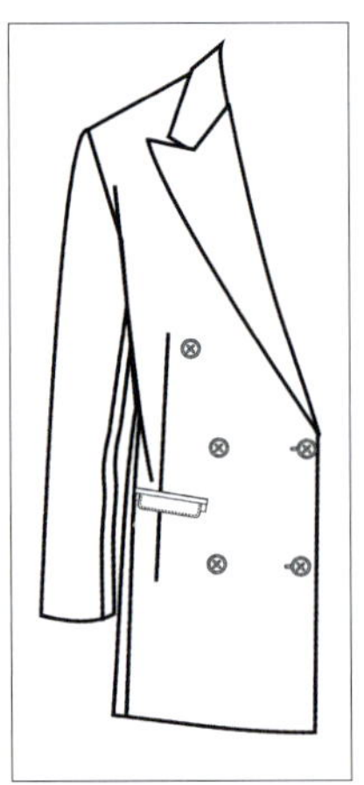

图3.4.8–9

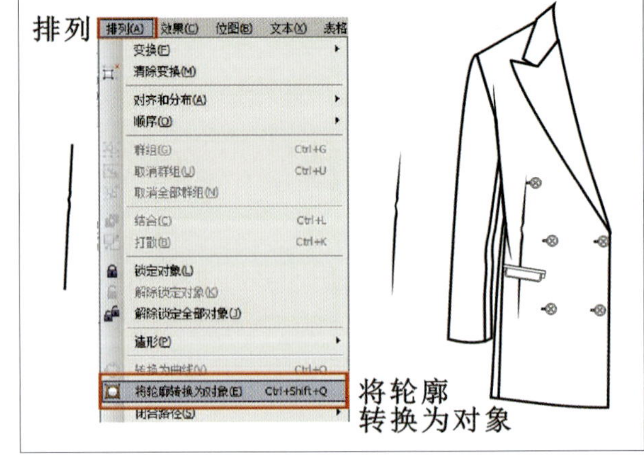

图3.4.8–10

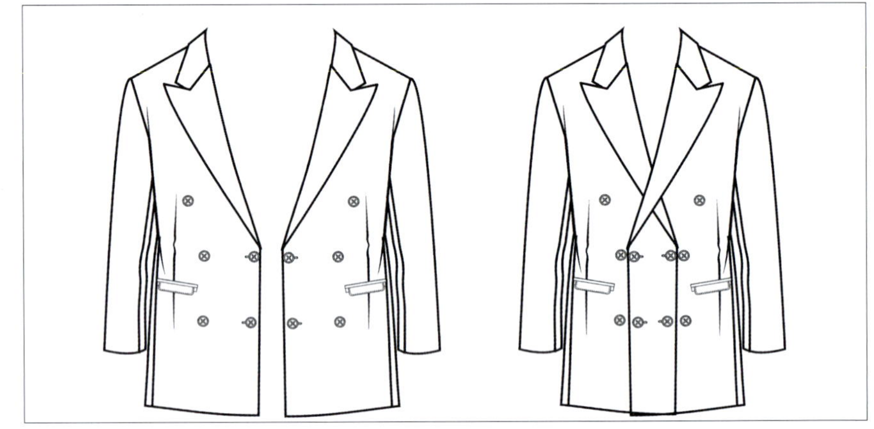

图3.4.8–11

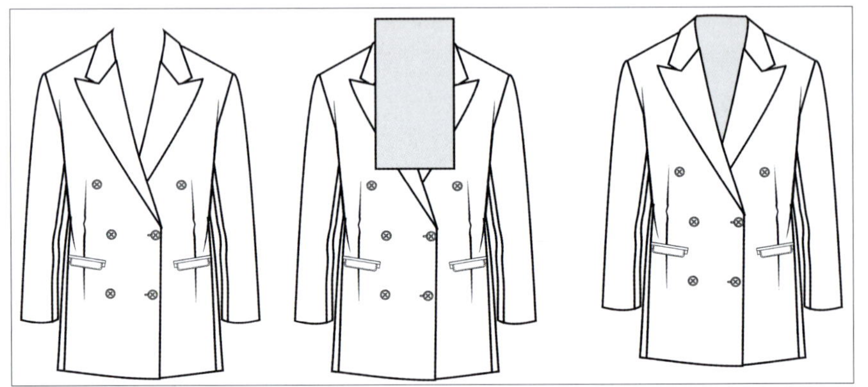

图3.4.8–12

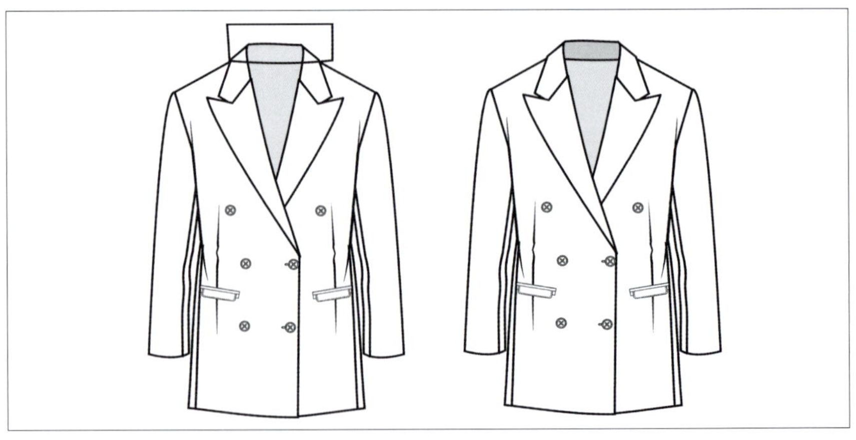

图3.4.8–13

（17）使用“三点曲线”绘制里子褶皱，然后选择菜单栏“排列—将轮廓转为对象”，再点击“形状”工具，调整线条粗细，将里子褶皱调整成粗细有度的样式，如图3.4.8–14所示。

2. 男西装背面款式绘制

（1）复制男西装正面款式图，将背面款式图不存在的部分删除，按住Shift键，同时选取男西装正面左片、右片、后领与领座，然后选择菜单“排列—造形—焊接”，得到完整的背面，如图3.4.8–15所示。

（2）使用“形状”工具调整后领，如图3.4.8–15所示。

（3）使用“矩形”工具绘制一个长方形，放置在后领上方，使用“形状”工具，调整后领座与后衣身之间的曲线，按住Shift键，同时选取后领后衣身，然后选择菜单“排列—造型—修剪”，得到完整的后领，如图3.4.8–15所示。

（4）使用“手绘”工具绘制后中线，再复制前衣身的褶皱到后衣身，如图3.4.8–16所示。

3. 男西装面料填充

（1）复制前衣身左片，点击“工具箱—交互式调和工具—轮廓图”，设置“步长1””轮廓图偏移量1.0”鼠标向内推，得到一个内框。右键点击图形，“打散轮廓图群组”，取出内框备用，如图3.4.8–17所示。

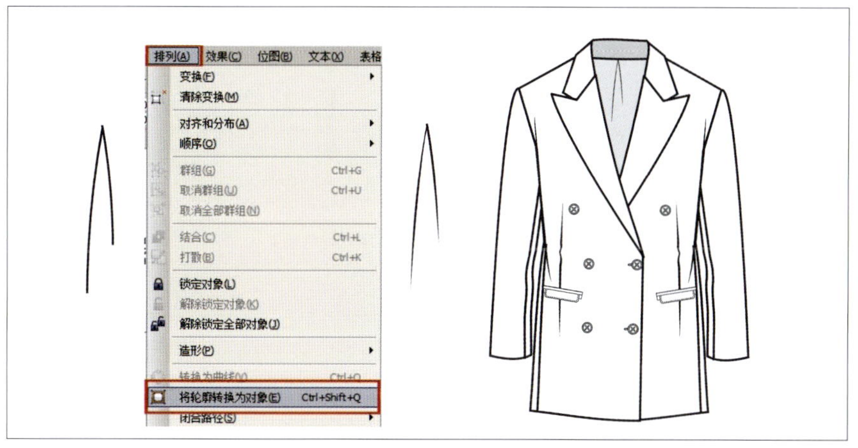

图3.4.8–14

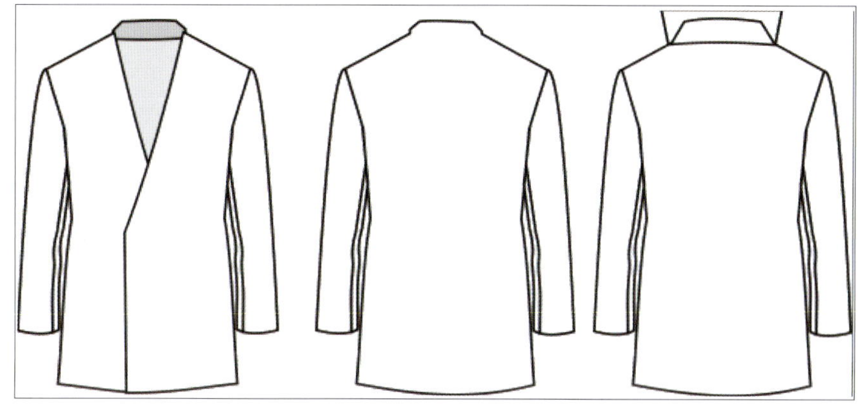

图3.4.8–15

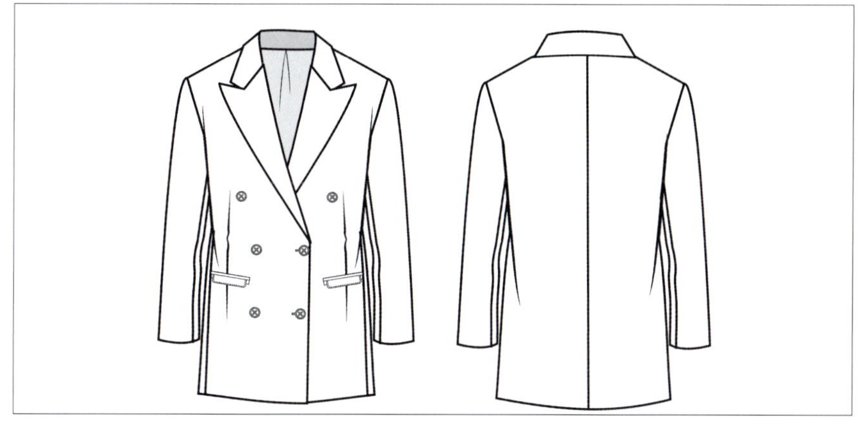

图3.4.8–16

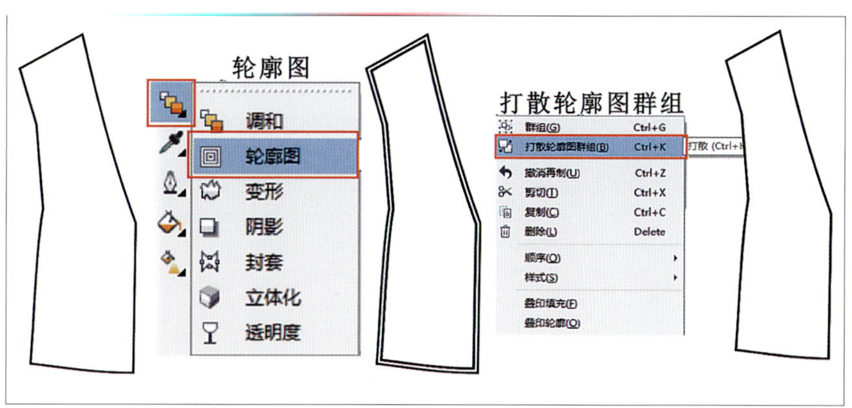

图3.4.8–17

（2）在工具箱中单击“填充”工具，在下拉菜单点击“图样填充”，在出现的对话框中点击“位图”，选择类似男西装的面料，注意“大小”调整为“宽度15mm和高度15mm”，点击“确定”，最后选择面料右击“调色板”取出外轮廓，如图3.4.8–18所示。

（3）将面料放置在服装的内框中，注意调整面料与衣身、口袋、扣子之间的顺序，使用相同的方法制作袖子面料，如图3.4.8–19所示。

（4）使用相同的方法制作领子面料，如图3.4.8–20所示。

（5）填充完成的男西装正背面效果如图3.4.8–21所示。

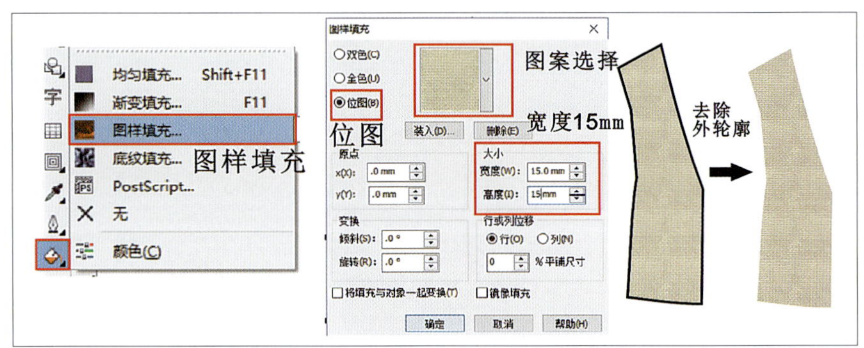

图3.4.8–18

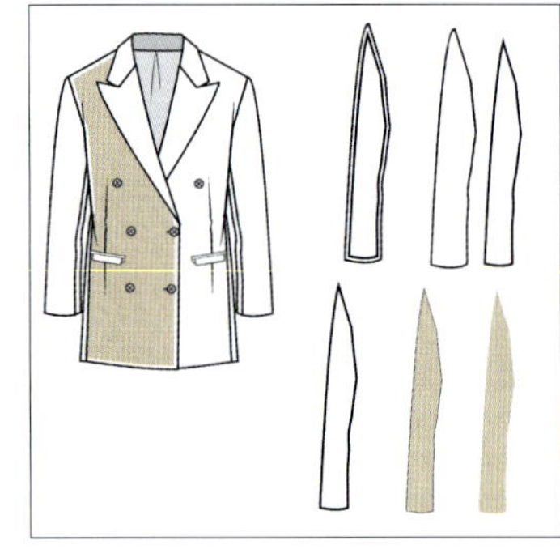

图3.4.8–19

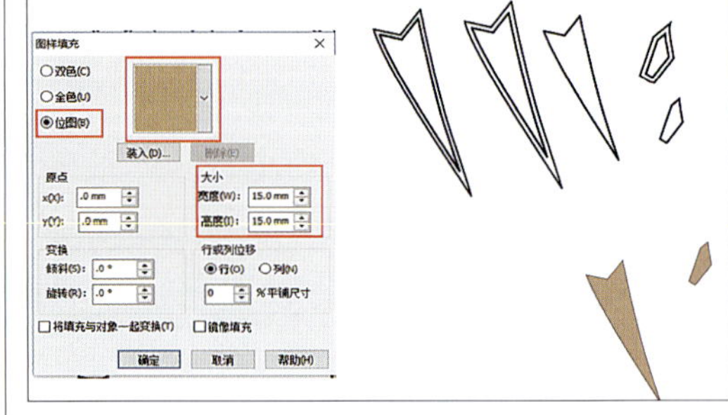

图3.4.8–20

图3.4.8–21

练习题：

根据最新男装发布会中男西装款式造型，用 CorelDRAW 绘制男西装正背面款式图。

要求：

（1）款式时尚有特点；

（2）西装面料填充自然；

（3）整体效果好。

第四章　Adobe Illustrator 服装设计图表现技法

第一节　Adobe Illustrator工作界面简介

一、Adobe Illustrator工作界面简介

Adobe Illustrator 简称“AI”或“Illustrator”，是Adobe系统公司推出的基于矢量的图形制作软件，“Illustrator”广泛应用于印刷出版、海报书籍排版、专业插画、服装设计、多媒体图像处理和互联网页面的制作等。本章以“Adobe Illustrator CC 2017”版本为例，如图4.1–1所示。

图4.1–1

启动Illustrator后可以看出它的工作界面是一个标准的Windows窗口。它由菜单栏、工具箱、工具属性栏、标题栏、面板、状态栏、画板等组成，如图4.1–2所示。

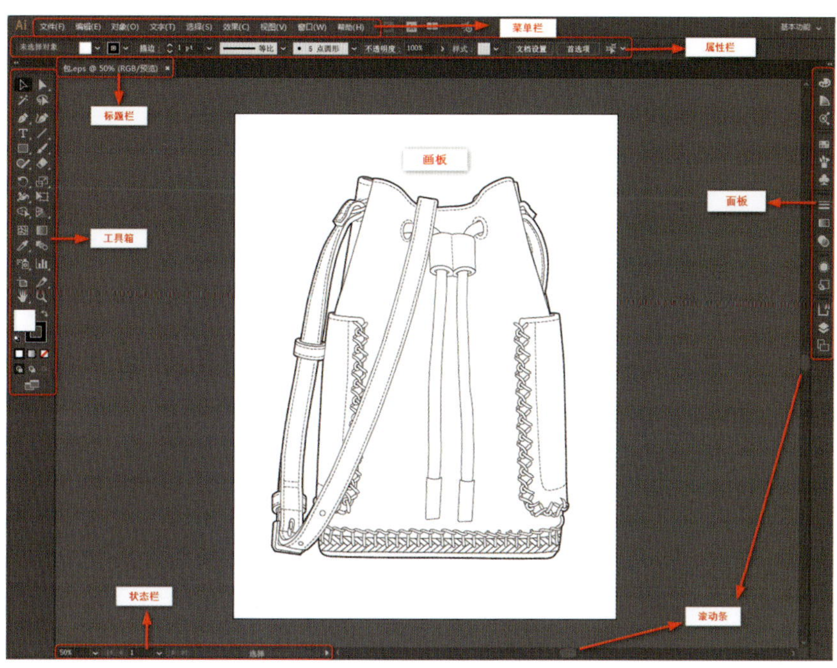

图4.1–2

二、AI工作界面内容

1. 菜单栏

菜单栏包括文件、编辑、对象、文字、选择、效果、视图、窗口、帮助九个菜单，点开每个菜单分别对应若干个子菜单。

2. 工具箱

在 Illustrator 中，工具箱工具大致分为选择、绘制、文字、上色、修改、导航等几类，如图4.1–3所示。

选择	
选择工具	V
直接选择工具	A
编组选择工具	
魔棒工具	Y
套索工具	Q
画板工具	Shift+Q

绘制	
钢笔工具	P
添加锚点工具	+
删除锚点工具	-
锚点工具	Shift+C
曲率工具	Shift+~
直线段工具	\
弧形工具	
螺旋线工具	
矩形网格工具	
极坐标网格工具	
矩形工具	M
圆角矩形工具	
椭圆工具	L
多边形工具	
星形工具	
光晕工具	
画笔工具	B
斑点画笔工具	Shift+B
Shaper 工具	Shift+N
铅笔工具	N
平滑工具	
路径橡皮檫工具	
连接工具	
符号喷枪工具	Shift+S
符号移位器工具	
符号紧缩器工具	
符号缩放器工具	
符号旋转器工具	
符号着色器工具	
符号滤色器工具	
符号样式器工具	
柱形图工具	J
堆积柱形图工具	
条形图工具	
堆积条形图工具	
折线图工具	
面积图工具	
散点图工具	
饼图工具	
雷达图工具	
切片工具	Shift+K
切片选择工具	
透视网格工具	Shift+P
透视选区工具	Shift+V

文字	
文字工具	T
区域文字工具	
路径文字工具	
直排文字工具	
直排区域文字工具	
直排路径文字工具	
修饰文字工具	Shift+T

上色	
渐变工具	G
网格工具	U
形状生成器工具	Shift+M
实时上色工具	K
实时上色选择工具	Shift+L

修改	
旋转工具	R
镜像工具	O
比例缩放工具	S
倾斜工具	
整形工具	
宽度工具	Shift+W
变形工具	Shift+R
旋转扭曲工具	
缩拢工具	
膨胀工具	
扇贝工具	
晶格化工具	
皱褶工具	
操控变形工具	
自由变换工具	E
吸管工具	I
度量工具	
混合工具	W
橡皮擦工具	Shift+E
剪刀工具	C
刻刀	

导航	
抓手工具	H
打印拼贴工具	
缩放工具	Z

图4.1–3

3. 属性栏

当文档中没有选择任何对象时，如果选择了“选择”工具，“属性”面板会显示与画板、标尺、网格、参考线、对齐和一些常用首选项相关的控件。在这种状态下，“属性”面板会显示一些快速操作按钮，您可以使用这些按钮打开“文档设置”和“首选项”对话框并进入画板编辑模式。

对于所做的任何选择，“属性”面板都会显示两组控件：

（1）变换和外观控件：宽度、高度、填充、描边、不透明度等。

（2）动态控件：可能还会提供其他控件，具体取决于您选择的内容。例如，您可以调整文本对象的字符和段落属性。对于图像对象，“属性”面板会显示裁剪、蒙版、嵌入或取消嵌入，以及图像描摹控件。如果选择了文本框，则与“文本修改”相关的控件将会显示在“属性”面板中。

4. 画板

要访问“画板”面板，请单击“窗口—画板”。通过使用“画板”面板，可以执行以下操作，如图4.1–4所示：

（1）添加、重新排列和删除画板。

（2）重新排序和重新编号画板。

（3）在多个画板之间进行选择和导航。

（4）指定画板选项，例如预设、画板大小和画板相对位置。

图4.1–4

5. 面板

面板是工作中经常用到的窗口，可以将面板折叠为图标以避免工作区出现混乱。在某些情况下，在默认工作区中将面板折叠为图标。

（1）若要折叠或展开列中的所有面板图标，请单击停放区顶部的双箭头。

（2）若要展开单个面板图标，请单击它。

（3）若要调整面板图标大小以便仅能看到图标（看不到标签），请调整停放的宽度直到文本消失。若要再次显示图标文本，请加大停放的宽度。

（4）若要将展开的面板重新折叠为其图标，请单击其选项卡、其图标或面板标题栏中的双箭头。

（5）若要将浮动面板或面板组添加到图标停放中，请将其选项卡或标题栏拖动到其中。（添加到图标停放中后，面板将自动折叠为图标。）

（6）若要移动面板图标（或面板图标组），请拖动图标。您可以在停放中向上或向下拖动面板图标，将其拖动到其他停放中（它们将采用该停放的面板样式），或者将其拖动到停放外部（它们将显示为浮动图标）。

6. 状态栏

显示当前文件的提示信息。

第二节 Illustrator绘制服饰品案例

☞ 任务1：Illustrator绘制纽扣

任务目标：

◆能够熟练地运用 Illustrator 绘制纽扣。

◆掌握运用“渐变”工具表现纽扣的质感和立体效果。

◆掌握运用“旋转”工具和“路径查找器”绘制线孔的方法。

一、任务内容

对图4.2.1–1所示的纽扣样稿，运用Illustrator软件绘制出相同的纽扣。并要求绘制出相同效果的立体感。

4.2.1–1

二、内容分析

绘制图4.2.1–1所示纽扣，要根据图形特点分析纽扣组合的基本元素和色彩渐变效果，最后形成完整的纽扣。

给出的这张样图是用Illustrator软件制作的纽扣，比较简单，涉及的知识点也不复杂，要求绘制者能熟悉该软件的一般功能。运用到Illustrator的知识点主要有运用“椭圆”工具绘制正圆、通过填充渐变颜色达到纽扣受光后的立体感。最后通过几个元素的组合形成纽扣在服装上的状态。绘制时注意软件的使用技巧和纽扣的形式美感。

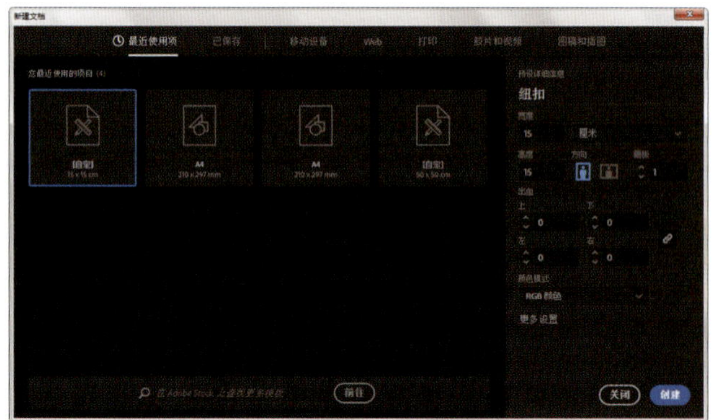

4.2.1–2

三、相关知识点

本任务在绘制纽扣时，会运用“椭圆”工具绘制正圆、“渐变”工具填色、“旋转”工具绘制四个孔和线的交叉和利用路径查找器设置“形状模式”等。

四、任务实施

（1）新建一画板，命名为“纽扣”，尺寸为15cm×15cm，颜色模式选择为RGB，如图4.2.1–2所示。

（2）选择“椭圆”工具按住Shift+Alt键，可以画出一个从中心向外扩展的圆，如图4.2.1–3所示。

（3）双击“渐变”工具填充渐变色，在渐变面板中默认“线性”灰白渐变，想要显示彩色色条需双击色条左右两边的“渐变滑块”显示“颜色面板”。左右两端“渐变滑块”的颜色一般选择同色不同明度的两个颜色，通过中间的“渐变滑块”调

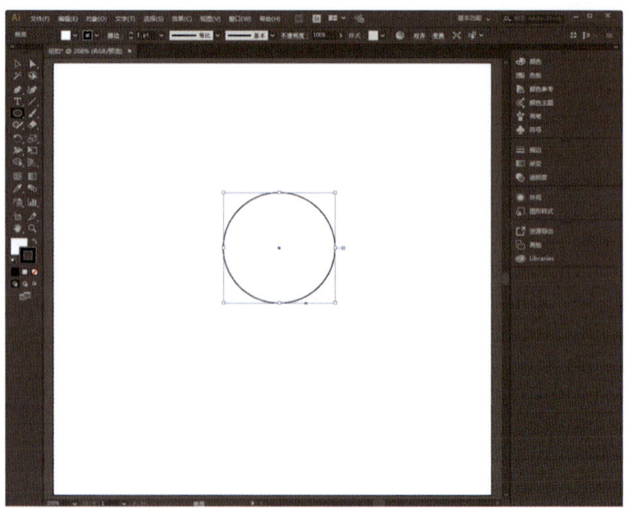

4.2.1–3

整渐变效果，如图4.2.1–4所示。

（4）选择刚绘制的渐变圆形，使用快捷键Ctrl+C（复制），Ctrl+F（原位粘贴），双击“比例缩放”工具，在设置面板里勾选“预览”输入缩放的数值，然后点击确定会得到一个等比例缩小后的圆形，如图4.2.1–5所示。

（5）在“渐变”工具设置面板里选择反向渐变，即可得到一个相反方向的渐变效果，如图4.2.1–6所示。

（6）画出一个小圆（线孔），按住“Alt”键，鼠标水平拖拽（复制），如图4.2.1–7所示。

同时选中两个圆，使用快捷键“Ctrl+C”（复制）“Ctrl+F”（原位粘贴），双击“旋转”工具，在设置面板中将“角度”设置为90°后确定，如图4.2.1–8所示。将四个等距小圆形编组。

（7）调整好线孔大小，将大小圆和四个线孔选中，打开“对齐面板”，选择“水平居中对齐”和“垂直居中对齐”，如图4.2.1–9所示。

（8）纽扣和线孔居中对齐后，这时候扣眼是被填充的色块，我们需要借助“路径查找器”将其挖空。选择“四个线孔”使用快捷键Ctrl+C（复制）Ctrl+F（原位粘贴）。同时选中（渐变大圆）和线孔（四个小圆）后选择“路径查找器”设置面板中的“减去顶层”（这里注意：四个小圆必须要在大圆的上层）。另外一个渐变圆形重复以上操作步骤，如图4.2.1–10所示。

（9）使用“钢笔”工具拉出一条直线（两个端点刚好在扣眼的中心点位置）。在“描边”设置面板输入合适的“粗细”数值，并在“端点”项中选择“圆头端点”，如图4.2.1–11所示。

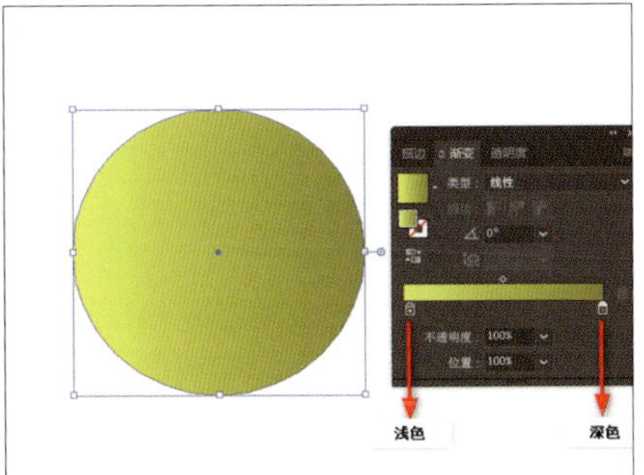

4.2.1–4

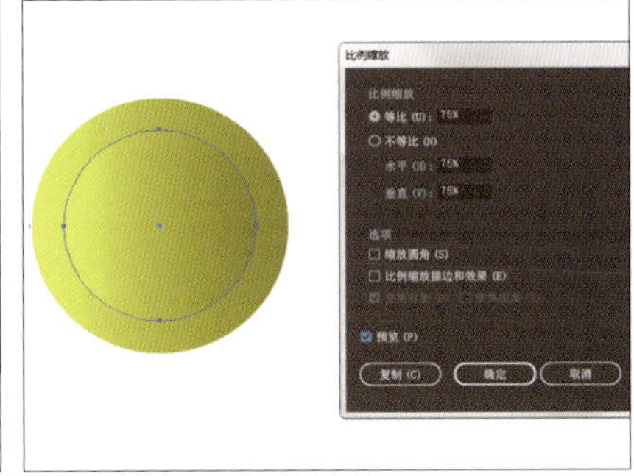

4.2.1–5

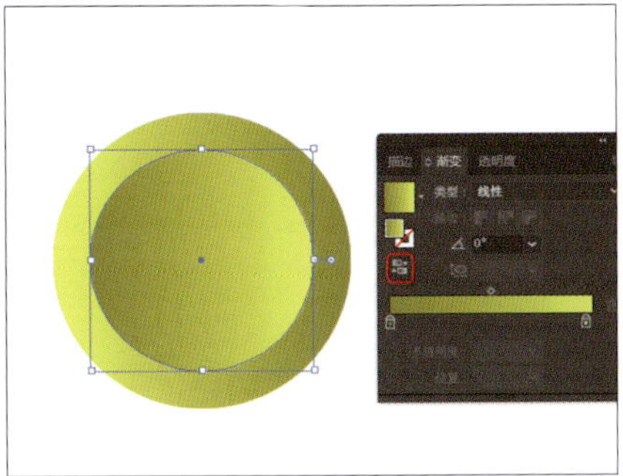

4.2.1–6

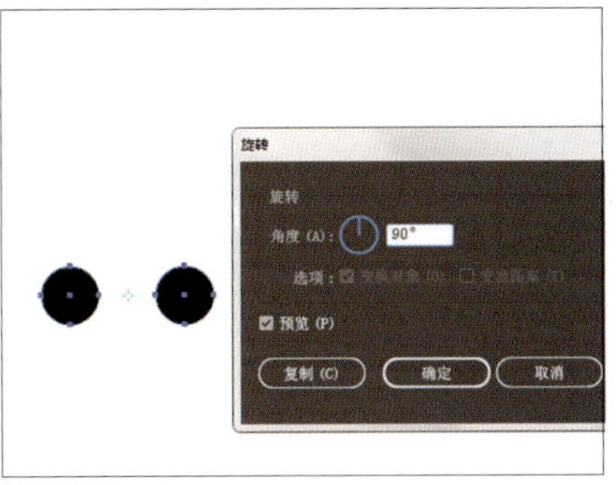

4.2.1–7

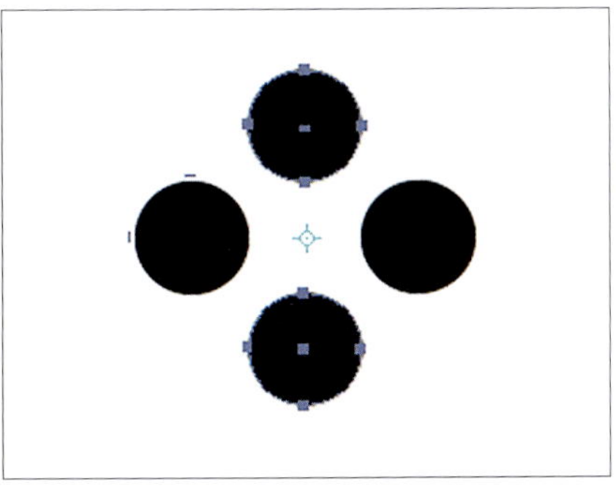

4.2.1–8

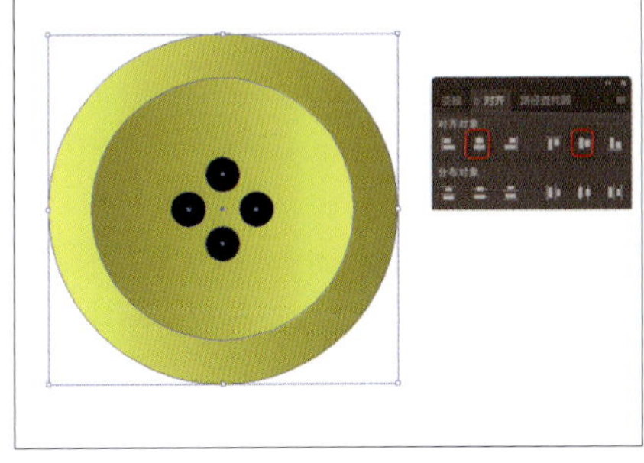

4.2.1–9

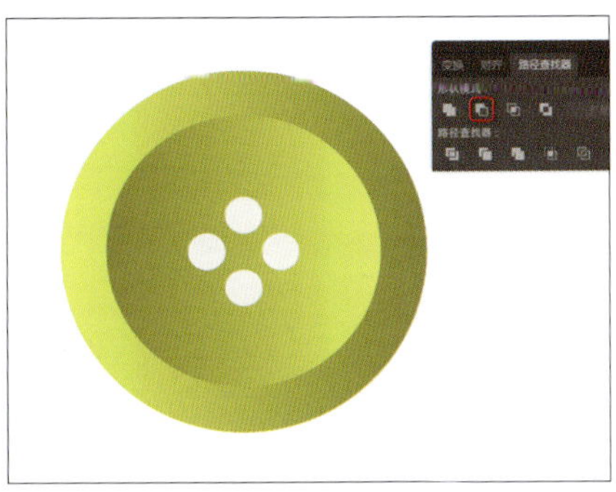

4.2.1–10

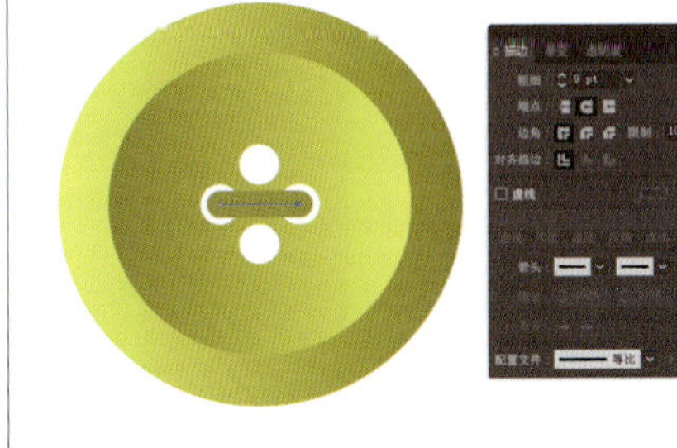

4.2.1–11

（10）使用快捷键 Ctrl+C（复制）Ctrl+F（原位粘贴），双击“旋转”工具，在设置面板中将“角度”设置为90° 后确定。将所有的元素编组（使用“直接选择”工具选中所有元素，点击右键选择“编组”），如图4.2.1–12所示。

（11）最后完成图，如图4.2.1–13所示。

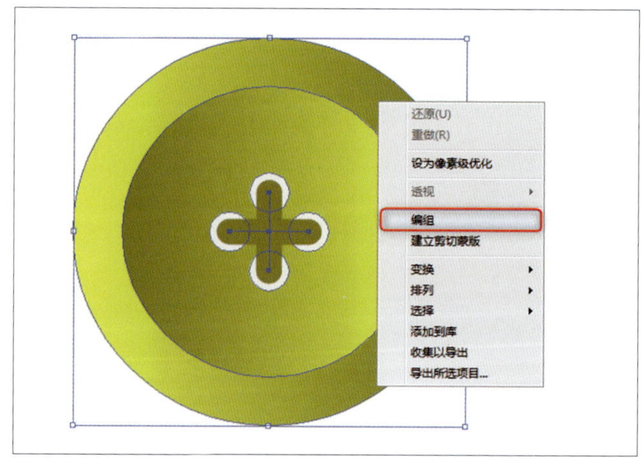

4.2.1–12

4.2.1–13

练习题：

选择一粒自己喜爱的纽扣，用 Illustrator 软件绘制出纽扣的立体效果。

☞ 任务2：Illustrator绘制运动鞋

任务目标：

◆能够熟练地运用 Illustrator 绘制运动鞋。

◆掌握用“钢笔”工具绘制线条的方法。

◆掌握绘制“明线”和“三角花针”明线效果。

一、任务内容

对图4.2.2-1所示的运动鞋样稿，运用Illustrator软件绘制出相同的运动鞋，并要求绘制出效果相同的色彩效果。

图4.2.2-1

二、内容分析

绘制图4.2.2-1所示运动鞋，要根据图形特点分析运动鞋绘制的结构和过程。最后组合成完整的运动鞋。

给出的这张样图是用Illustrator软件制作的运动鞋，要求绘制者能熟悉该软件的一般功能。运用到Illustrator的知识点主要有运用“钢笔”工具绘制线稿；通过线稿的绘制形成不同的闭合路径，在闭合路径中填充色彩；绘制明线和三角花针效果；特别是鞋带的穿插绘制等。绘制时要注意软件的使用技巧和鞋子分割结构的准确性。

三、相关知识点

（一）描边效果的应用

（1）新建一画板，尺寸为1200px × 1200px，用“钢笔”工具绘制一条圆顺的弧线，并选中弧线，如图4.2.2-2所示。

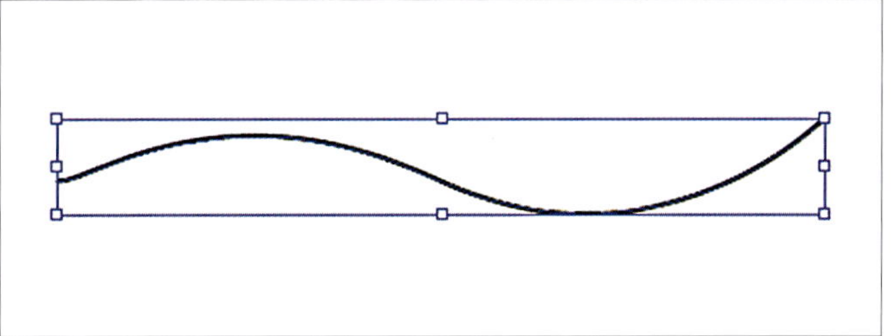

图4.2.2-2

（2）把描边颜色为红色，打开描边对话框，设置相关参数，将实线变为虚线，如图4.2.2-3所示。

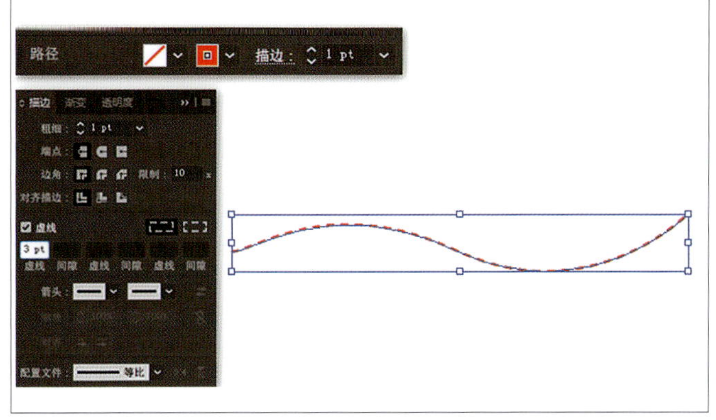

图4.2.2-3

（二）波纹效果的应用

（1）用“钢笔”工具绘制一条圆顺的弧线，并选中弧线。在效果菜单中选择“扭曲和变换—波纹效果”，如图4.2.2-4所示。

（2）在“波纹效果”对话框中勾选“预览”，调整相关参数，直到符合自己要求，如图4.2.2-5所示。

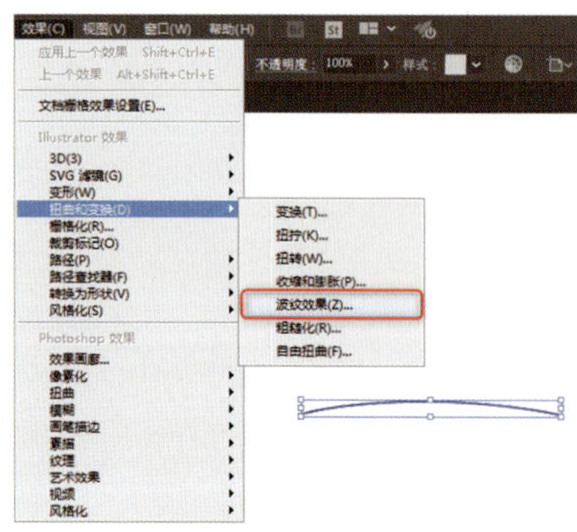

图4.2.2-4

图4.2.2-5

四、任务实施

（一）准备工作

（1）能运行Adobe Illustrator CC 2017软件的相关配置计算机一台。

（2）安装Adobe Illustrator CC 2017应用程序。

（二）运动鞋绘制分析

本任务中，首先要分析用电脑绘制运动鞋分成几个部分进行绘制，包括鞋子轮廓线稿、鞋带的绘制、装饰线的绘制、色彩的填充等，主要运用“钢笔”工具、“斑点画笔”工具、描边虚线、线条的波纹效果、渐变填色等进行绘制。

（三）绘制步骤与方法

1. 运动鞋线稿绘制

（1）新建一画板，命名为“鞋”，画板大小为1200px×1200px，根据样图，用“钢笔”工具勾出鞋的外轮廓，如图4.2.2-6所示。

（2）用“钢笔”工具画出鞋底分割线，注意分割线要超出外轮廓线，这样可以确保上下分割部分为封闭区域，如图4.2.2-7所示。

（3）在选中整个图形的状态下，点击“形状生成器”工具，被选中的区域会变成网格状，单击就会分割形状，如图4.2.2-8所示。

（4）删除多出去的线条，将鞋底和鞋帮分成两个独立的封闭路径，如图4.2.2-9所示。

（5）用同样方法画出其他分割部分，如图4.2.2-10和图4.2.2-11所示。

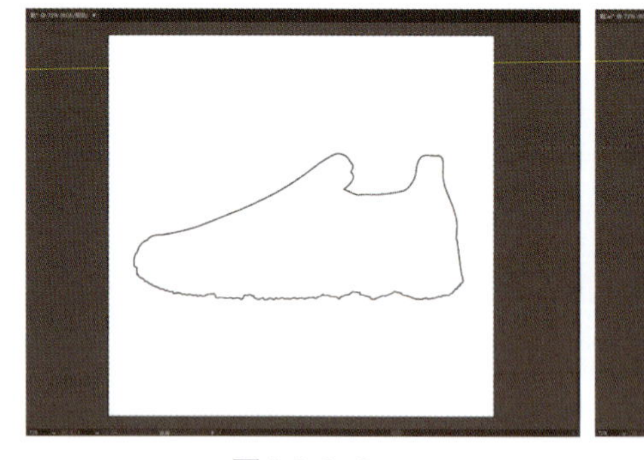

图4.2.2-6

图4.2.2-7

图4.2.2-8

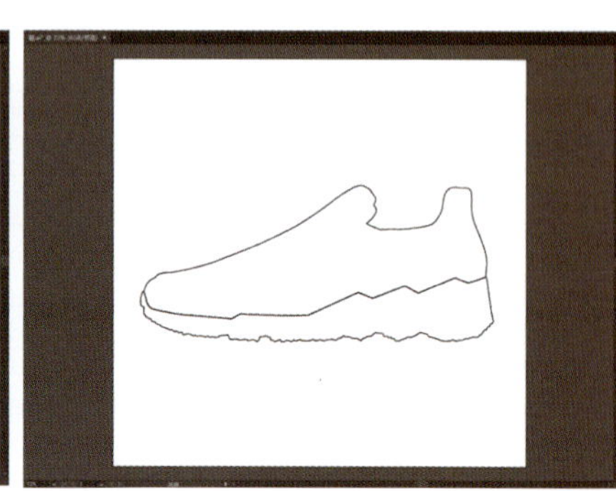

图4.2.2-9

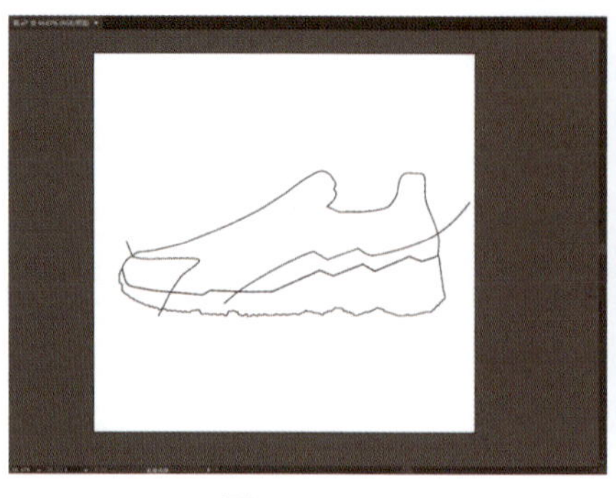

图4.2.2-10

图4.2.2-11

2. 运动鞋带的绘制

（1）双击“斑点画笔”工具，调整“斑点画笔”工具参数，如图4.2.2-12所示。

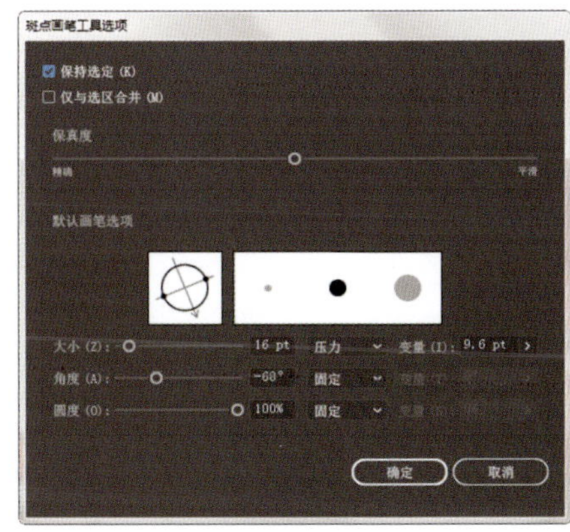

图4.2.2-12

（2）运动鞋除了结构线之外，比较突出的就是鞋带了，鞋带大多都是交叉缠绕，用“钢笔”工具勾线非常麻烦。所以我们一般都选择“斑点画笔”工具或“画笔”工具，并使用手绘笔来进行绘制。按照图示将鞋带用“斑点画笔”工具，通过调整画笔的压力大小，进行绘制。这里特别强调是遇到重叠的情况一定要用不同的颜色，注意上下层关系，如图4.2.2-13所示。

图4.2.2-13

（3）将鞋带所有的彩色部分选中，点击路径查找器，选择“分割”和“合并”，如图4.2.2-14所示。

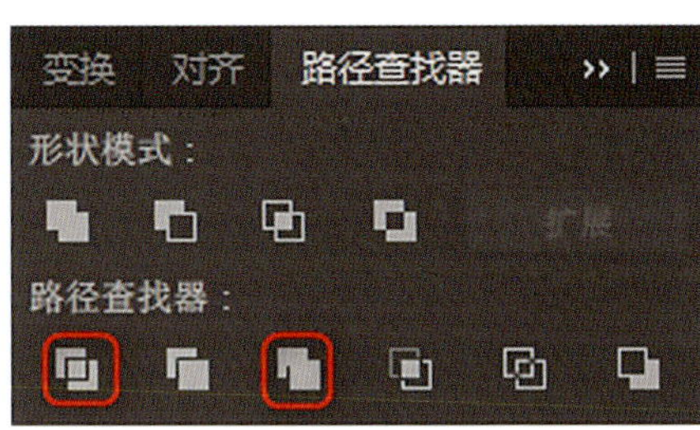

图4.2.2-14

（4）将图全选，用白色填充、黑色描边，并调整鞋袢与鞋带的上下层关系，如图4.2.2-15所示。

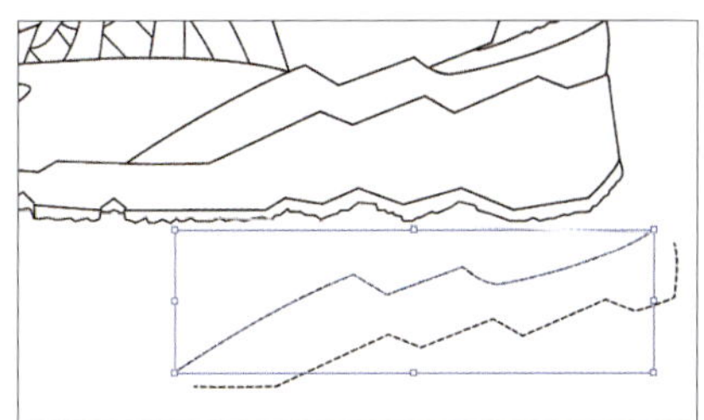

图4.2.2-15

3. 装饰明线的绘制

（1）首先使用钢笔将缝纫明线勾画出来，在“描边”面板的对话框中勾选“虚线”后输入合适的数值即可。或用“直接选择”工具选择需要压明线的封闭路径区域，进行复制，复制好的封闭路径无填色，点击描边，勾选虚线，如图4.2.2-16所示；用“剪刀”工具剪切所需要的虚线部分，并将虚线调整到合适位置，如图4.2.2-17所示。

图4.2.2-16

图4.2.2-17

（2）根据需要，画一条平滑的线段。选中弧线，选择“效果—扭曲和变换—波纹效果”，出现对话框，勾选“预览”，调整相关参数，如图4.2.2-18所示。

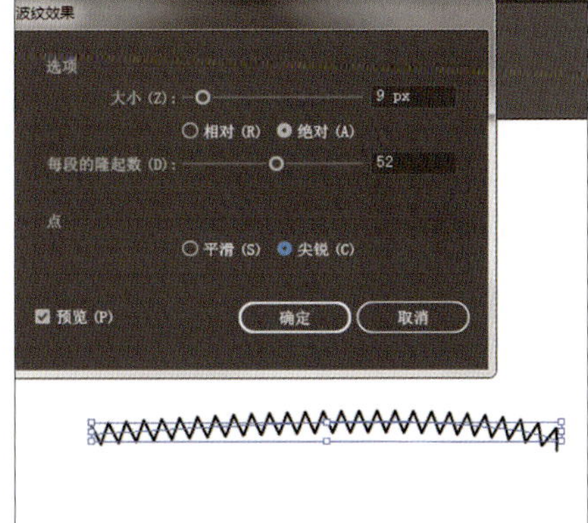

图4.2.2-18

（3）根据预览效果，确定波纹效果，将波纹线移动到合适位置，形成“三角花针”装饰效果，如图4.2.2-19所示。

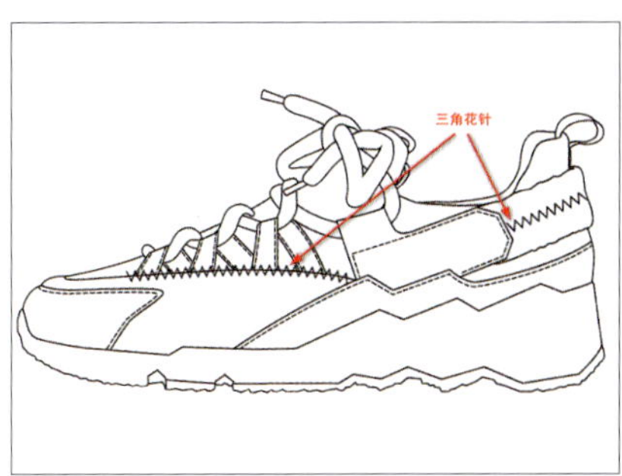

图4.2.2-19

4. 色彩的填充

（1）选择需要填渐变色的区域（此图分三个区域填渐变色），打开“渐变”面板，设置渐变色条，如图4.2.2-20所示。

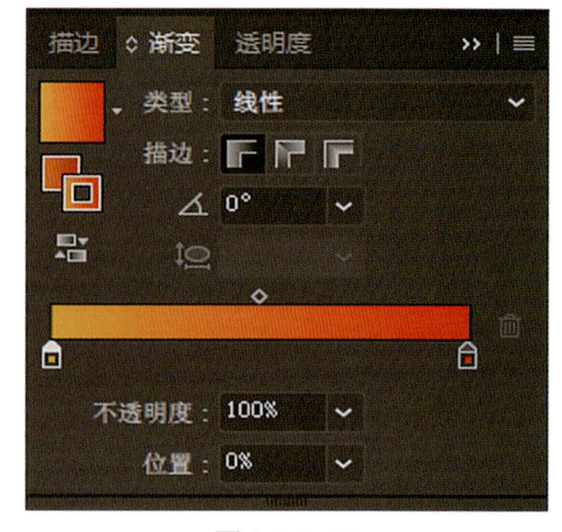

图4.2.2-20

（2）将鞋子其他需填色部分进行分片“填色”和“描边”，注意描边颜色略比所填色块深一些，如图4.2.2-21所示。

（3）选择“椭圆”工具，在鞋子底部绘制一椭圆，填充浅灰色，选择“效果—风格化—羽化”，调整“羽化”值。选中椭圆，点击鼠标右键，选择“排列—置于底层”，将绘制好鞋子的阴影调到合适位置，如图4.2.2-22所示。

（4）建一个与画板大小一样的矩形，填充渐变色彩作背景，注意要与鞋子色彩主题协调，如图4.2.2-23所示。

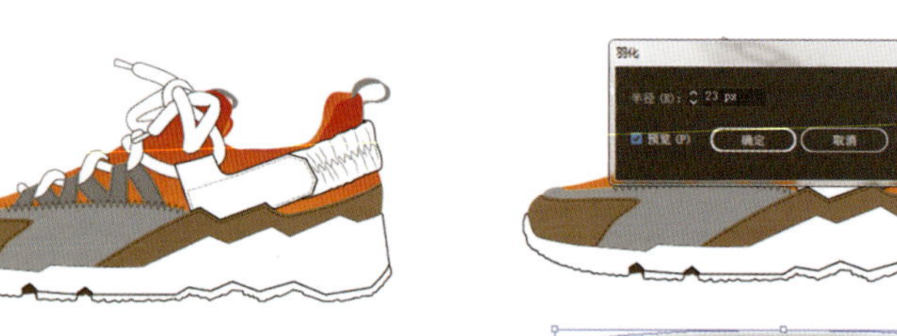

图4.2.2-21　　图4.2.2-22

图4.2.2-23

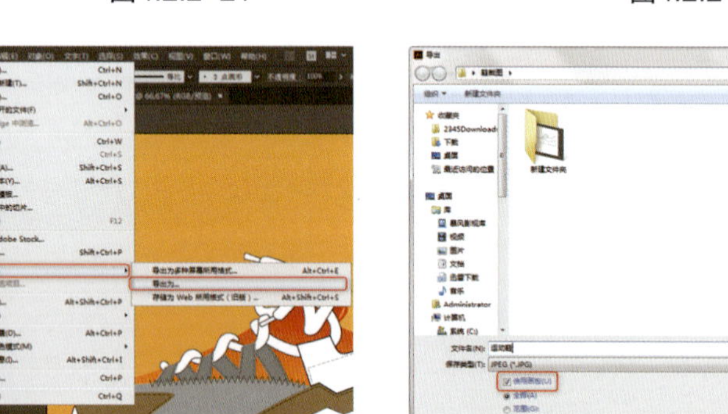

图4.2.2-24　　图4.2.2-25

图4.2.2-26

5. 保存

（1）如果保存为“AI”或“EPS”格式，直接选择“存储”或“存储为”。如果保存为“JPEG”格式，选择“文件—导出—导出为”，如图4.2.2-24所示。

（2）在“导出”对话框，输入文件名，勾选“使用画板”，按“导出”按钮，如图4.2.2-25所示。

最后完成图如图4.2.2-26所示。

练习题：

根据所给的运动鞋款式图，如图 4.2.2-27 所示。运用 Illustrator 软件绘制出相同款式的运动鞋，并设计搭配出自己喜爱的颜色。

图4.2.2-27

第三节 Illustrator绘制服装面料案例

☞ 任务3：Illustrator绘制条纹面料

任务目标：

◆能够熟练地运用 Illustrator 绘制条纹面料。

◆掌握 Illustrator 基本工具的使用。

◆掌握运用 Illustrator 图案建立的方法。

一、任务内容

对图4.3.3-1所示的条纹面料样稿，运用Illustrator软件绘制出相同的条纹面料，并要求绘制出相同的条纹效果。

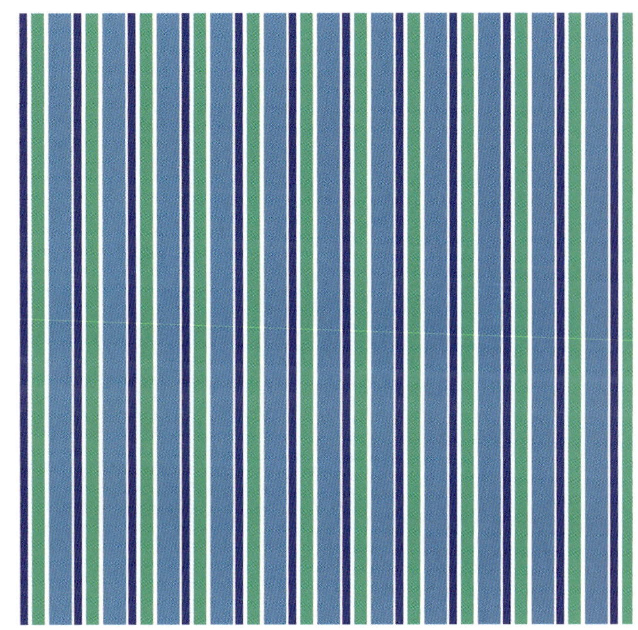

图4.3.3-1

二、内容分析

绘制图4.3.3-1所示条纹面料，要根据图形特点分析条纹面料绘制的元素和所要达到的效果。最后形成完整的条纹面料。

给出的这张样图是用Illustrator软件制作的条纹面料，比较简单，涉及的知识点不多，主要是熟悉该软件的一般功能。运用到Illustrator的知识点主要有"矩形"工具的运用、建立图案的方法等。绘制时要注意软件的使用技巧和图案设计的形式美感。

三、相关知识点

本任务比较简单，主要熟悉常用的几个基本工具和图案建立的方法，为后面较为复杂的任务做铺垫。

四、任务实施

（一）准备工作

（1）能运行Adobe Illustrator CC 2017软件的相关配置计算机一台。

（2）安装Adobe Illustrator CC 2017应用程序。

（二）条纹图案分析

本任务中，首先要分析用电脑绘制条纹面料基本元素，分别绘制三个不同颜色的条纹元素，然后进行组合生成图案基本元素，最后完成条纹条纹面料效果。

（三）绘制步骤与方法

（1）新建一画板，命名为"条纹"，尺寸为1200px × 1200px，如图4.3.3-2所示。

图4.3.3-2

（2）选择“矩形”工具，根据任务图，绘制三个粗细不同、色彩不同的色条，绘制成如图4.3.3–3所示.。

（3）用“选择”工具选中绘制的图案，选择“对象—图案—建立”，如图4.3.3–4所示。

（4）此时出现“图案选项”对话框，将“副本变暗至”调到50%，副本色彩变淡，便于与正本区分，在对话框中选中“图案拼贴”工具，调整图案正本的元素大小、间距等，这时整个图案也随之变化，最后点击完成，如图4.3.3–5所示。

（5）选中“色板”上刚新建的“条纹”，此时，工具箱中“填色”变为“条纹图案”。选择“矩形”工具，在画板上点击一下，出现矩形对话框，将矩形大小设置成和原画板一样大小，如图4.3.3–6所示。

（6）确定后，矩形自动填充新建的图案，如图4.3.3–7所示。

（7）将填充好条纹的矩形和画板对齐，如图4.3.3–8所示。

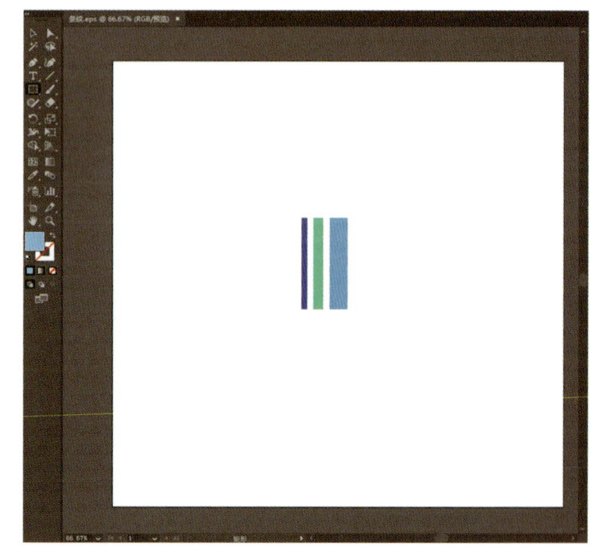

图4.3.3–3

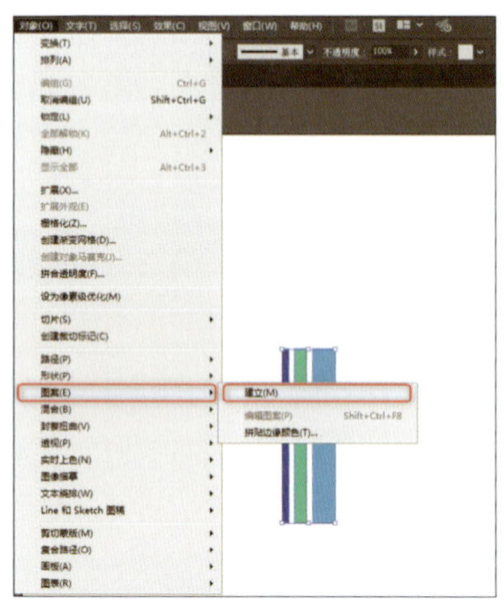

图4.3.3–4

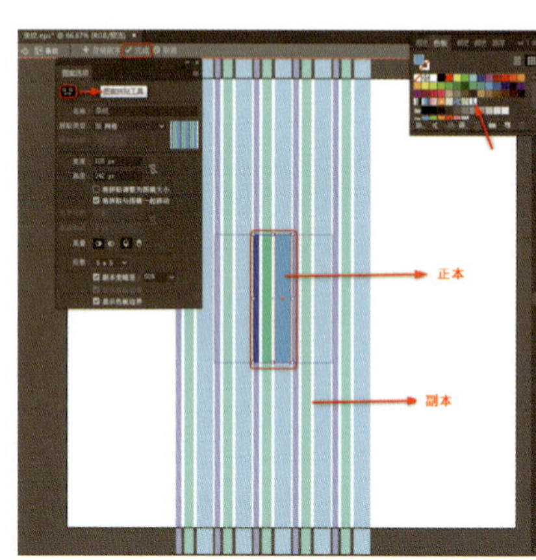

图4.3.3–5

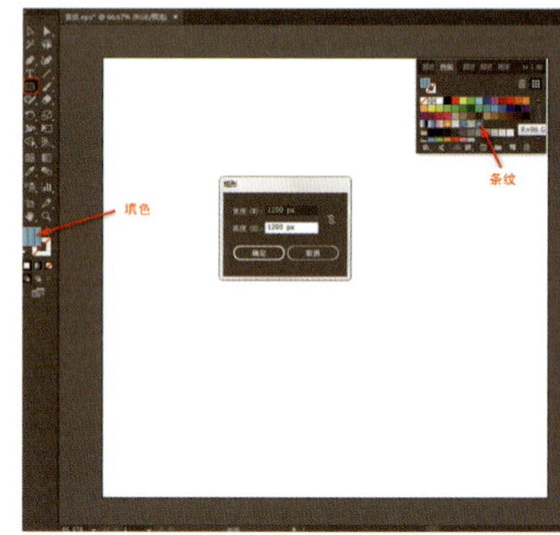

图4.3.3–6

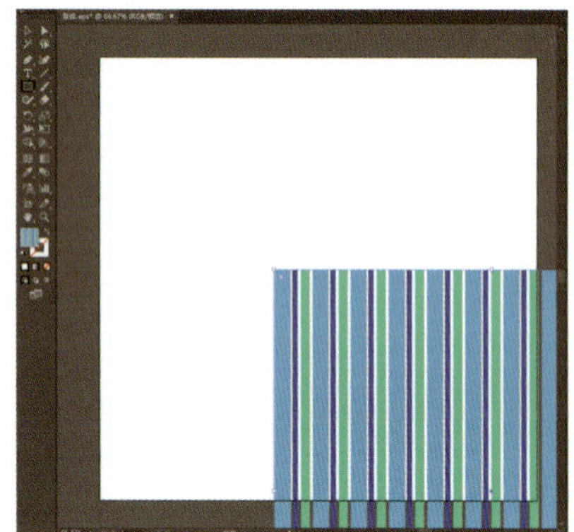

图4.3.3–7

图4.3.3–8

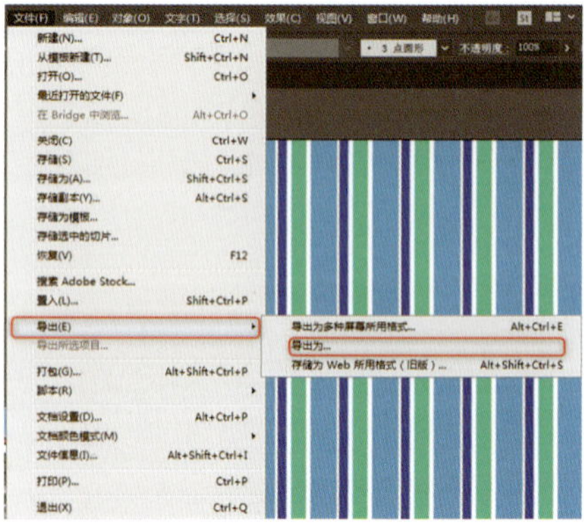

图4.3.3–9

（8）选择“文件—导出—导出为”，如图4.3.3-9所示。出现如图4.3.3-10所示对话框，选择文件存储路径，文件名命名为“条纹”，保存类型选择“JPEG”，选中“使用画板”，点击导出即可。如保存为“AI”或“EPS”格式，直接选择“存储”或“存储为”即可。

（9）最后完成图，如图4.3.3-11所示。

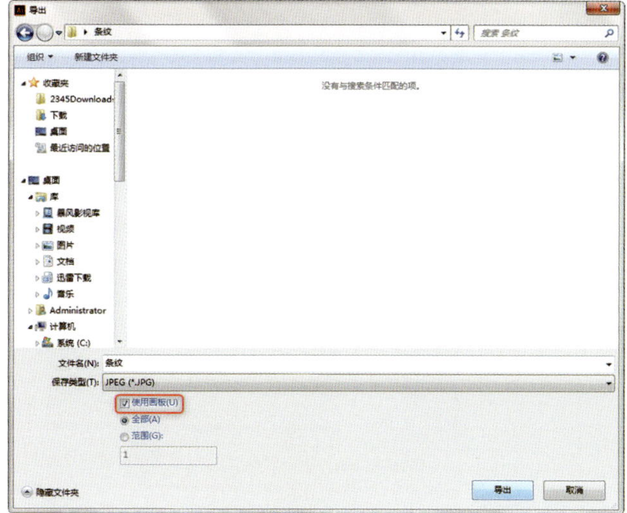

图4.3.3-10

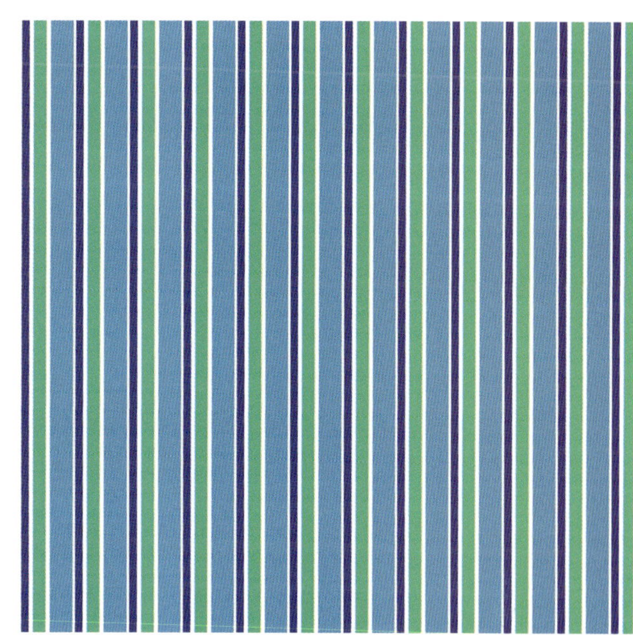

图4.3.3-11

练习题：

在最新流行趋势发布会上收集条纹服装图片，选择一款自己喜爱的条纹图案，用Illustrator软件将条纹绘制出来。

☞ 任务4：Illustrator绘制蕾丝面料

任务目标：

◆能够熟练地运用 Illustrator 绘制蕾丝面料。

◆掌握运用“正六边形”表现蕾丝面料底纹的方法。

◆掌握用 Illustrator 绘制四方连续图案的方法。

一、任务内容

对图4.3.4-1所示的蕾丝面料样稿，运用Illustrator软件绘制出相同的蕾丝面料，并要求绘制出效果相同的面料质感效果。

图4.3.4-1

二、内容分析

绘制图4.3.4-1所示蕾丝面料，要根据图形特点分析蕾丝面料绘制的基本元素和所要达到的效果。最后形成完整的蕾丝面料。

给出的这张样图是用Illustrator软件制作的蕾丝面料，涉及的知识点不多，但操作细节要求多，要求学生能熟悉该软件的一般功能。运用到Illustrator的知识点主要有运用“斑点画笔”工具的运用、建立图案的方法、正六边形形成四方连续图案的方法等。最后通过组合，形成蕾丝面料效果。绘制时要注意软件的使用技巧和图案设计的形式美感。

三、相关知识点

（一）“斑点画笔”工具

“斑点画笔”工具（Shift+B），使用“斑点画笔”工具可绘制填充的形状，以便与具有相同颜色的其他形状进行交叉和合并。“斑点画笔”工具使用与书法画笔相同的默认画笔选项。如图4.3.4-2所示是斑点画笔创建有填色、无描边的路径。

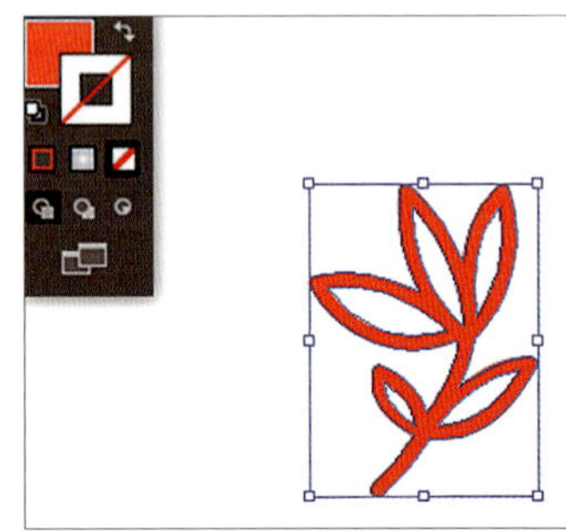
图4.3.4-2

双击工具面板中的“斑点画笔”工具，如图4.3.4-3所示，设置以下任意选项：

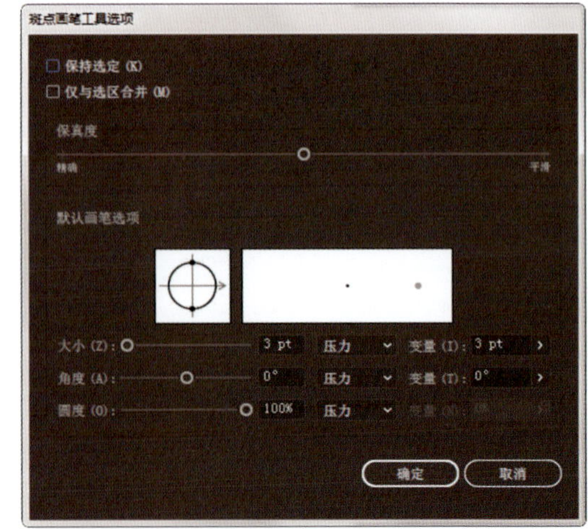

图4.3.4-3

1. 保持选定

指定绘制合并路径时，所有路径都将被选中，并且在绘制过程中保持被选中状态。该选项在查看包含在合并路径中的全部路径时非常有用。

2. 仅与选区合并

指定仅将新描边与目前已选中的路径合并。如果选择该选项，则新描边不会与其他未选中的交叉路径合并。

3. 保真度

控制必须将鼠标或光笔移动多大距离，Illustrator 才会向路径添加新锚点。例如，保真度值为 2.5，表示小于 2.5 像素的工具移动将不生成锚点。保真度的范围可介于 0.5 至 20 像素之间；值越大，路径越平滑，复杂程度越小。

4. 平滑度

控制您使用工具时 Illustrator 应用的平滑量。平滑度范围从 0% 到 100%；百分比越高，路径越平滑。

5. 大小

决定画笔的大小。

6. 角度

决定画笔旋转的角度。拖移预览区中的箭头，或在“角度”文本框中输入一个值。

7. 圆度

决定画笔的圆度。将预览中的黑点朝向或背离中心方向拖移，或者在“圆度”文本框中输入一个值。该值越大，圆度就越大。

（二）图案建立

（1）根据绘制的花型元素，选择“对象—图案—建立”，如图4.3.4-4所示。出现“图案选项”对话框，根据要求设置参数，如图4.3.4-5所示。

图4.3.4-4

图4.3.4-5

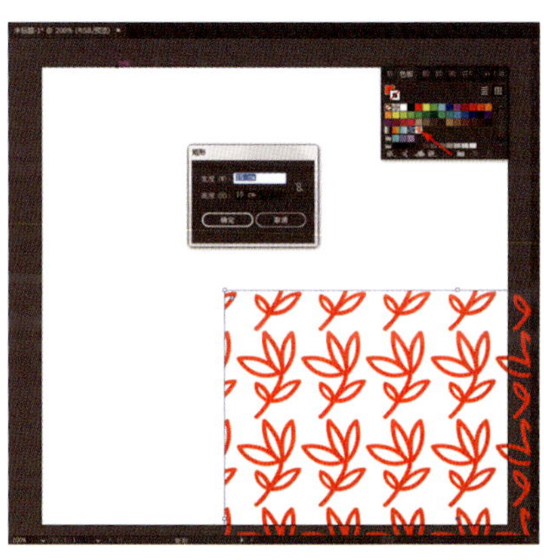

图4.3.4-6

图4.3.4-7

2. 选中“色板”上刚新建的图案，选择“矩形”工具，在画板上点击一下，出现矩形对话框，将矩形大小设置成和原画板一样大小，如图4.3.4-6所示。确定后，将矩形图案移动到和画板对齐，如图4.3.4-7所示。

图4.3.4-8

四、任务实施

（一）准备工作

（1）能运行Adobe Illustrator CC 2017软件的相关配置计算机一台。

（2）安装Adobe Illustrator CC 2017应用程序。

（二）蕾丝图案分析

本任务中，首先要分析用电脑绘制蕾丝面料所需要的基本元素，对面料图案中每个元素进行单独绘制，主要通过“斑点画笔”工具绘制花的图案与正六边形形成的图案进行组合，形成新的蕾丝图案效果。

（三）绘制步骤与方法

（1）新建一画板，命名为“蕾丝”，尺寸为1200px × 1200px，如图4.3.4-8所示。

（2）选择“斑点画笔”工具，通过数位笔的压力变化，绘制成图4.3.4-9所示的三个大小不同的独立花卉。

图4.3.4-9

（3）通过对三个独立花卉的复制、粘贴、旋转、大小调整等操作，重新组合成新的图案单元，如图4.3.4–10所示。

（4）用“选择”工具选中图案单元，选择“对象—图案—建立”，如图4.3.4–11所示。

（5）点击“建立”以后，出现图4.3.4–12所示对话框，将对话框“副本变暗至”调整到50%；选中“图案拼贴”工具，正本图案部分呈选中状态，调整单元图案间的上下左右的距离。

（6）根据图案整体效果，可以对正本内的单个元素进行调整，如图4.3.4–13和图4.3.4–14所示。调整到整体疏密关系合适为止，最后点击上面的完成按钮。

（7）选中“色板”上刚新建的图案，选择“矩形”工具，在画板上点击一下，出现矩形对话框，将矩形大小设置成和原画板一样大小，如图4.3.4–15所示。

（8）确定后，矩形自动填充新建的图案，如图4.3.4–16所示。

（9）将矩形图案拖到画板以外留用，在空白的画板上绘制正六边形（Shift+多边形工具），如图4.3.4–17所示。

图4.3.4–10

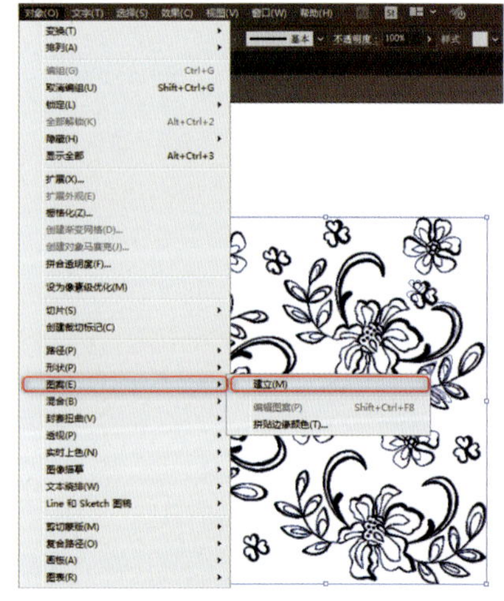

图4.3.4–11

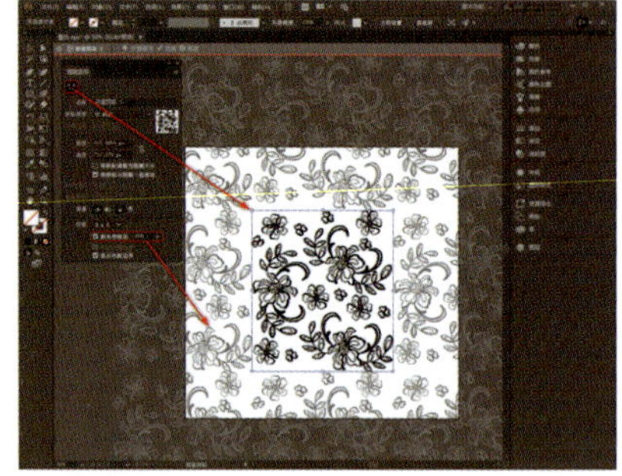

图4.3.4–12

图4.3.4–13

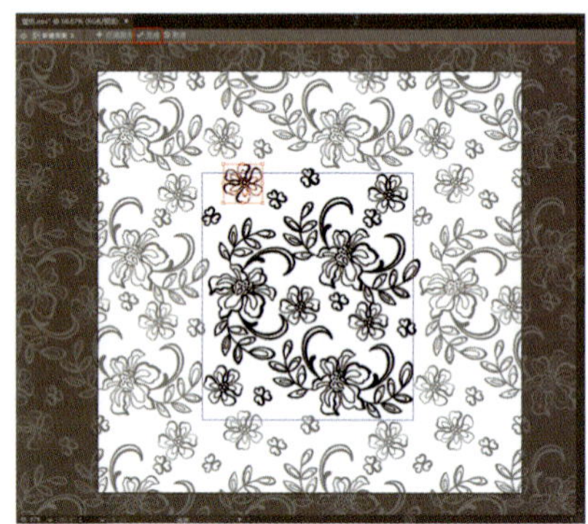

图4.3.4–14

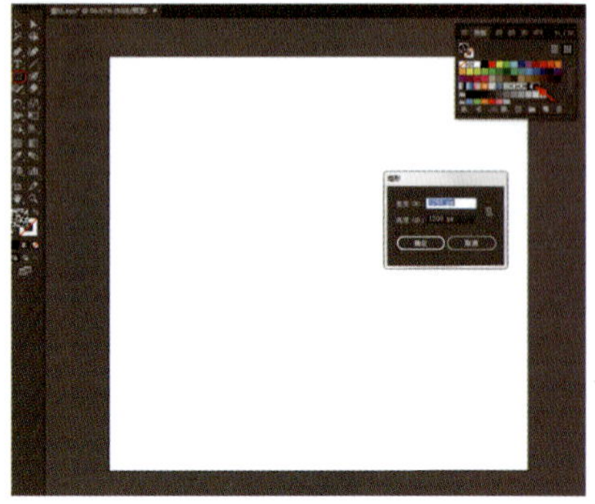

图4.3.4–15

图4.3.4–16

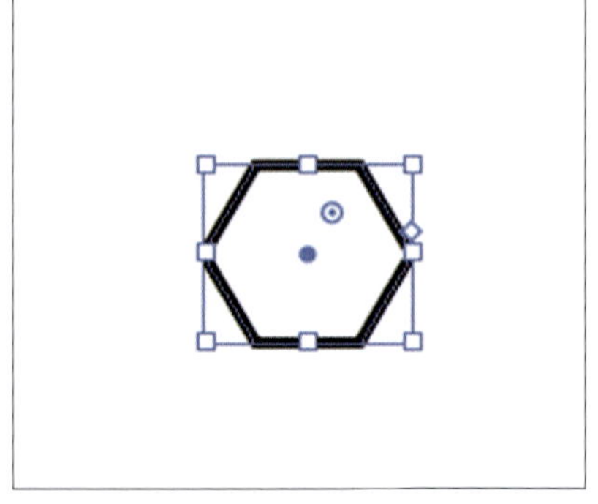

图4.3.4–17

（10）用“选择”工具选中图案单元，选择“对象—图案—建立”，出现“图案选项”对话框，拼帖类型选择“16进制（按列）”，其他参数按照对话框设置，如图4.3.4–18所示。

（11）完成后的六边形图案如图4.3.4–19所示。将画板外做好的图案与画板对齐，并将图案置于顶层，如图4.3.4–20所示。

（12）选择“文件—导出—导出为”，如图4.3.4–21所示。出现如图4.3.4–22所示对话框，选择文件存储路径，文件名命名为“蕾丝”，保存类型选择“JPEG”，选中“使用画板”，点击导出即可。

（11）最后完成图，如图4.3.4–23所示。

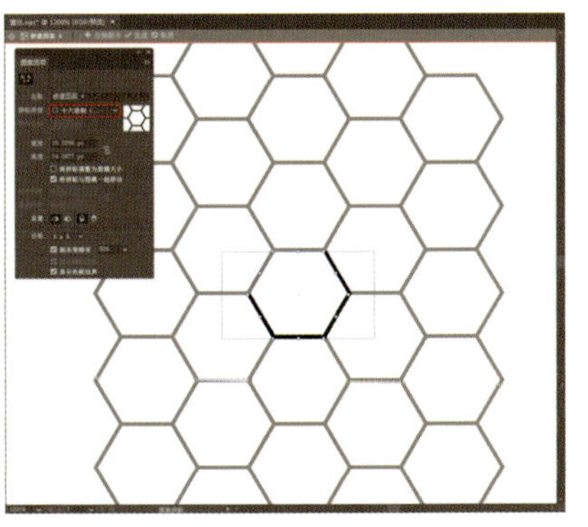

图4.3.4–18

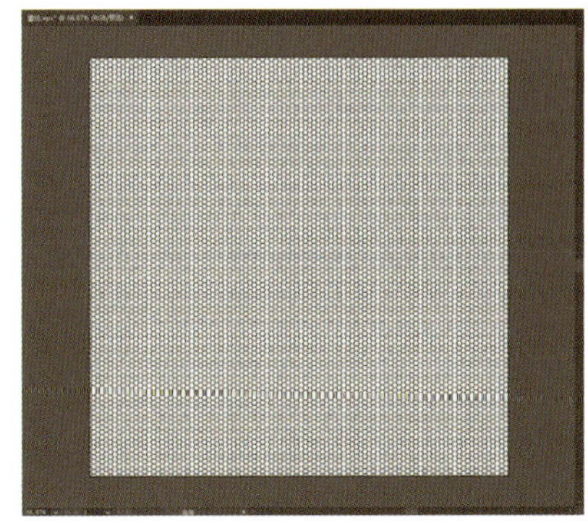

图4.3.4–19

图4.3.4–20

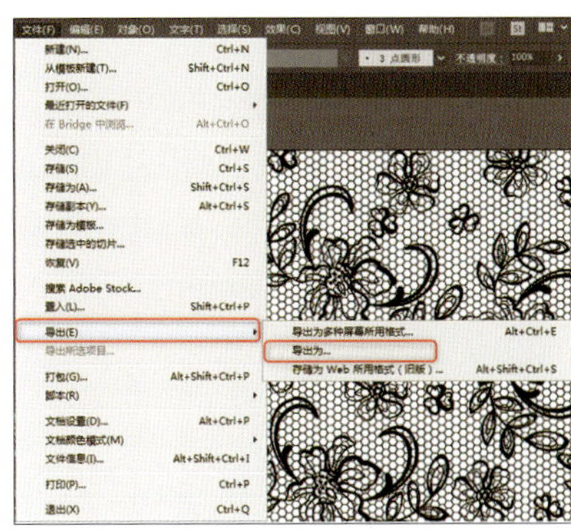

图4.3.4–21

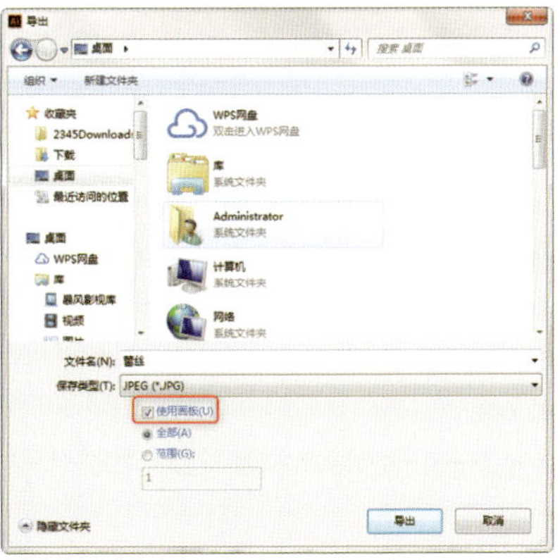

图4.3.4–22

图4.3.4–23

练习题：

根据所给的蕾丝面料图样，如图4.3.4–24所示。用Illustrator软件绘制出相同的蕾丝面料。

图4.3.4–24

第四节 Illustrator绘制服装款式图案例

☞ 任务5：Illustrator绘制休闲连衣裙

任务目标：

◆能够熟练地运用 Illustrator 绘制休闲连衣裙。

◆掌握 Illustrator 基本工具的使用。

◆掌握 Illustrator 绘制双明线的方法。

一、任务内容

对图4.4.5-1所示的休闲连衣裙款式图样稿，运用Illustrator软件绘制出款式相同的连衣裙，重点绘制双明线的装饰效果。

图4.4.5-1

二、内容分析

绘制图4.4.5-1所示休闲连衣裙，要根据图形特点分析连衣裙绘制时的组合元素，最后形成完整的连衣裙效果。

给出的这张样图是用Illustrator软件制作的连衣裙的正面款式图，款式主要特点是分割衣片和装饰明线的表现。涉及到Illustrator的知识点主要是一些基本工具的使用，包括“钢笔”工具、镜像、虚线的绘制等。绘制时要注意软件的使用技巧和色彩应用的形式美感。

三、相关知识点

本任务主要运用常用的几个基本工具，“钢笔”工具的勾线和描边，虚线的设置与色彩，镜像的使用，形状生成器的使用，色彩的填充等。

四、任务实施

（一）准备工作

（1）能运行Adobe Illustrator CC 2017软件的相关配置计算机一台。

（2）安装Adobe Illustrator CC 2017应用程序。

（二）休闲连衣裙款式图分析

本任务中，首先要分析用电脑绘制连衣裙款式图所组成基本元素，用“钢笔”工具直接勾画线稿，然后进行明线装饰绘制和色彩填充，要求绘图者有一定造型能力，对服装款式的比例关系比较熟悉，最后完成休闲连衣裙整体效果。

（三）绘制步骤与方法

（1）新建一画板，命名为“连衣裙”，尺寸为A4大小，拉出一条纵向参考线，用“钢笔”工具按照任务图绘制连衣裙右片外轮廓，描边设置为2pt，如图4.4.5-2所示。

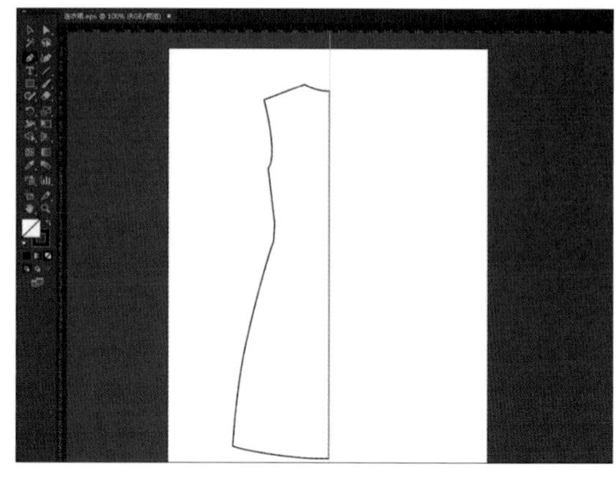

图4.4.5-2

（2）在袖窿处绘制袖窿后片。用“钢笔”工具勾勒后袖窿（用红色描边表示），如图4.4.5-3所示。

（3）全选前后袖窿，“选择形状生成器”工具，在袖窿处点击生成袖窿的后片。用“钢笔”工具绘制裙片的内部结构线与部件，内部结构性描边设置为1pt，如图4.4.5-4所示。

（4）选中衣片所有部件，单击鼠标右键，选择“变换—对称”，如图4.4.5-5所示。

（5）在“镜像”对话框，设置相关参数，点击复制，生成连衣裙左片，如图4.4.5-6所示。

（6）按“Shift+选择”工具平行移动到合适位置，如图4.4.5-7所示。

（7）在前中心部位拉一条参考线，选择左右衣片（不要选中参考线和其他部件），点击“路径查找器”，在路径查找器对话框中选择“形状模式”中的“联集”，使左右衣片合并为一个整体，如图4.4.5-8、图4.4.5-9所示。

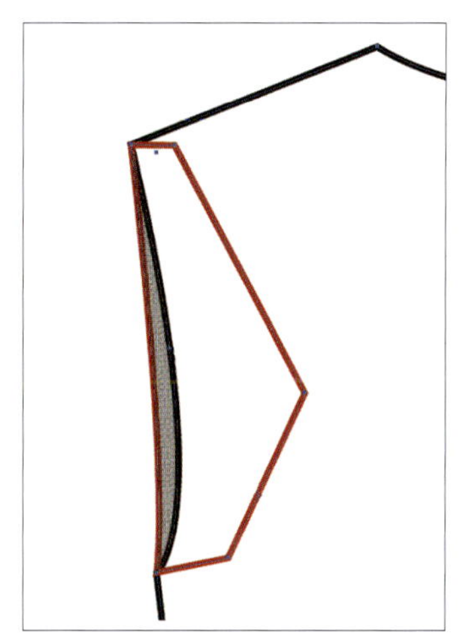

图4.4.5-3

图4.4.5-4

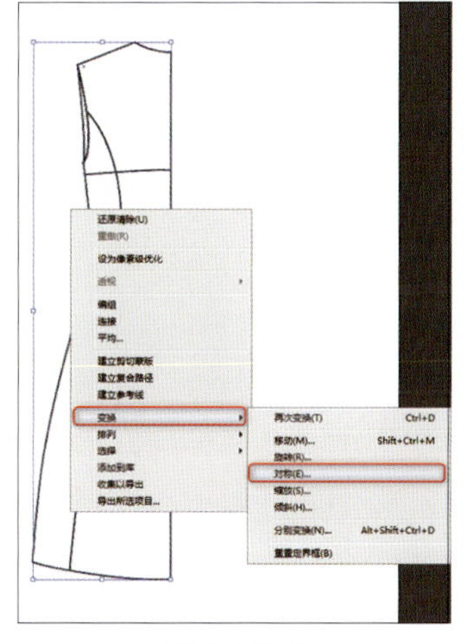

图4.4.5-5

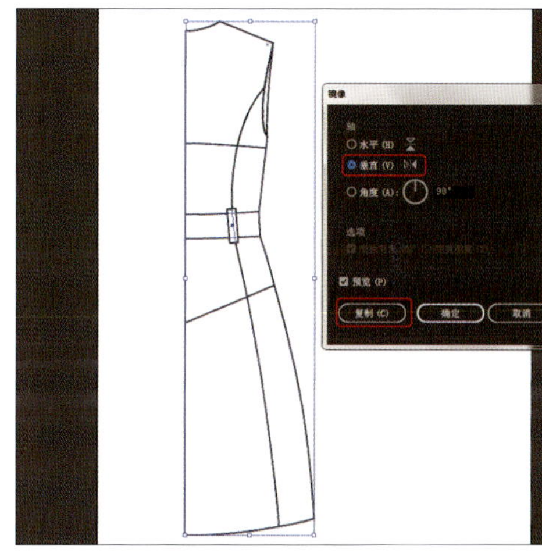

图4.4.5-6

图4.4.5-7

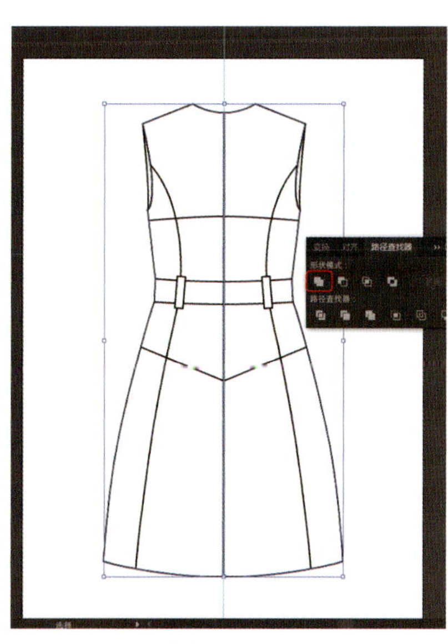

图4.4.5-8

图4.4.5-9

（8）用“钢笔”工具绘制领后片（用红色描边表示）。选择衣片和后领窝，点击“形状生成器”工具，如图4.4.5–10所示。

（9）在后领窝处点击生成后领片，此时肩颈点有尖角。将后领窝选中，选择描边对话框，在“边角”下选择“圆角连接”，尖角消失，如图4.4.5–11所示。

（10）用“钢笔”工具绘制前中心分割线，将分割线复制一条直线，描边粗细1pt。平移到合适的位置，如图4.4.5–12所示。

（11）在描边对话框勾选虚线，设置相关参数，如图4.4.5–13所示。

（12）再复制一条虚线，调整虚线之间的距离，完成双明线的绘制，如图4.4.5–14所示。

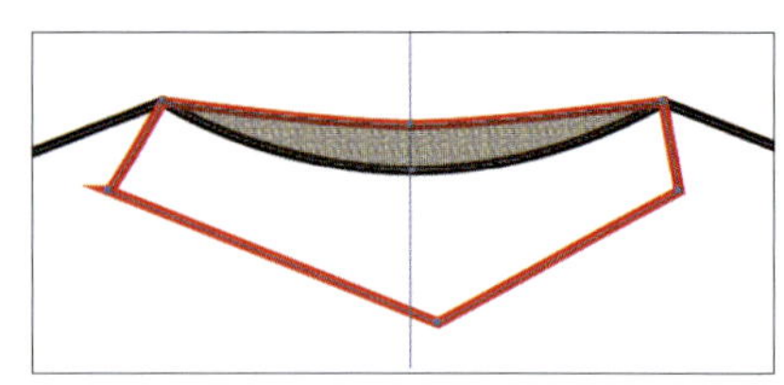

图4.4.5–10

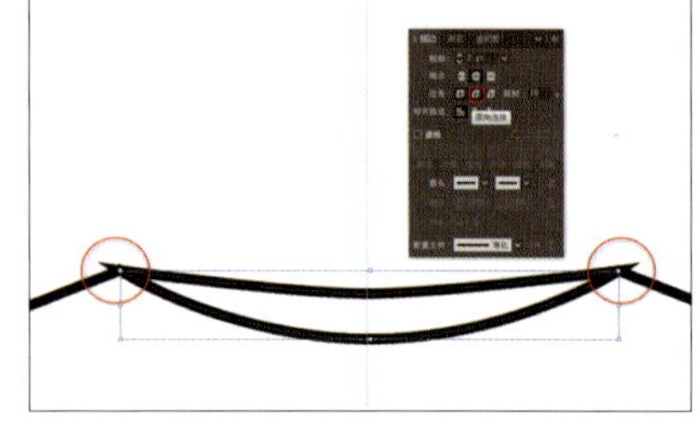

图4.4.5–11

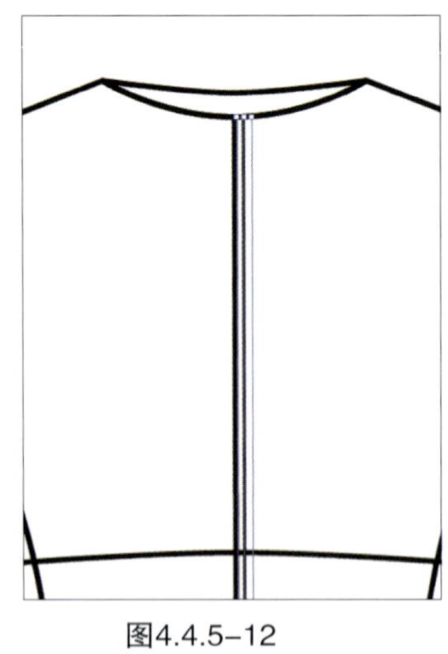

图4.4.5–12

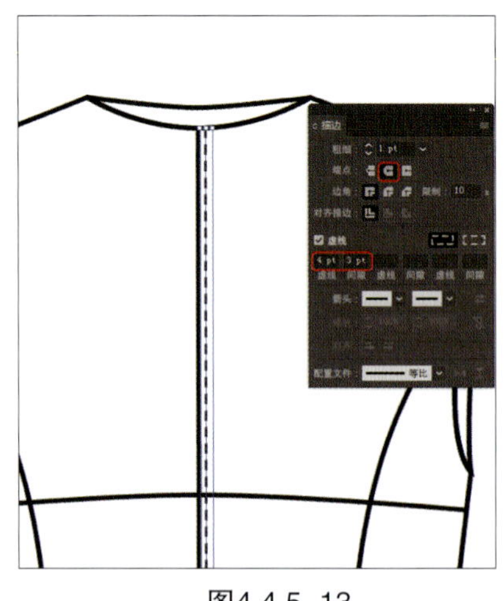

图4.4.5–13

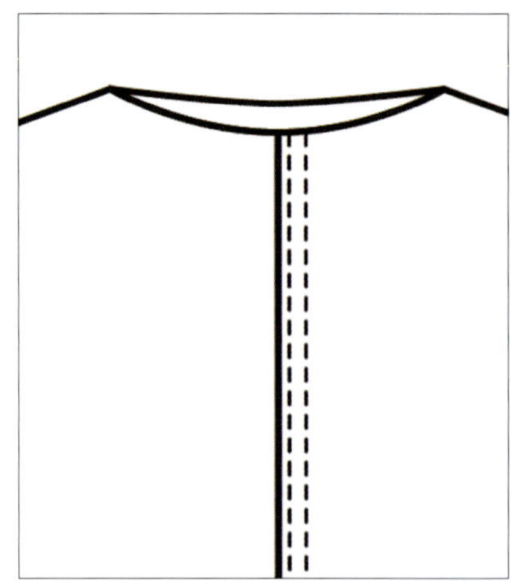

图4.4.5–14

（13）用同样方法绘制其他明线。也可以选中复制好的实线，点击“吸管”工具，在已绘制好的虚线上点击一下，这样虚线的格式就会复制到实线上，实线变为虚线。再绘制后领装拉链位置分割线，调整所有细节，如图4.4.5–15所示。

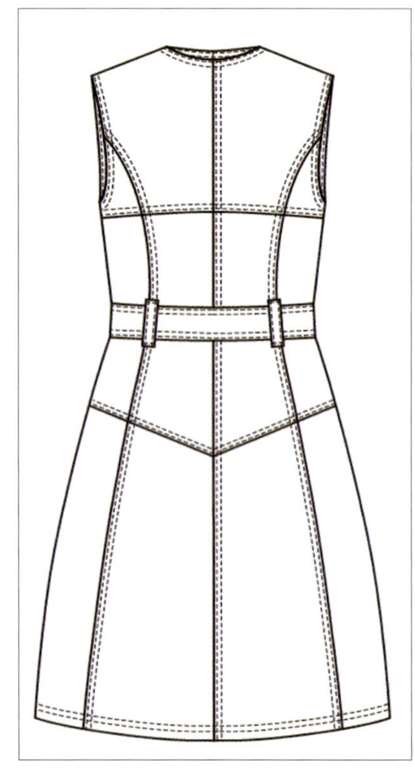

图4.4.5–15

（14）按照以下步骤设定色彩：

1）选中前衣片，填充选定的蓝色；选中袖窿和后领片，填充比前衣片稍深的蓝色。

2）选中所有轮廓线和分割线，将描边颜色设定为比前衣片稍深的蓝色。

3）选中前衣片装饰明线，将颜色设定为土黄色；将后领片和后袖窿明线设定为稍深的土黄色。最后完成图如图4.4.5–16所示。

图4.4.5–16

练习题：

1. 根据本任务中休闲连衣裙正面款式结构特点，自己设计并用 Illustrator 软件绘制出连衣裙的背面款式图。
2. 收集牛仔背带裤图片，选择自己喜爱的一款，用 Illustrator 软件绘制出牛仔背带裤的正背面款式图。

☞ 任务6：Illustrator绘制女式荷叶领衬衫

任务目标：

◆能够熟练地运用 Illustrator 绘制女式荷叶边领衬衫。
◆掌握 Illustrator 基本工具的使用。
◆掌握 Illustrator 设置荷叶领抽褶线条粗细的方法。

一、任务内容

对图4.4.6–1所示的女式荷叶领衬衫款式图样稿，运用Illustrator软件绘制出款式相同的女式荷叶领衬衫款式图。

图4.4.6–1

二、内容分析

绘制图4.4.6–1所示女式荷叶领衬衫款式图，要根据图形特点分析荷叶领衬衫绘制时的元素组合，最后形成完整的荷叶边衬衫效果。

给出的这张样图是用Illustrator软件制作的荷叶领衬衫正面款式图，款式主要特点是褶皱和装饰明线的表现。涉及到Illustrator的知识点主要是一些基本工具的使用，包括“钢笔”工具、镜像、虚线的绘制等。绘制时要注意软件的使用技巧。

三、相关知识点

本任务主要运用常用的几个基本工具，“钢笔”工具的勾线和描边、虚线的设置、褶的线条的表现、镜像的使用、色彩的填充等。

四、任务实施

（一）准备工作

（1）能运行Adobe Illustrator CC 2017软件的相关配置计算机一台。

（2）安装Adobe Illustrator CC 2017应用程序。

（二）女式荷叶领衬衫款式图分析

本任务中，首先要分析用电脑绘制荷叶领衬衫款式图所组成基本元素，用“钢笔”工具直接勾画线稿，然后进行单明线绘制，要求绘图者有一定造型能力，对服装款式的比例关系比较熟悉，最后完成荷叶边衬衫款式图整体效果。

（三）绘制步骤与方法

（1）新建一画板，命名为“荷叶领衬衫”，尺寸为A4大小，用“钢笔”工具按照任务图绘制衬衫右片外轮廓，描边设置为2pt，如图4.4.6–2所示。

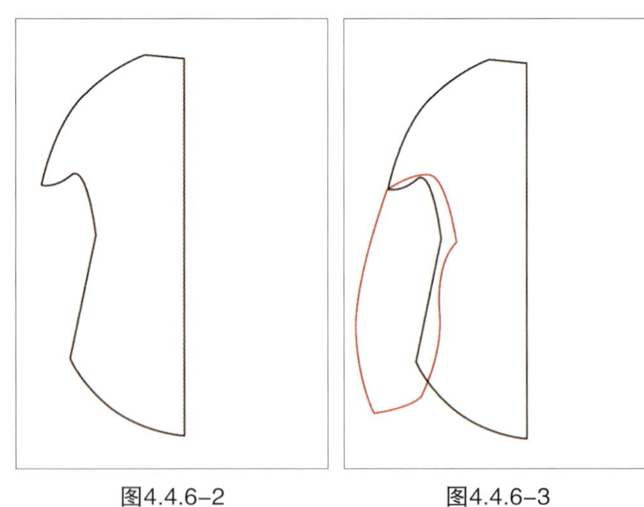
图4.4.6–2　图4.4.6–3

（2）在衣片处绘制袖子的外轮廓（用红色描边表示），如图4.4.6–3所示。衣片与袖子填充白色。

（3）用“钢笔”工具绘制袖山褶皱线条，线条描边设置为1pt，线条的属性选择“宽度配置文件1”，即为两头细中间粗的线条，在袖山和袖口处绘制单明线，如图4.4.6–4所示。

（4）选中衣片和袖片，单击鼠标右键，选择“变换—对称”，如图4.4.6–5所示。

（5）在“镜像”对话框，设置相关参数，点击复制，生成衬衫左片，如图4.4.6–6所示。

（6）按“Shift+选择”工具将复制的衬衫左片平行移动到合适位置，如图4.4.6–7所示。

（7）在前中部位绘制门襟贴边，绘制一个矩形，放在衬衫左右片上方，为了便于观察临时设置填充黄色，如图4.4.6–8所示。

（8）用“钢笔”工具绘制门襟贴边的明线，打开描边对话框，线条粗细设置为1pt，勾选虚线，设置虚线参数。将色彩填充为白色，如图4.4.6–9所示。

（9）绘制立领造型，填充白色，制作单明线，如图4.4.6–10所示。

（10）用“钢笔”工具绘制荷叶领，注意荷叶领的结构与层次。轮廓描边粗细设置为2pt，内部褶线设置为1pt，褶线线条的属性选择“宽度配置文件1”，如图4.4.6–11所示。

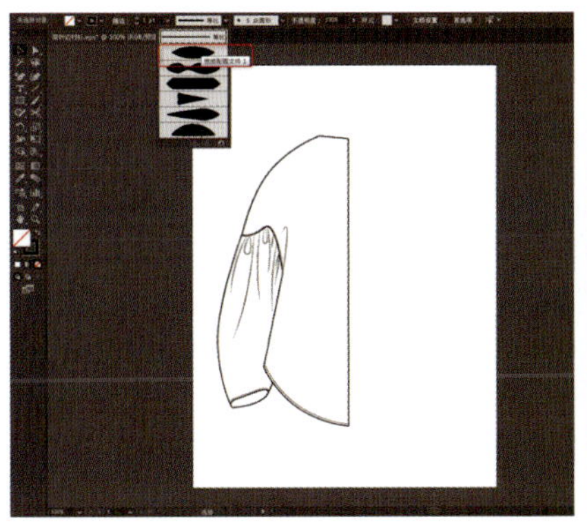

图4.4.6–4

图4.4.6–5

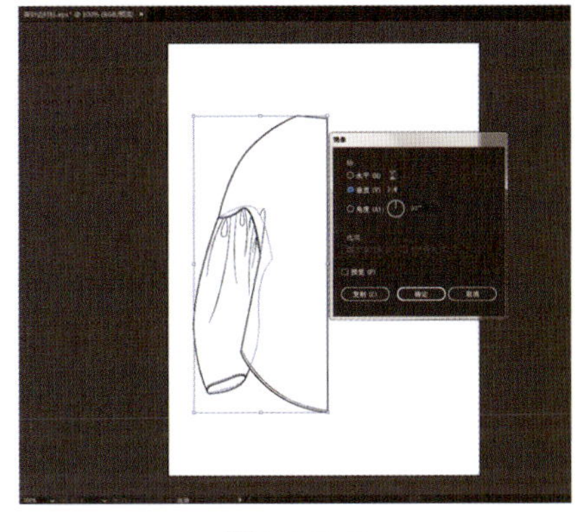

图4.4.6–6

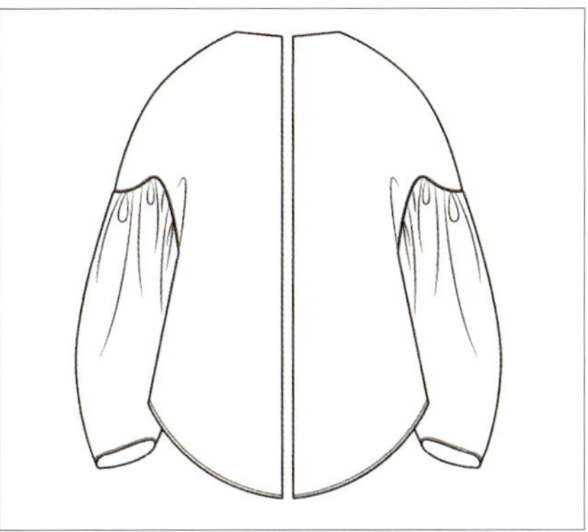

图4.4.6–7

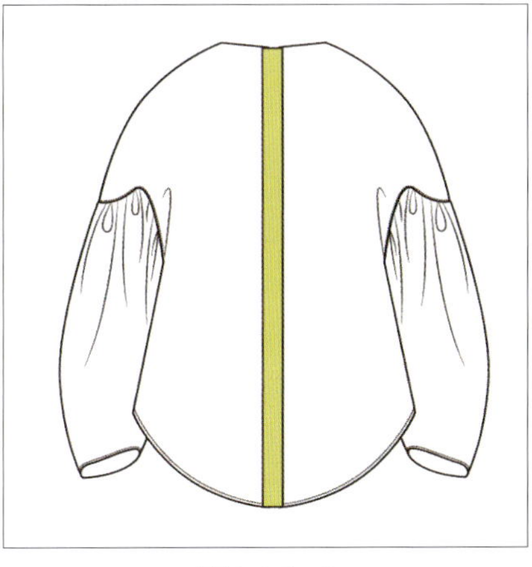

图4.4.6–8

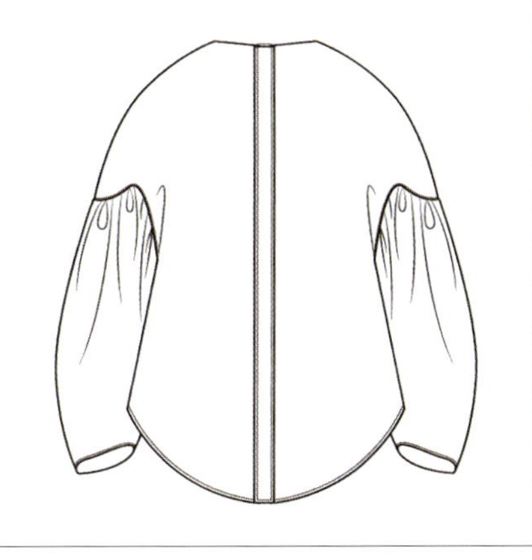

图4.4.6–9

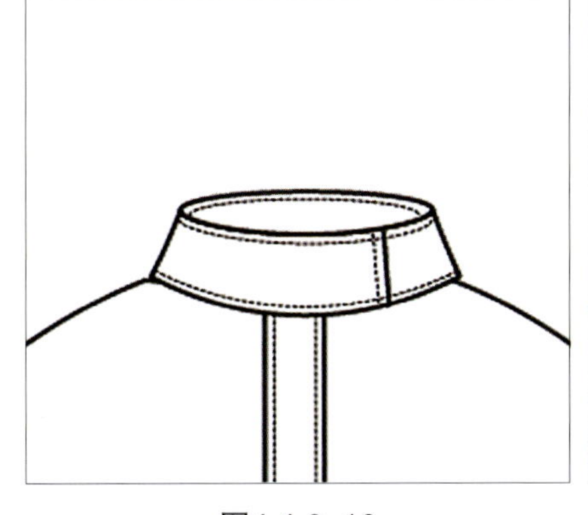

图4.4.6–10

图4.4.6–11

（11）在荷叶领边缘绘制明线，明线属性和其他明线属性相同，如图4.4.6-12所示。

（12）用“椭圆”工具和“矩形”工具绘制纽扣，调整合适的大小，将纽扣移动到合适的位置，如图4.4.6-13所示。

（13）选中整个衣片，填充柠黄色，如图4.4.6-14所示。

（14）将领口、袖口处的面料填充稍深的黄色，最后效果如图4.4.6-15所示。

图4.4.6-12

图4.4.6-13

图4.4.6-15

图4.4.6-14

练习题：

1. 根据本任务中女式荷叶领衬衫正面款式结构特点，自己设计并用 Illustrator 软件绘制出荷叶领衬衫的背面款式图。
2. 收集最新服装流行发布会中带有荷叶边衬衫的图片，选择自己喜爱的一款，用 Illustrator 软件绘制出荷叶边衬衫的正背面款式图。

☞ 任务7：Illustrator绘制女式风衣

任务目标：

◆能够熟练地运用 Illustrator 绘制女式风衣款式图。

◆掌握 Illustrator 基本工具的使用。

◆掌握 Illustrator 绘制衣褶的方法。

一、任务内容

对如图4.4.7–1所示的女式风衣款式图样稿，运用Illustrator软件绘制出款式相同的女式风衣款式图。

图4.4.7–1

二、内容分析

绘制图4.4.7–1所示女式风衣款式图，要根据图形特点分析女式风衣款式图绘制时的组合元素，最后形成完整的风衣效果。

给出的这张样图是用Illustrator软件制作的女式风衣正面款式图，款式主要特点是不对称款式造型和装饰明线的表现，衣纹的表现也是本任务的特点。涉及到Illustrator的知识点主要是一些基本工具的使用，包括"钢笔"工具、镜像、虚线的绘制等。绘制时要注意软件的使用技巧。

三、相关知识点

本任务主要运用常用的几个基本工具，"钢笔"工具的勾线和描边、虚线的设置、衣纹的线条的表现与设置、镜像的使用、色彩的填充等。

四、任务实施

（一）准备工作

（1）能运行Adobe Illustrator CC 2017软件的相关配置计算机一台。

（2）安装Adobe Illustrator CC 2017应用程序。

（二）女式风衣款式图分析

本任务中，首先要分析用电脑绘制女式风衣款式图所组成基本元素，用"钢笔"工具直接勾画左衣片线稿，然后用镜像绘制另一半。单明线绘制、衣纹线的绘制都是此款式图的要求，绘图者需有一定造型能力，对服装款式的比例关系把握准确，最后完成女式风衣正面款式图整体效果。

（三）绘制步骤与方法

（1）新建一画板，命名为“风衣”，尺寸为A4大小，用“钢笔”工具按照任务图绘制左片基本结构轮廓，描边设置为2pt，如图4.4.7–2所示。

（2）选中衣片，单击鼠标右键，选择“变换—对称”，如图4.4.7–3所示。

（3）在“镜像”对话框，设置相关参数，点击复制，生成风衣右片，如图4.4.7–4所示。

（4）按“Shift+选择”工具将复制的衬衫左片平行移动到合适位置，如图4.4.7–5所示。

（5）全选左右衣片，选择工具栏中“形状生成器”工具，鼠标放在左右衣片重叠处，当出现灰色网络时，朝需要合并的一边拖拽，即可完成局部合并，如图4.4.7–6所示。

（6）用同样方法完成其他部位的合并，将底摆、右边腰带以上不对称结构调整好，如图4.4.7–7所示。

（7）将衣片上腰带、驳头双层衣片、封领钩绘制完整，如图4.4.7–8所示。

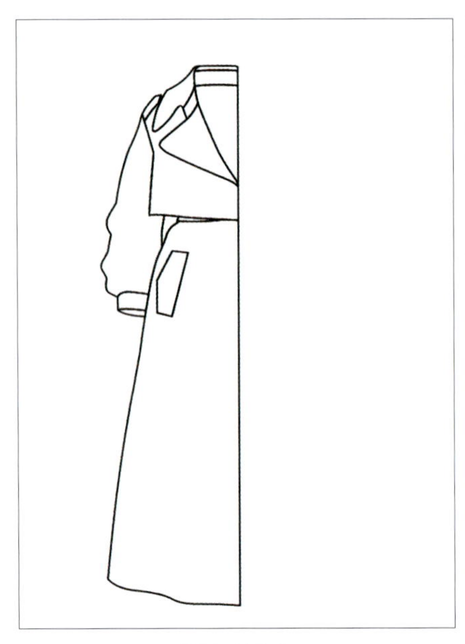

图4.4.7–2

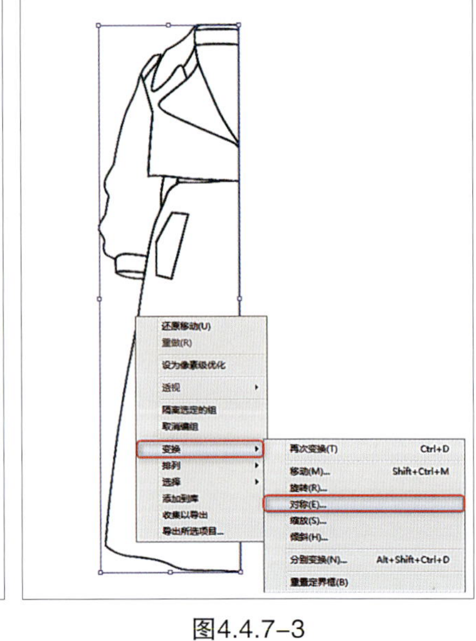

图4.4.7–3

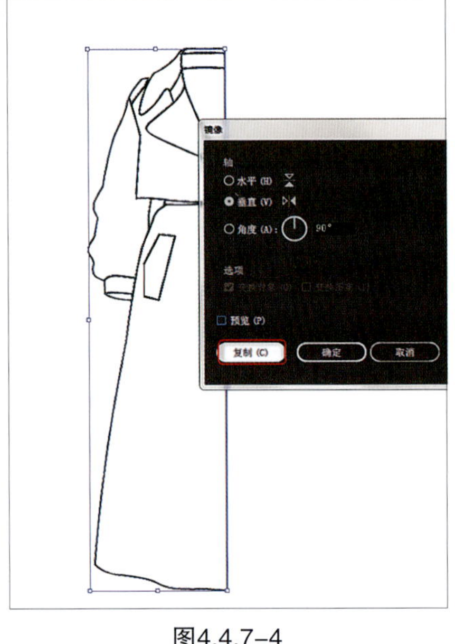

图4.4.7–4

图4.4.7–5

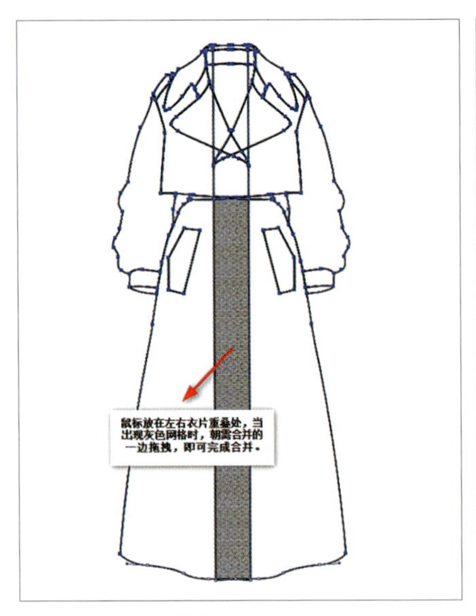

图4.4.7–6

图4.4.7–7

图4.4.7–8

（8）打开描边对话框，勾选“虚线”，设置相关参数，用“钢笔”工具绘制明线，如图4.4.7-9所示。

（9）用“铅笔”工具绘制衣片上主要衣褶（用红色表示），注意线条起笔、收笔的方向，在线条属性中选择“宽度配置文件4”，如图4.4.7-10所示。

（10）用“铅笔”工具绘制衣片上其他衣纹，颜色设置为灰色，在线条属性中选择“宽度配置文件1”，如图4.4.7-11所示。

（11）用“椭圆”工具绘制纽扣和扣眼，按“Shift”键拖动“椭圆”工具绘制两个不同大小的正圆，设置不同粗细的描边。再绘制四个小圆排列好后编组，将两个大圆和编组后的四个小圆全选，在“对齐”面板中选择“水平居中对齐”和“垂直居中对齐”，完成纽扣绘制。再用“钢笔”工具绘制扣眼造型，如图4.4.7-12所示。

（12）将纽扣和扣眼按照任务图的要求放置到合适的位置。注意有单独纽扣、单独扣眼和纽扣与扣眼组合三种摆放形式，同时注意纽扣和扣眼所在的图层的位置，完成后进行编组，如图4.4.7-13所示。

图4.4.7-9

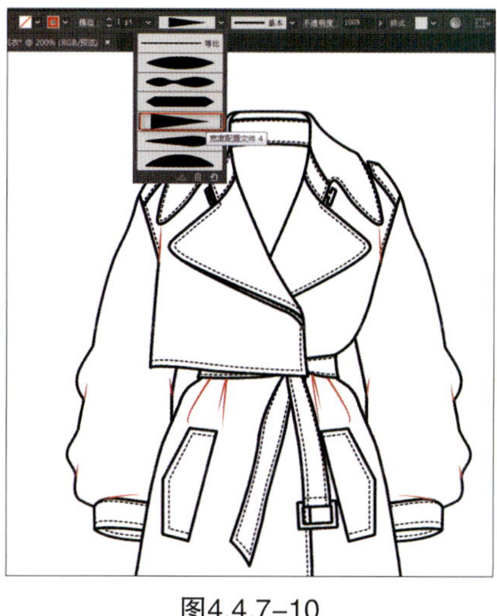

图4.4.7-10

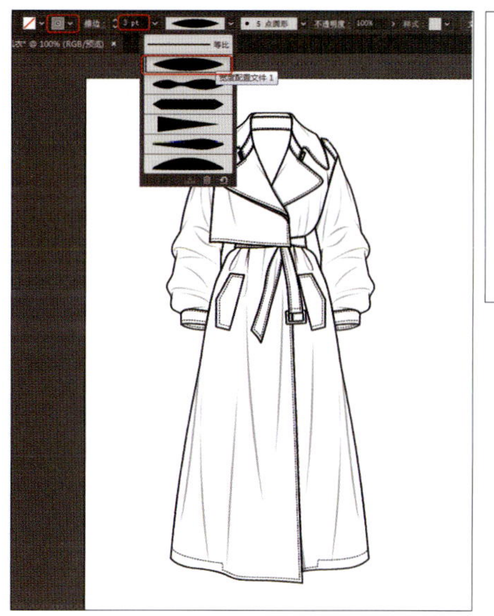

图4.4.7-11

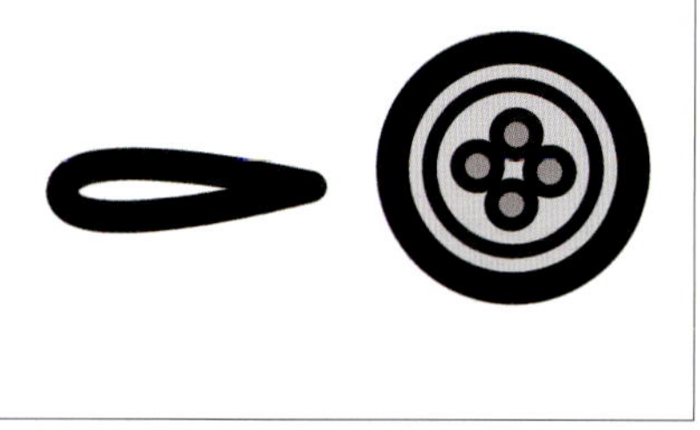

图4.4.7-12

图4.4.7-13

（13）选中服装所有衣片（纽扣和扣眼除外），根据任务图填充合适的颜色，如图4.4.7-14所示。

（14）选中纽扣和扣眼，选择比衣片略深的颜色填充，再将后片里料、两个袖口选中，填充和扣子相同的颜色。最后完成图如图4.4.7-15所示。

图4.4.7-14

图4.4.7-15

练习题：

根据任务图中女式风衣正面款式的风格特点，设计出女式风衣的背面款式，用Illustrator软件绘制出背面款式图。

☞ 任务8：Illustrator绘制拼色运动上衣

任务目标：

◆能够熟练地运用 Illustrator 绘制拼色运动上衣款式图。

◆掌握 Illustrator 设置笔刷的方法。

◆掌握 Illustrator 绘制罗纹和拉链的方法。

一、任务内容

图4.4.8–1所示的拼色运动上衣款式图，是根据左边Adidas运动服图片，用Illustrator软件绘制出的正面款式图。款式图已基本上将图片中服装的结构、款式和色彩表达出来。根据图4.4.8–1所示的款式图，绘制出相同款式的拼色运动上衣。

Adidas运动服

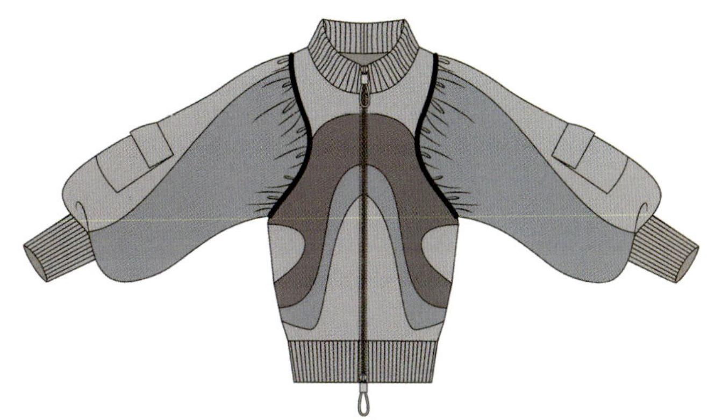

图4.4.8–1

二、内容分析

绘制图4.4.8–1所示拼色运动上衣款式图，要根据款式图特点分析拼色运动上衣绘制时的组合元素，最后形成完整的拼色运动服效果。

给出的这张样图是用Illustrator软件制作的拼色运动上衣正面款式图，款式主要特点是分割拼色，罗纹和拉链也是此款式的特点。涉及到Illustrator的知识点主要是一些基本工具的使用，包括“钢笔”工具、镜像、画笔笔刷的建立、罗纹和拉链的绘制等。绘制时要注意软件的使用技巧和整体的形式美感。

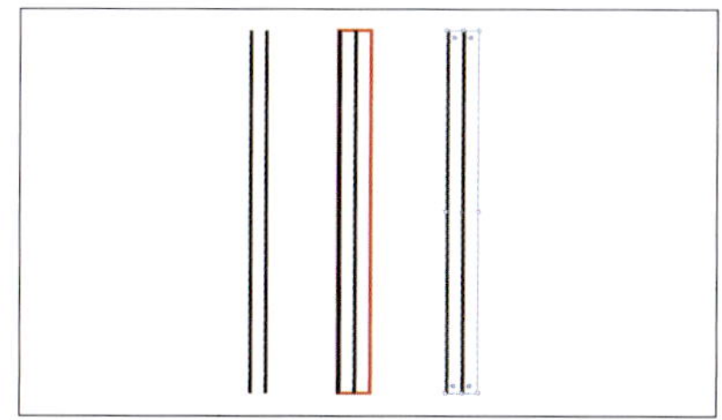

图4.4.8–2

三、相关知识点

本任务主要掌握拉链的绘制和罗纹的绘制，首先是设立绘制罗纹和拉链的笔刷。在绘制款式图时直接用笔刷绘制罗纹和拉链即可。

（一）罗纹笔刷设置

（1）在新建的A4大小的画板上，先绘制两条直线。然后。画一条矩形框线（用红色表示），置于底层，将红色矩形设置成无填色、无描边，如图4.4.8–2所示。

（2）全选步骤1所有元素，选择画笔面板，新建画笔，出现“新建画笔”对话框，选择“图案画笔”选项后确定，如图4.4.8–3所示

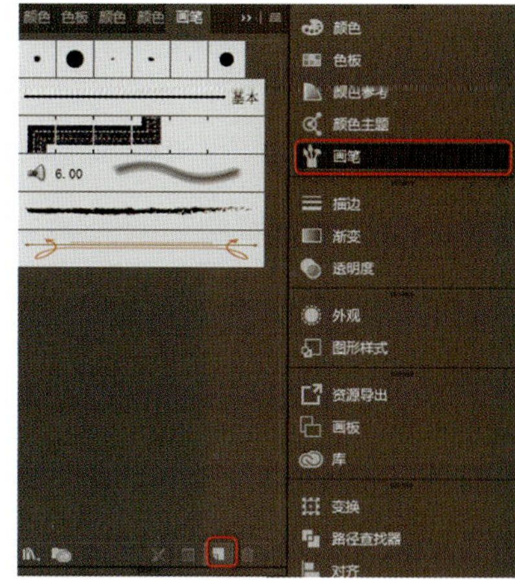

图4.4.8–3

（3）在“图案画笔选项”对话框中选择相关参数，如图4.4.8-4所示，完成罗纹笔刷设置，设置好的“罗纹”笔刷，在本任务后面将会用到。

（4）最后，在画笔面板可以看到设置好的画笔笔刷，如图4.4.8-5所示。

（5）如图4.4.8-6所示，是用设置好的笔刷分别以直线路径和弧线路径绘制的罗纹效果。

（二）拉链笔刷设置

（1）在新建的A4大小的画板上，用“矩形”工具绘制1mm × 2mm和2mm × 4mm两个矩形，描边宽度为1pt，将两个矩形按照图4.4.8-7所示组合，并选择垂直居中对齐。

（2）用“钢笔+”在大矩形长度的中点分别增加两个锚点M和N，再分别选择A和B两个锚点，用方向键将两个锚点向内移动到合适位置，将上下组合的形进行编组，如图4.4.8-8所示。

（3）用编组好的基本形上右击“变换—对称”出现“镜像”对话框，选择“水平”后点击“复制”，如图4.4.8-9所示。

（4）将复制好的图形平移到合适位置。再将第一个基本形复制，移动到最后合适的位置，如图4.4.8-10所示，将组合的图形编组。

（5）画一条矩形框线（用红色表示），大小为3mm × 6mm，同时选中两个图形，在“对齐”面板中选择“水平居中对齐”和“垂直居中对齐”，如图4.4.8-11所示。

（6）将对齐后的红色矩形置于底层，然后将红色矩形设置成无填色、无描边，如图4.4.8-12所示，最后将所有图形选中并编组。

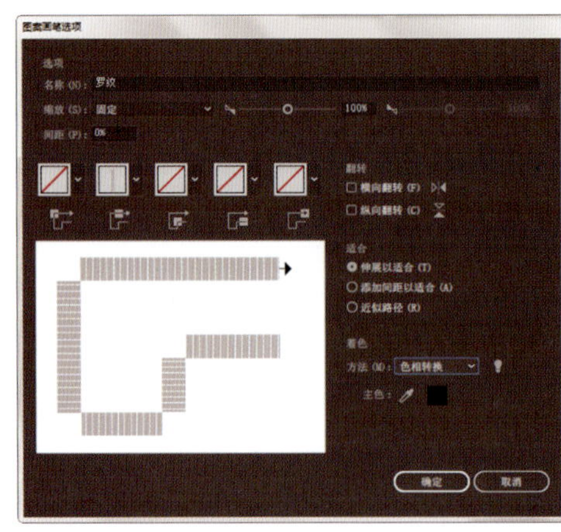

图4.4.8-4

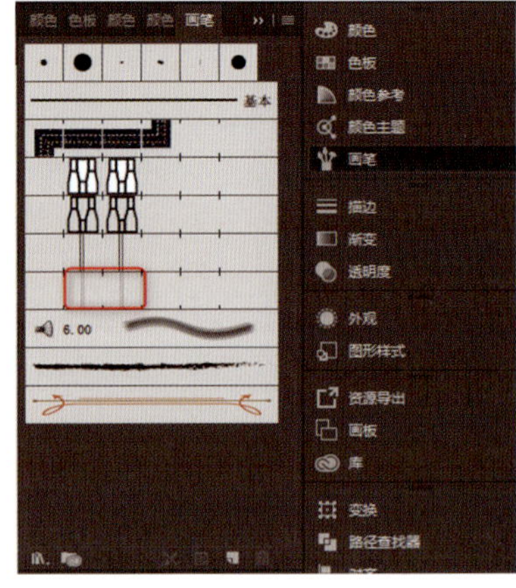

图4.4.8-5

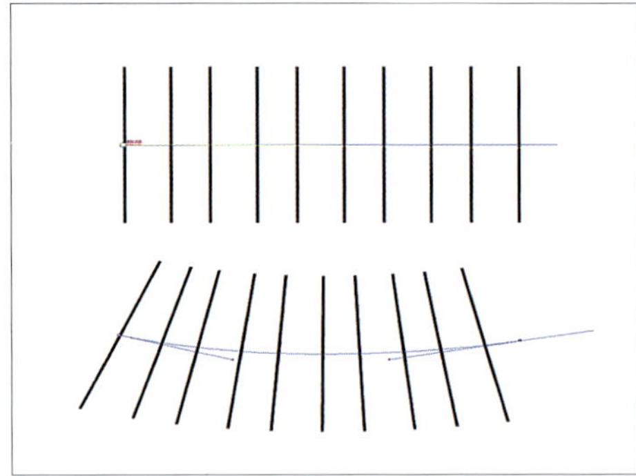

图4.4.8-6

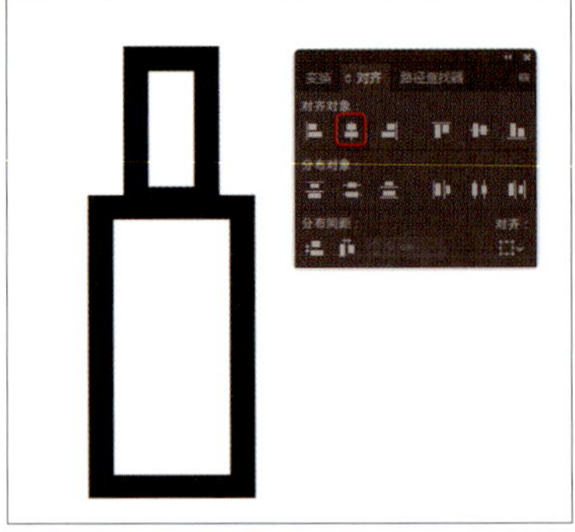

图4.4.8-7

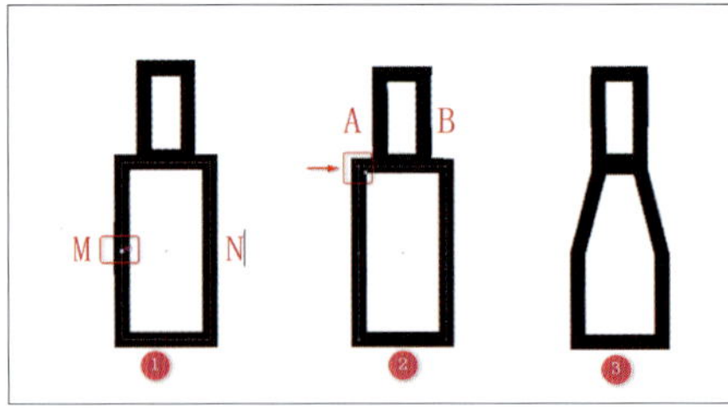

图4.4.8-8

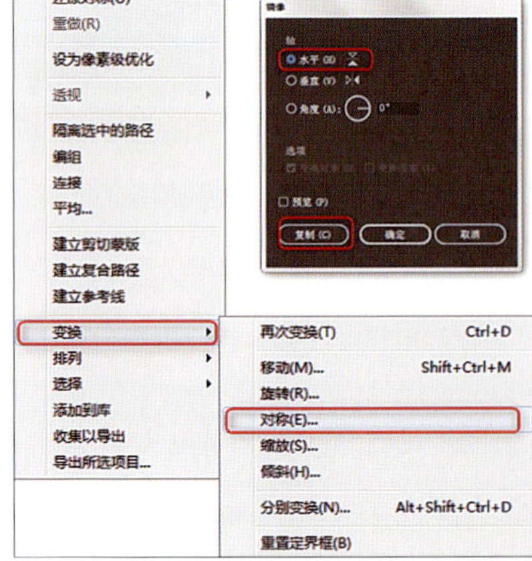

图4.4.8-9

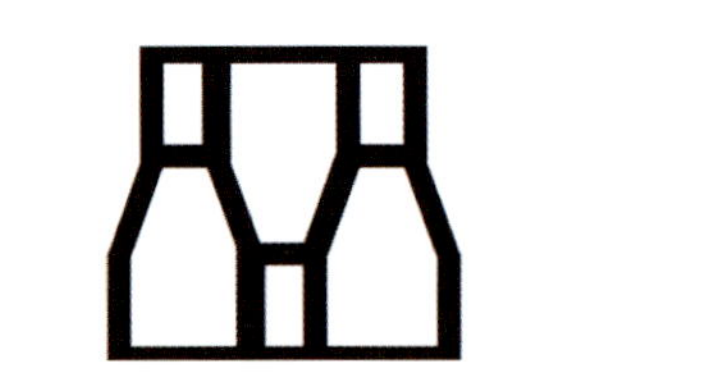

图4.4.8-10

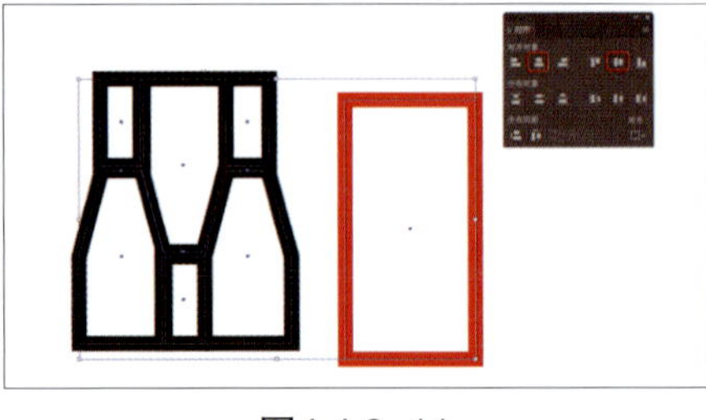

图4.4.8-11

图4.4.8-12

（7）全选上一步骤图形，选择画笔面板，新建画笔，出现“新建画笔”对话框，选择“图案画笔”选项后确定，如图4.4.8–13所示。

（8）在“图案画笔选项”对话框中选择相关参数，完成拉链笔刷设置，如图4.4.8–14所示。

（9）在画笔面板可以看到设置好的画笔笔刷“拉链”，如图4.4.8–15所示，设置好的“拉链”笔刷，在本任务后面将会用到。

（10）选择设置好的画笔笔刷“拉链”，用“钢笔”工具在空白处绘制一条直线，直线变为拉链效果，如图4.4.8–16所示。

11）绘制拉链头：如图4.4.8–17所示，用工具栏中相关工具绘制①至⑤部件，描边并填充灰色，按照图⑥进行组合，注意每个部件所在层的位置，调整上下层顺序。

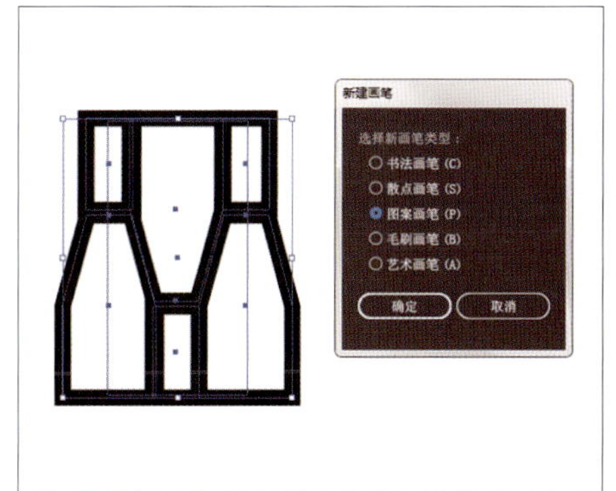

图4.4.8–13

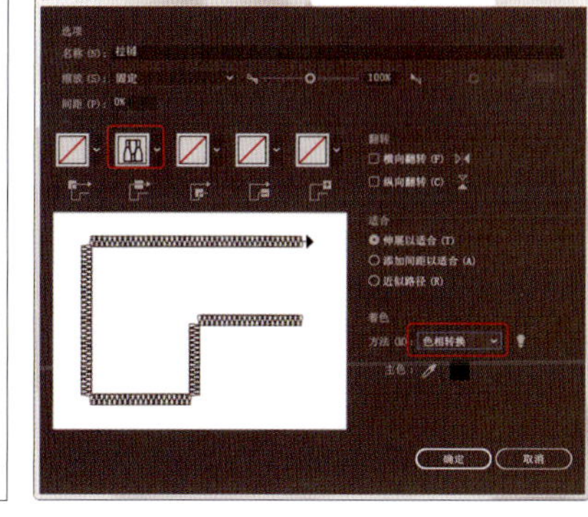

图4.4.8–14

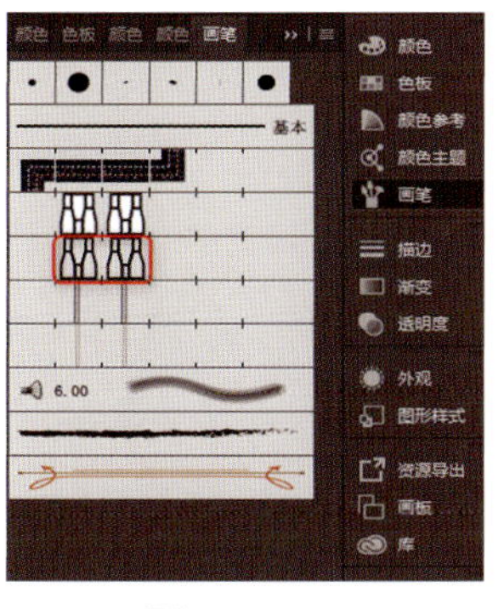

图4.4.8–15

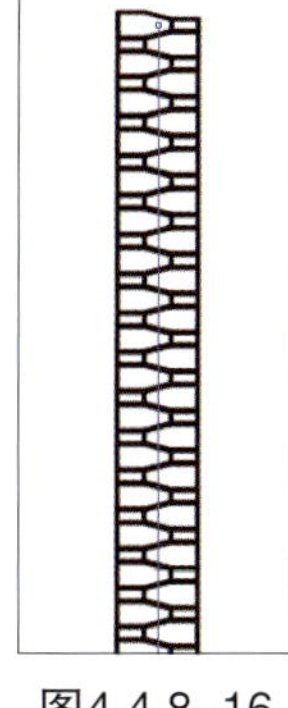

图4.4.8–16

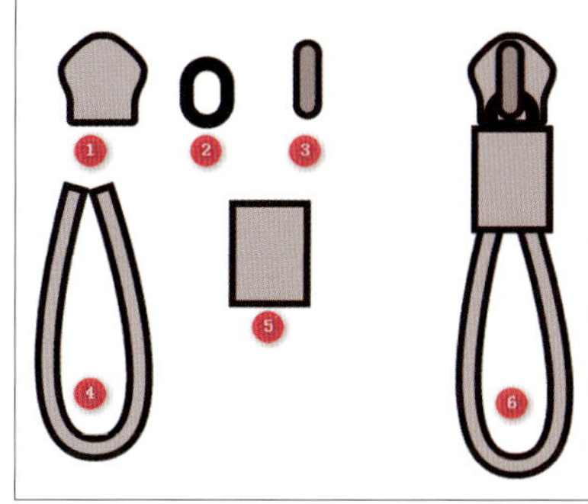

图4.4.8–17

四、任务实施

（一）准备工作

（1）能运行Adobe Illustrator CC 2017软件的相关配置计算机一台。

（2）安装Adobe Illustrator CC 2017应用程序。

（二）拼色运动上衣款式图分析

本任务中，首先要分析用电脑绘制拼色运动上衣款式图所组成基本元素，用“钢笔”工具直接勾画左衣片线稿和衣片的分割，然后用镜像绘制另一半。要求绘图者需有一定造型能力，对服装款式的比例关系把握准确，最后完成拼色运动上衣正面款式图整体效果。

（三）绘制步骤与方法

（1）新建一画板，命名为“拼色运动上衣”，尺寸为A4大小，画板方向选择横向。用“钢笔”工具按照任务图绘制左片基本结构轮廓，描边设置为2pt，用“形状生成器”将分割的部分形成封闭块面形状，如图4.4.8–18所示。

（2）绘制底摆罗纹：复制底摆罗纹图框，在“画笔”工具面板中选择绘制好的“罗纹”笔刷，用“钢笔”工具在图形中间绘制一条略向上弧的路径，此时形成罗纹路径，如图4.4.8–19所示。

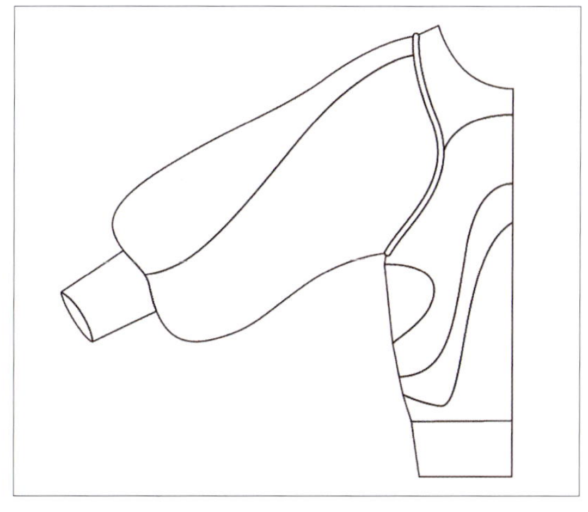

图4.4.8–18

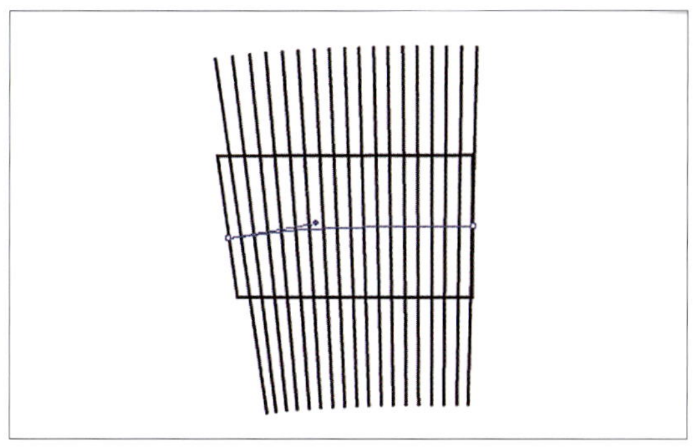

图4.4.8–19

（3）选择菜单栏“对象—扩展外观”，此时“罗纹路径”变为“罗纹图形”，如图4.4.8-20所示。

（4）将罗纹图框置于罗纹的上层，右击鼠标，选择“建立剪切蒙版”，形成罗纹图框形状的罗纹，如图4.4.8-21所示。

（5）将底摆的罗纹放置底摆处，用同样的方法绘制袖口罗纹。在袖片上绘制袖子的贴袋；在袖山处绘制褶皱线条，在线条属性栏将线条设置成“宽度配置文件1”，将袖山压条填充深色，如图4.4.8-22所示。

（6）根据任务图，将衣片的色块填充完整，并将整个左衣片编组，如图4.4.8-23所示。

（7）选中左衣片，单击鼠标右键，选择“变换—对称”。在“镜像”对话框，设置相关参数，点击复制，生成右衣片，如图4.4.8-24所示。

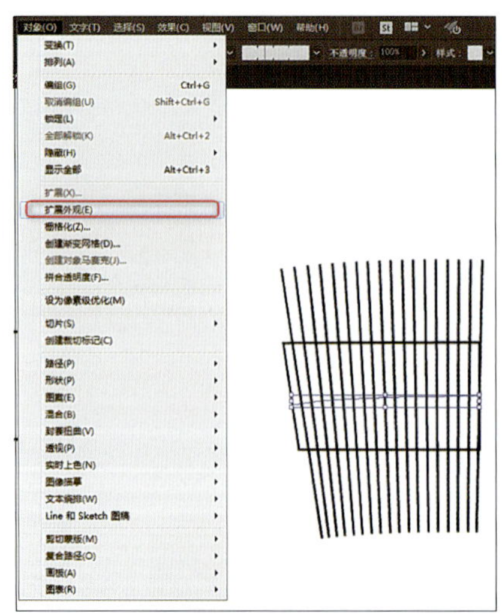

图4.4.8-20

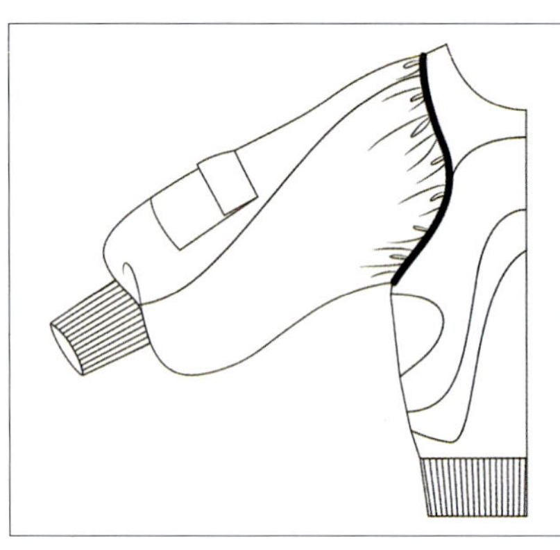

图4.4.8-22

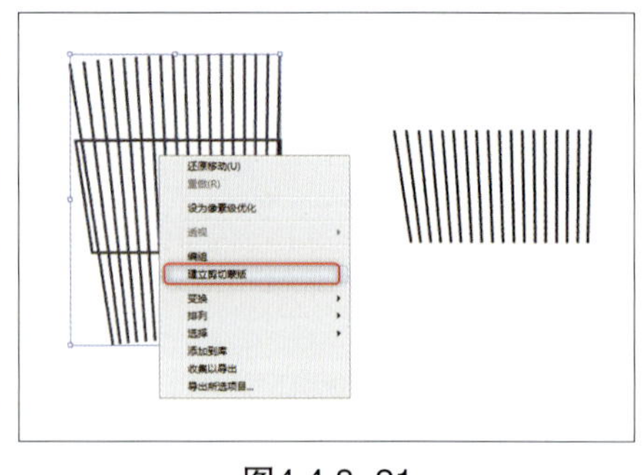

图4.4.8-21

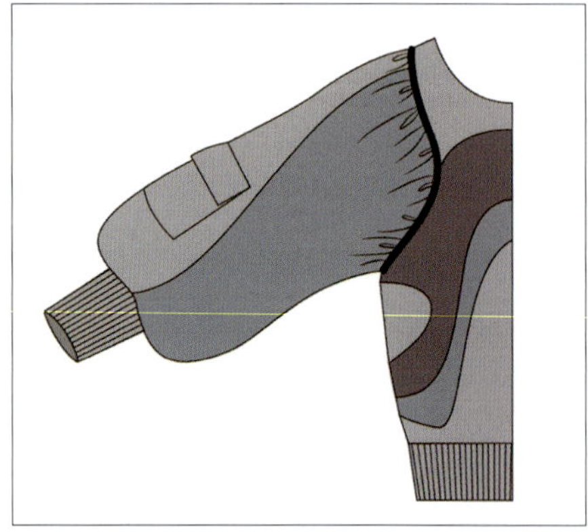

图4.4.8-23

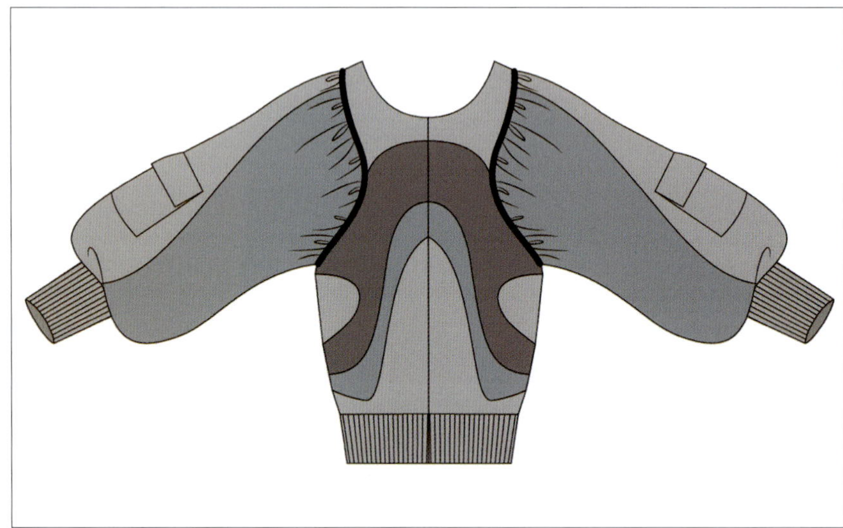

图4.4.8-24

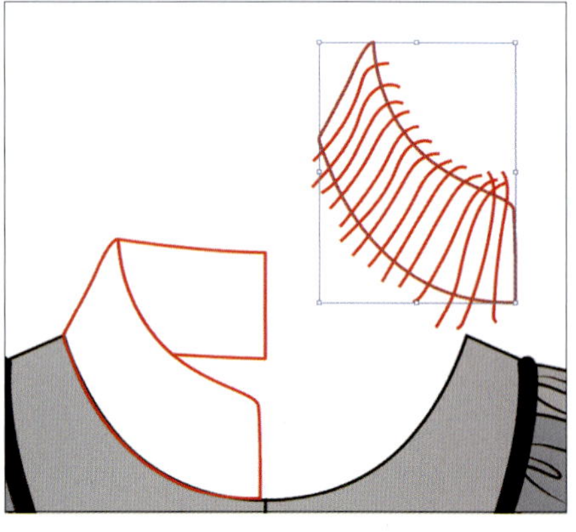

图4.4.8-25

（8）绘制罗纹领口：先绘制前后领口一半，将前领口形状复制到旁边，用“铅笔”工具按照领口罗纹形态绘制弧形线条（要超出前领口形状），将手绘罗纹线条编组并置于领口形状图形的下一层，如图4.4.8-25所示。

（9）选中领口图形和罗纹，右击鼠标“建立剪切蒙版”，如图4.4.8-26所示，将前领口罗纹放置于前领口形状图形处并编组。

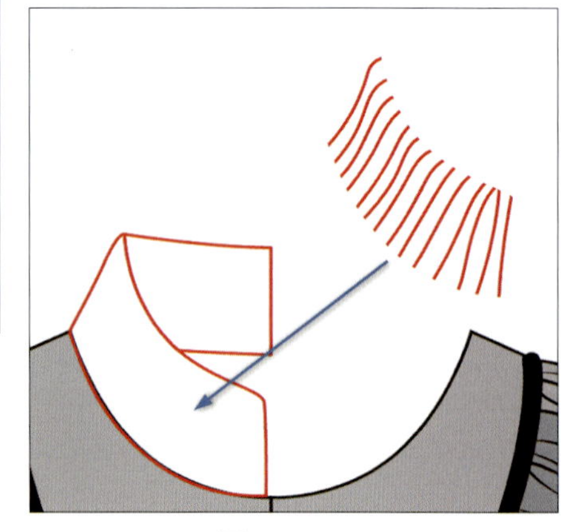

图4.4.8-26

（10）将后领罗纹按同样方法制作，前后罗纹领一半制作好以后进行编组，如图4.4.8–27所示。

（11）复制另一半罗纹领，组合好完整罗纹领后进行填色。在罗纹领处绘制一矩形，填充深灰色，置于底层，形成衣身后片的里子，如图4.4.8–28所示。

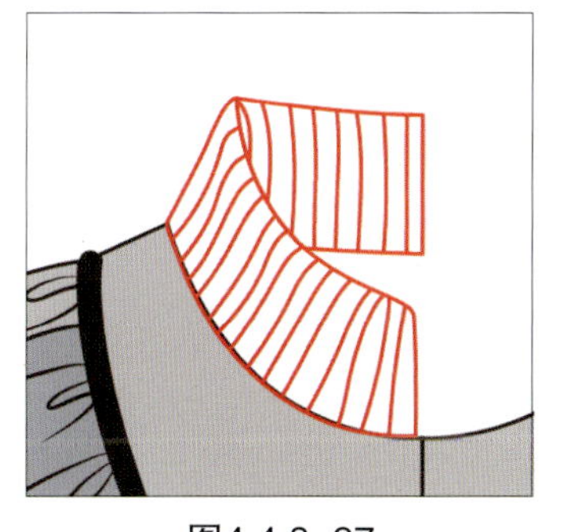

图4.4.8–27

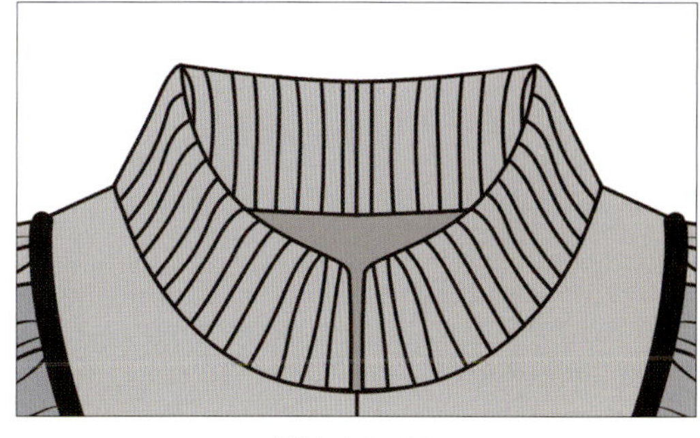

图4.4.8–28

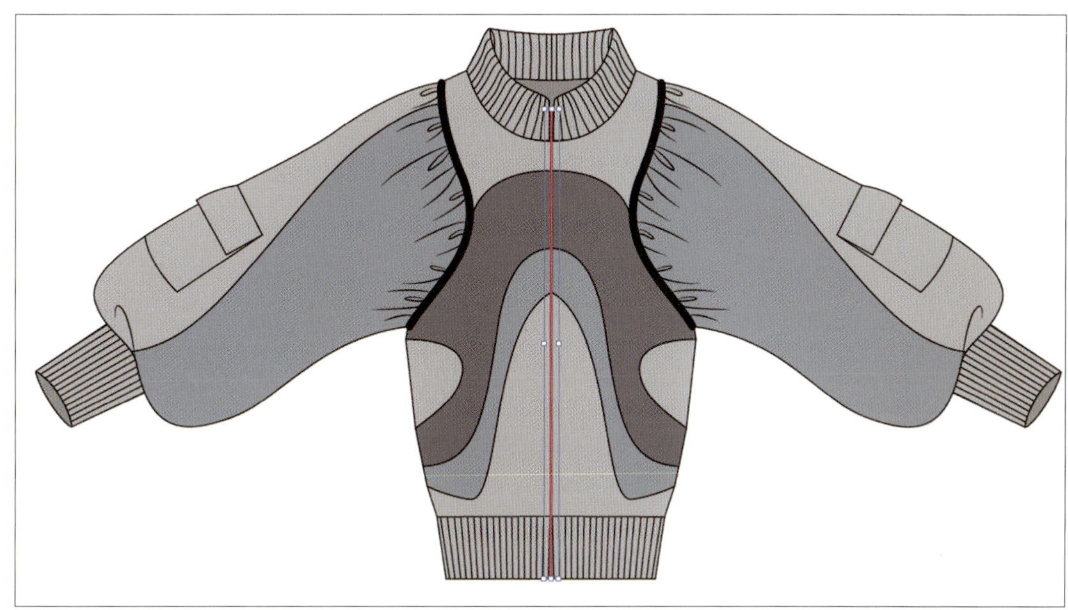

图4.4.8–29

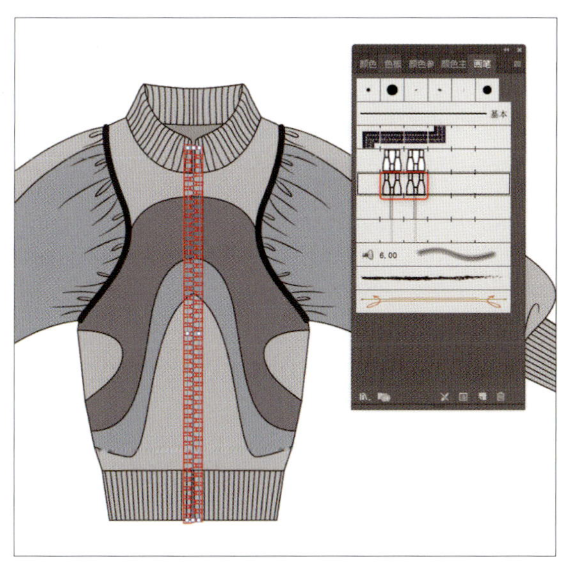

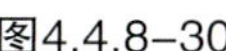

图4.4.8–30

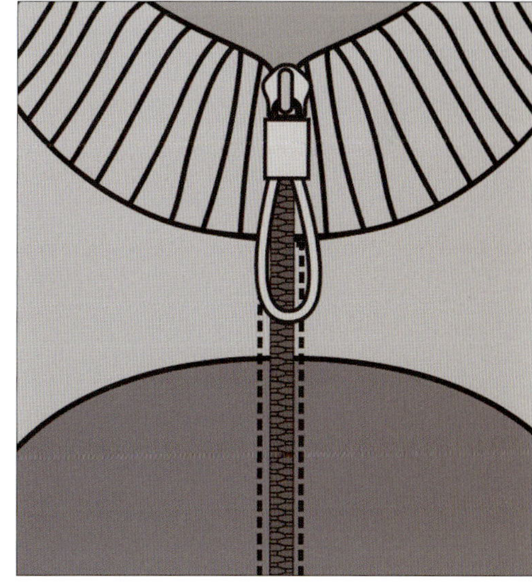

图4.4.8–31

（12）用“钢笔”工具在衣片前中心处绘制一条直线（用红色描边表示），如图4.4.8–29所示。

（13）选择设置好的画笔笔刷“拉链”，路径变为拉链，如图4.4.8–30所示。

（14）调整好拉链的大小，将描边变为黑色，用灰色填充。在拉链的两边用“钢笔”工具绘制线条，在描边面板勾选虚线，设置相关参数，达到明线效果即可。完成罗纹领口的拉链头和底摆适当位置的下止点的制作，如图4.4.8–31所示。

（15）最后完成图如图4.4.8–32所示。

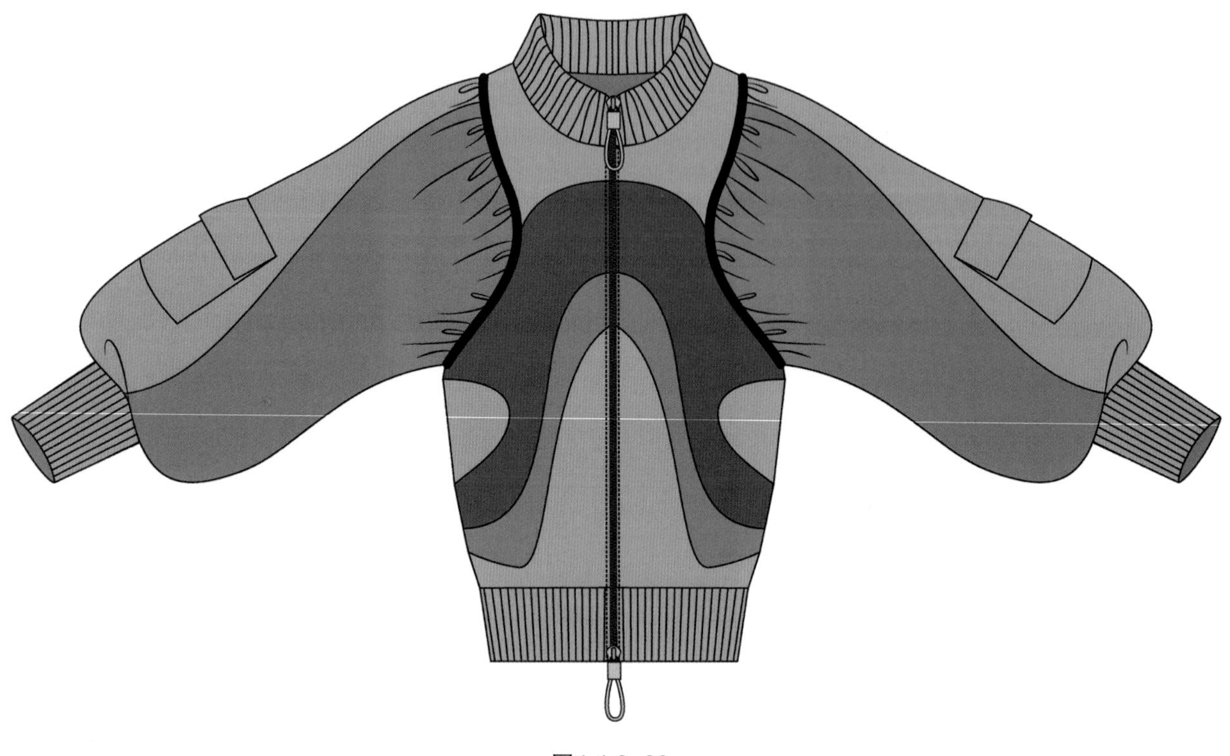

图4.4.8–32

练习题：

根据任务图中拼色运动上衣正面款式的风格特点，设计出此运动上衣的背面款式，用Illustrator 软件绘制出背面款式图。

第五章　Corel Painter 服装设计图表现技法

第一节　Corel Painter 工作界面简介

一、Corel Painter工作界面简介

Corel Painter 简称“ Painter”，由 Corel 公司出品的专业绘图软件，是目前世界上最为完善的电脑美术绘画软件，它以其特有的“Natural Media”仿天然绘画技术为代表，在电脑上首次将传统的绘画方法和电脑设计完整地结合起来，形成了其独特的绘画和造型效果。Painter最为人称道的地方就是笔刷功能，利用这个功能，艺术家可以调配出自己理想的颜色，此外，该软件提供的画布纹理功能也很出色。本章以“Corel Painter 12”版本为例，如图5.1–1所示。

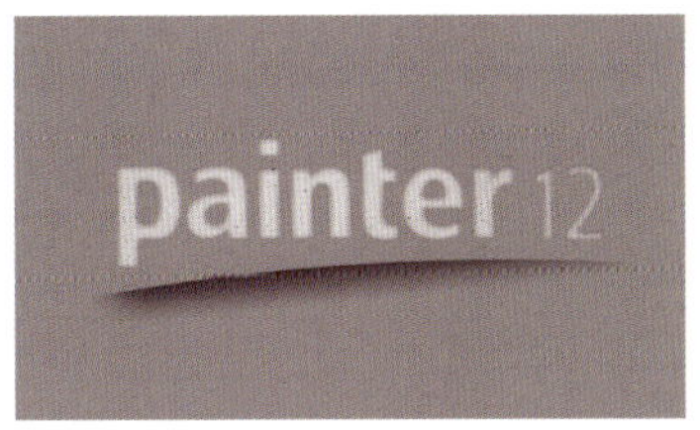

图5.1–1

启动Corel Painter 12后可以看出它的工作界面是一个标准的Windows窗口。它由菜单栏、画笔选择器栏、属性栏、最近使用的画笔栏、导航面板、“暂时性的颜色”面板 、图层面板、工具箱、“媒材选择器”栏、“画笔库”面板、画布等组成，如图5.1–2所示。

图5.1–2

二、Painter 12工作界面内容

根据Painter 12工作界面展示内容，按照图5.1–2的标注序号进行简单介绍。

1. 菜单栏

可使用下拉菜单选项访问工具和功能，点开每个菜单分别对应若干个子菜单。

2. “画笔选择器”栏

可打开“画笔库”面板来选择画笔类别和变体。此外，它还可以打开和管理画笔库。

3. 属性栏

显示与活动工具或对象有关的命令。例如，当“填充”工具处于活动状态时，填充属性栏将显示填充选定区域的命令。

4. 最近使用的画笔栏

显示最近使用的画笔。

5. “导航”面板

可在文档窗口中进行导航、更改放大比例，以及访问各种文档查看选项，例如“描图纸”和“绘画模式”。

6. “暂时性的颜色”面板

可在此面板选择颜色。

7. “图层”面板

可管理图层的阶层，其中包括用于创建、选择、隐藏、锁定、删除、命名和分组图层的控制项 。

8. 工具箱

可访问用于创建、填充和修改图像的工具，如图5.1–3所示。

9. “媒材选择器”栏

可快速访问以下媒材材质库面板：图案、渐变、喷嘴、织物和外观，如图5.1–4所示 。

10. “画笔库”面板

可从当前选定的画笔库中选择画笔。此外，它还可以让您通过各种方式组织和显示画笔。

11. 画布

画布是绘图窗口内部的矩形工作区，其大小决定了您创建的图像的大小。画布是图像的背景，但它与图层不同的是，画布始终是锁定的。

三、Corel Painter文件格式

RIFF 是 Corel Painter 文件格式，可保留关于文档的特殊信息，例如，RIFF 文件可以保留所有图层。Corel Painter 可以保存和打开“PSD”格式，并可以保留所有图层。Corel Painter也可以输出“AI”格式。

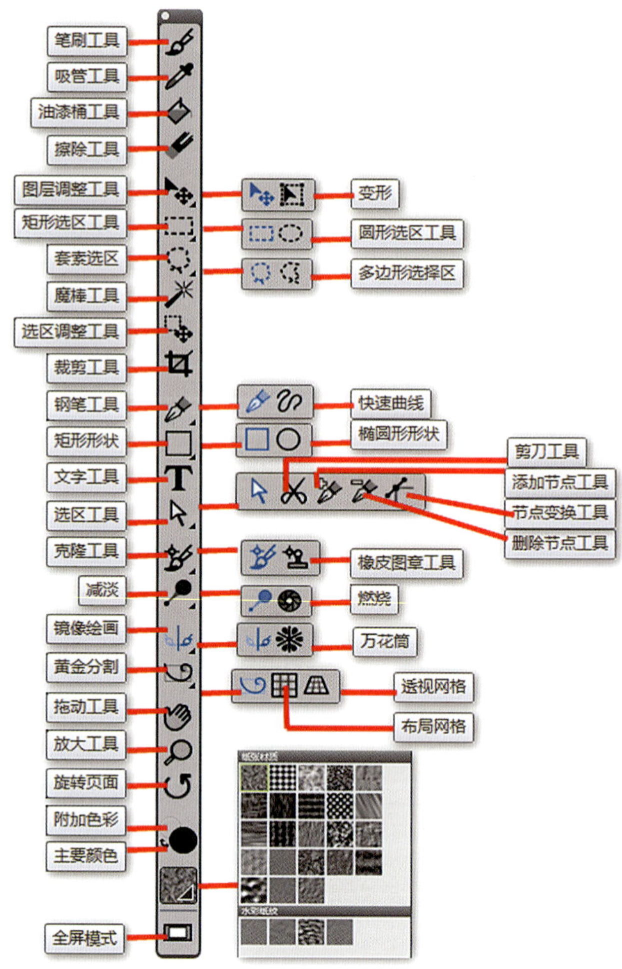

图5.1–3

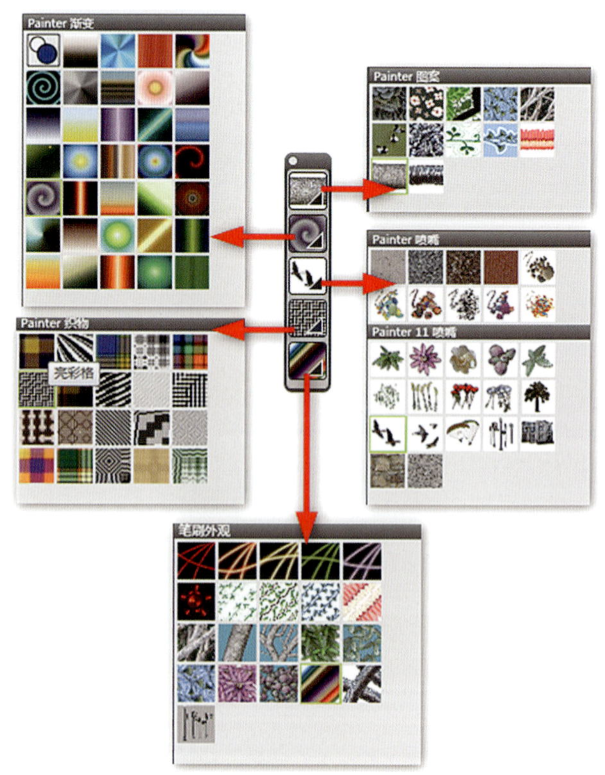

图5.1–4

第二节 Painter绘制不同材质服装效果图案例

☞ 任务1：Painter绘制马克笔效果的童装

任务目标：

◆能够熟练地运用 Painter 绘制马克笔效果的童装。

◆掌握马克笔效果基本表现方法。

◆通过知识拓展，掌握马克笔效果不同的表现技法。

一、任务内容

运用Painter 12绘制出图5.2.1–1所示的相同款式的马克笔效果的童装效果图。要求马克笔效果表现清楚，特点明显，人体比例、结构准确，色彩搭配基本符合样稿，整体形式美感强。

二、任务分析

绘制图5.2.1–1所示马克笔效果的童装效果图，首先要分析用电脑绘制此效果图时的步骤和方法，重点要能够准确表达马克笔效果特征。其简洁、快速的绘画特点要在整个画面中体现出来。注意皮肤、头发、配件等整体绘画风格要协调。

这张样图是用Painter 12制作的彩色服装效果图，要求绘制者能熟悉该软件的相关功能。运用到Painter的知识点主要有图层、马克笔应用、画纸的选择等。

在表现马克笔效果的童装效果图时，能体现马克笔特点和风格即可。绘制时一方面要注意软件的使用技巧，同时要注意效果图整体形式的美感。

三、相关知识点

（一）Painter 12“马克笔”工具简介

启动Painter 12后，在工具箱中选择“马克笔”工具，打开“马克笔”工具的笔刷变体，这些变体可根据需要绘制出不同的效果。如图5.2.1–2所示。

图5.2.1–1

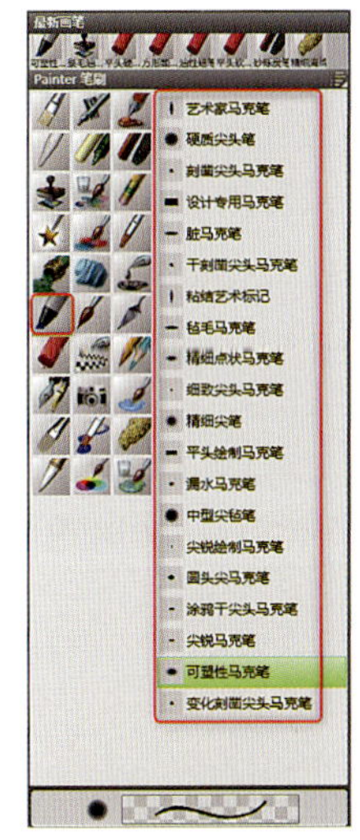

图5.2.1–2

在 Painter 中，“马克笔”类别中的画笔变体的笔触可以非常近似地表现出传统的高品质马克笔效果，主要原因在于马克笔变体与画布的交互方式。例如，Painter 中的“平头绘制马克笔”允许叠色和汇集颜色。恒定速度的连续笔触画下的颜色一致，但是，如果提起画笔（或者释放鼠标按键），将发生颜色重叠，就像使用传统马克笔一样。通过使用马克笔变体，还可以重叠笔触，且因使用的颜色有一定程度的透明，因此会露出下面的颜色。仅当从画布上提起画笔或者释放鼠标左键时，颜色才会重叠，速度减慢或停止不动不会引起叠色，如图5.2.1-3所示。

平头绘制马克笔效果（不透明度 50%）

图5.2.1-3

四、任务实施

（一）准备工作

（1）能运行Painter 12软件相关配置的计算机一台。

（2）安装Painter12应用程序。

（3）将童装效果图分层线稿准备好备用。

（二）马克笔效果的童装效果图分析

本任务中，童装效果图的重点是马克笔效果的表现，主要选择“马克笔”工具中的笔刷变体进行绘制，通过笔刷变体参数的调整和不同的画纸的选择，表现出简洁、快速的绘画特点。同时注意效果图风格要整体统一。

（三）绘制步骤与方法

（1）在Painter中新建A4大小的画布，手绘童服装效果图线稿，调节线条与背景的对比度，然后提取线条。保存为“童装. rif”格式。如图5.2.1-4所示。

图5.2.1-4

（2）新建图层，命名为“皮肤”，画纸选择“基本纸纹”。将皮肤部分用“魔棒”工具建立选区。选择“画笔”工具“马克笔—可塑性马克笔”。根据皮肤绘画需要可调整画笔的角度、大小、间距以及颜色的不透明度等参数进行设置。根据皮肤受光因素，用大笔触画出皮肤的色彩，如图5.2.1-5所示。

（3）新建“五官”图层，用“可塑性马克笔”工具将五官色彩画好，如图5.2.1-6所示。

（4）新建“头发”图层，选择“可塑性马克笔”工具，调整画笔相关参数，画出头发的颜色，用较深的颜色画出头发的暗部。同时绘制出发箍等饰品，如图5.2.1-7所示。

图5.2.1-6

图5.2.1-7

图5.2.1-5

（5）新建“裙子”图层，选择“可塑性马克笔”工具，调整画笔相关参数，画纸选择“基本纸纹”，用大笔触快速画出裙子的色彩，注意留出高光部分，注意色彩深浅的笔触效果，如图5.2.1–8所示。

（6）新建“手包”图层，选择“可塑性马克笔”工具，调整画笔相关参数和颜色的不透明度等，用大笔触快速画出包的色彩，自然留出笔触效果，如图5.2.1–9所示。

（7）新建“鞋子”图层，用“可塑性马克笔”工具，绘制鞋子的色彩，如图5.2.1–10所示。

（8）最后完成图如图5.2.1–11所示。

图5.2.1–8

图5.2.1–9

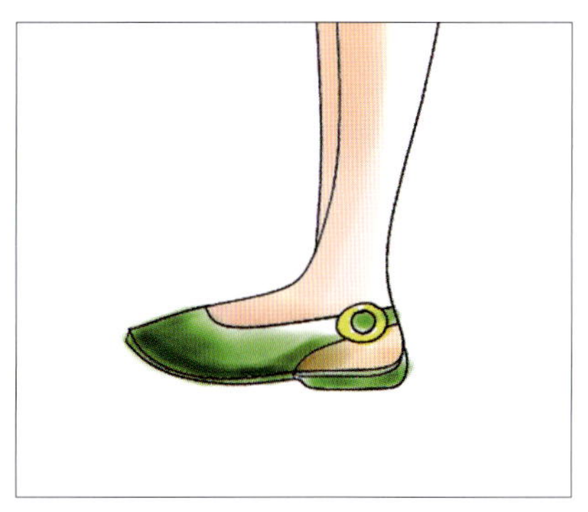

图5.2.1–10

图5.2.1–11

练习题：

选择绘制好的童装效果图线稿，用 Painter12 中“马克笔的变体笔刷绘制传统马克笔效果的童装效果图。以简洁、快速的笔法去表现童装，可通过笔刷属性的设置，尝试不同笔刷的变体效果。

☞ 任务2：Painter绘制粉笔画效果的男式外套

任务目标：

◆能够熟练地运用 Painter 绘制粉笔画效果的男式皮质外套。

◆掌握粉笔画效果基本表现方法。

◆掌握粉笔画效果表现皮质的方法。

一、任务提出

根据图5.2.2-1所示的电脑服装效果图，运用Painter 12绘制出相同款式粉笔画效果的男式外套效果图。要求皮质面料质感表现清楚，粉笔画特点明显，人体比例、结构准确，色彩搭配基本符合样稿，整体形式美感强。

图5.2.2-1

二、任务分析

绘制图5.2.2-1所示粉笔画效果的男式皮质外套效果图的时候，首先要分析用电脑绘制此效果图时的步骤和方法，重点要能够准确表达粉笔画效果和面料质感特征。其他部分的绘制，如裤子、靴子要与整体相协调。

这张样图是用Painter 12制作的彩色服装效果图，要求学生能熟悉该软件的相关功能。运用到Painter的知识点主要有图层、粉笔应用、画纸的选择等。

在表现粉笔画效果的男式皮质外套时能体现粉笔画效果和面料的质感特征即可。绘制时一方面要注意软件的使用技巧，同时要注意效果图的整体形式美感。

三、相关知识

（一）Painter 12色“粉笔”工具简介

启动Painter 12后，在工具选择条中选择“粉笔”工具，打开“粉笔”工具的笔刷变体，这些变体可根据需要绘制出不同粉笔画效果，如图5.2.2-2所示。

“色粉笔”包括油性蜡笔，它的范围从体现纸张颗粒的硬质色粉笔样式到滑过即完全覆盖现有笔触的极软质色粉笔，其质感与透明度及画笔的压力有关。

油性蜡笔画笔变体可产生粗而丰富的自然色粉笔条纹理。大多数油性蜡笔画笔变体会使用当前绘制颜色覆盖当前笔触。硬质色粉笔能充分体现画笔笔触和纸纹肌理，和其他干媒材画笔变体一样，与透明度及画笔压力有关。图5.2.2-3所示是在“基本纸纹”画纸上的几种色粉笔的笔触效果。

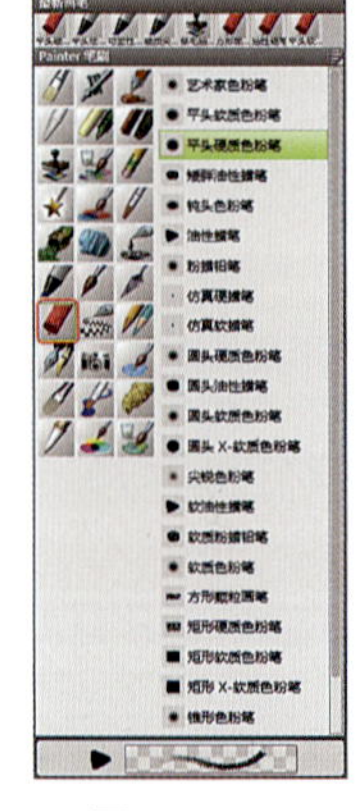

图5.2.2-2

平头硬质色粉笔

方形颗粒画笔

平头软质色粉笔

软质色粉笔

图5.2.2-3

四、任务实施

（一）准备工作

（1）能运行Painter 12软件的相关配置计算机一台。

（2）安装Painter 12应用程序。

（3）将男装效果图分层线稿准备好备用。

（二）粉笔画效果的男式冬装效果图分析

本任务中，粉笔画效果的男式皮质外套效果图的重点是粉笔画效果的表现和皮质面料的表现，通过选择“粉笔”工具中的笔刷变体和不同的画纸，表现出粉笔画效果和皮质面料的质感。同时注意服装与皮肤、裤装、靴子等色彩和风格在整体上要统一。

（三）绘制步骤与方法

（1）在Photoshop中打开绘制好的男外套线稿，提取线条。将背景层删除，保留线条图层，并保存为“男装. psd”格式，在Painter 中打开“男装. psd”，然后另存为“男装. rif”格式。如图5.2.2-4所示。

图5.2.2-4

（2）新建一图层命名为“皮肤”，画纸选择“基本纸纹”，用“魔棒”工具将皮肤选中，用油漆桶填皮肤固有色。选择“色粉笔”工具中“平头硬质色粉笔”，根据皮肤的明暗关系画出皮肤的暗部颜色，同时绘制出五官颜色。粉笔画出的皮肤比较粗犷，正好与服装风格相统一，如图5.2.2-5所示。

图5.2.2-5

（3）新建“头发”图层，选择“色粉笔”工具中“平头硬质色粉笔”，画纸选择“基本纸纹”，绘制出头发的色彩、层次效果，如图5.2.2-6所示。

图5.2.2-6

（4）新建“裤子”图层，用“魔棒”工具建立裤子选区，选择“色粉笔”工具中“方形颗粒画笔”，画纸选择“粗糙棉质布纹纸纸纹”，颜色选择牛仔蓝，调整相关参数。根据裤子结构绘制出牛仔的肌理效果和体感，如图5.2.2-7所示。

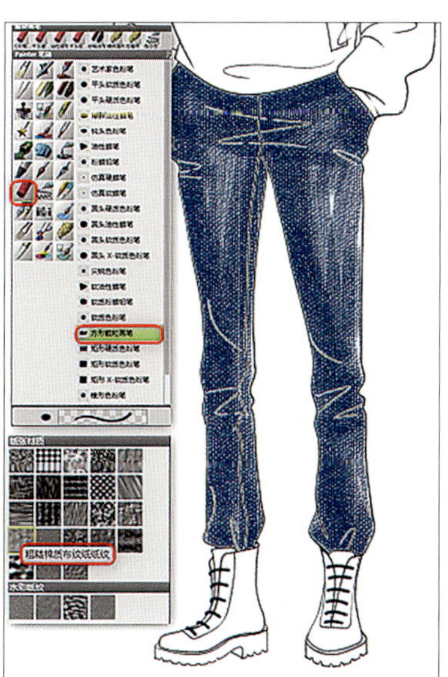

图5.2.2-7

（5）新建一“外套”图层，用“魔棒”工具建立外套选区，用“油漆桶”工具填入外套底色。如图5.2.2-8所示。

图5.2.2-8

（6）选择“色粉笔”工具中“平头硬质色粉笔”，画纸选择“鹅卵石纹理纸”，调节属性栏相应参数，用深棕色画出外套的颜色，再用较深色画出外套的阴影部分（阴影可新建图层，图片模式选择正片叠底），表现服装的立体感，如图5.2.2-9所示。

图5.2.2-9

（7）新建一图层，命名为“领口门襟”，选择“色粉笔”工具中“平头硬质色粉笔”，画纸选择“石膏粉帆布纸纹”，调节属性栏相应参数，用深浅不同的棕色绘制出各部位的体感，最后完成拉链和样扣的绘制，如图5.2.2–10所示。

（8）新建一图层，命名为“靴子”，用“油漆桶”工具将鞋面部分和鞋底部分分别填充两种不同颜色。选择“砂子粉化纸纹”用“平头硬质色粉笔”，将不透明度调整到40%，绘制出鞋面的高光和鞋底暗部部分肌理，表现出靴子粗犷的风格，如图5.2.2–11所示。

（9）最后完成图如图5.2.2–12所示。

图5.2.2–10

图5.2.2–11

图5.2.2–12

练习题：

用 Painter12 绘制粉笔画效果的男式粗纺呢绒类外套效果图。

要求：

（1）服装款式新颖，符合美的法则；

（2）服装效果图面料质感特征明显；

（3）整体效果好。

第六章　Sai服装设计图表现技法

第一节 Sai工作界面简介

一、Sai工作界面简介

Easy Paint Tool Sai 简称“Sai”，由SYSTEMAX公司发行，是一款常用的绘画软件。Sai软件占用空间小，对电脑配置要求低，免安装，并且许多功能较Photoshop更有人性化。本章以“Sai1.0”版本为例，如图6.1–1所示。

图6.1–1

启动Sai后可以看出它的工作界面是一个标准的Windows窗口。它由菜单栏、视图窗口、图层栏、拾色器、工具栏和工作窗口等组成，如图6.1–2所示。

图6.1–2

1. Sai界面的设置

Sai界面的设置可以在“窗口”的下拉菜单中选择布局，这是Sai的界面中为数不多的可以自定义的内容。如果想要隐藏所有的界面只剩下画布，和Photoshop一样，按下Tab键即可，如图6.1-3所示。

图6.1-3

图6.1-4

2. Sai视图窗口

Sai独有的一个优势是可以高效地、自由地旋转画布视角。在使用数位板或鼠标时可以使用快捷键“Alt + 空格 + 光标运动”，就可以任意旋转画布视角，如图6.1-4所示。

3. Sai图层栏

Sai没有历史记录面板，但是可以通过画布左上角的箭头控制回撤和恢复，快捷键是“Ctrl+Z”和“Ctrl+Y”，Sai默认记录的历史步骤容量大约是100M。图层区和Photoshop类似，可以看到8种效果截然不同的混合方式，如图6.1-5所示。

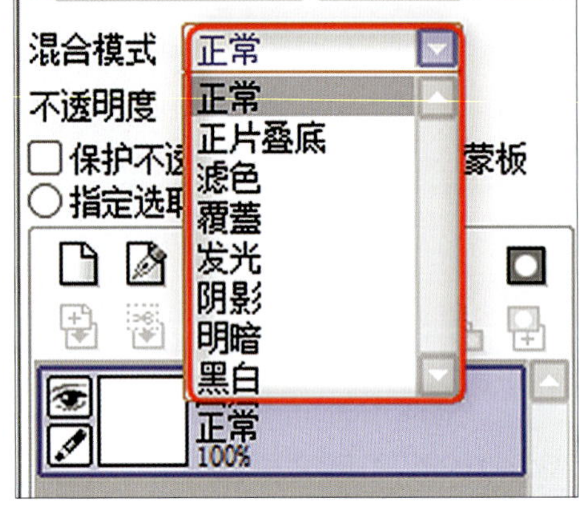

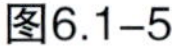

图6.1-5

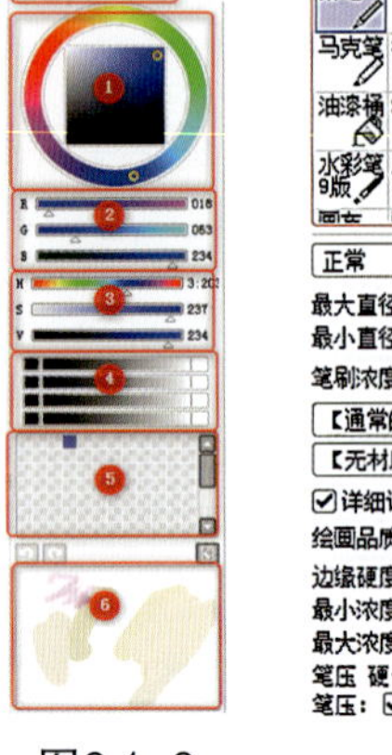

图6.1-6

图6.1-7

4. Sai拾色器

Sai拾色器一共有6种功能盘：色轮、RGB滑块、HSV滑块、渐变滑块、色板和调色盘。最上面的小按钮可以选择功能盘的开闭，如图6.1-6所示。

5. Sai工具栏

在Sai工具面板中，每类画笔又可以编辑很多小的数值，使画笔具有风格化。在工具栏右键的空白栏会弹出下面的新建画笔类型，例如选择最常用的画笔，下方会得到一个可以设置该画笔的面板。如图6.1-7所示。

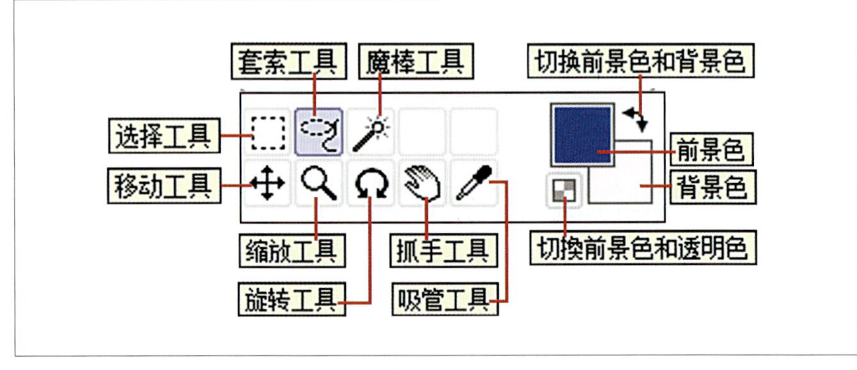

图6.1-8

Sai工具栏上方的形状选取和调整工具内容，如图6.1-8所示。

二、Sai软件主要特点

（1）可以任意旋转、翻转画布，缩放时反锯齿，并且拥有强大的墨线功能。

用鼠标旋转画布可以通过+000°按钮完成，翻转画布可以通过正常按钮完成，旋转画布快捷键“Delete”和“End”，翻转画布快捷键“H”。

（2）抖动修正功能，有效地改善了用手写板画图时最易出现问题。

抖动修正 抖动修正 6 数值从0—S7，抖动修正大多数都是针对钢笔的，一般修正值是4—6。理论上，值越大，修正效果越好，但线条的反应十分迟钝（延迟时间与电脑配置有关），所以设置的值不是越大越好，而是以数位笔绘制线条不延迟为合适。

（3）矢量化的钢笔图层，能画出流畅的曲线并像PS钢笔工具那样任意调整曲线，这是Sai绘制线条的特色。

（4）笔刷的设置也是相当详细。工具变换功能也很人性化，例如长按E会暂时变成橡皮擦，松开后又变回画笔，快速按键则切换工具。

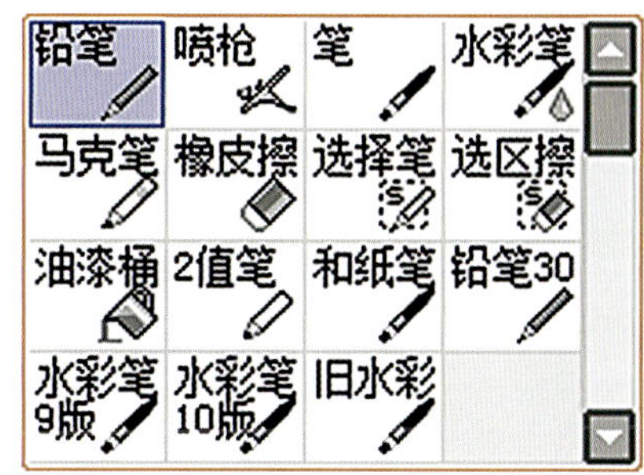

图6.1–9

三、常用画笔工具的简介（图6.1–9）

（1）铅笔：描绘细线的可调工具。

（2）喷枪：喷涂式风格的工具。

（3）笔：浓厚风格的水彩工具。能够混合底色和不透明度进行绘制，并带有模糊以及渲染的效果。当图层透明度被保护时，就成为“画笔”工具。

（4）水彩笔：透明风格的水彩工具。能够融合底色和不透明度进行绘制。以低于“模糊笔压”中设置的笔压来绘制的话，就成为模糊工具。此时绘制不出色彩，请配合笔压进行使用。如果不把“最小半径”设置大一些的话，模糊效果会变差，将“混合不透明度”设置为0的话，就成为不带透明度的模糊工具。

（5）马克笔：在这个工具中，可以对笔压产生的颜色浓淡、混色、色延伸等进行调整。

（6）橡皮擦：“橡皮擦”工具，一般以透明色进行绘制。当图层透明度被保护时，将以白色进行绘制。

（7）“选择笔”工具：修正选择区域的细致部分的工具（添加到选区）。

（8）“选区擦”工具：修正选择区域的细致部分的工具（从选区减去）。

（9）2值笔：接近于将旧版水彩笔的湿画模式设置为OFF（关闭）的工具。能产生把颜色染在纸上的效果。配合笔压控制能达到一定的透明度。但是，不能返回之前所达到的透明度。当图层透明度被保护时，就成为“画笔”工具。

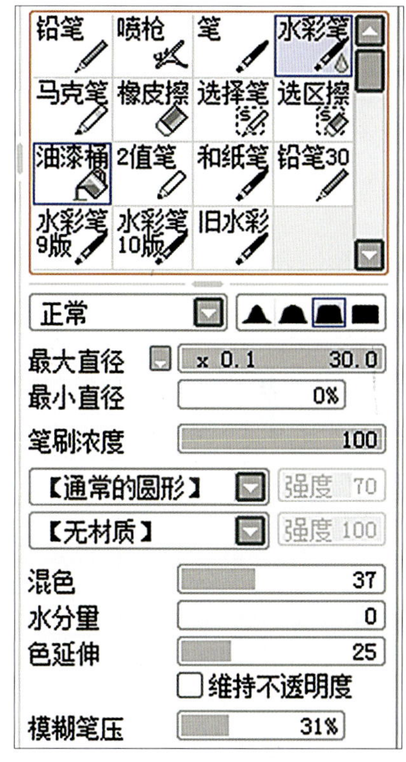

图6.1–10

（10）油漆桶：这个工具可以使用前景色来涂满颜色区域及透明区域。

四、画笔类工具的参数设置（图6.1–10）

（1）画笔笔尖形状：画笔边缘硬度从左到右依次为软—硬的变化。

（2）画笔大小（最大直径和最小直径）：可调整画笔大小，最大直径为画笔大小；最小直径为100%时，画笔线条粗细一致，最小直径为0%时，笔压最低时，画笔的直径大小，如图6.1–11所示。

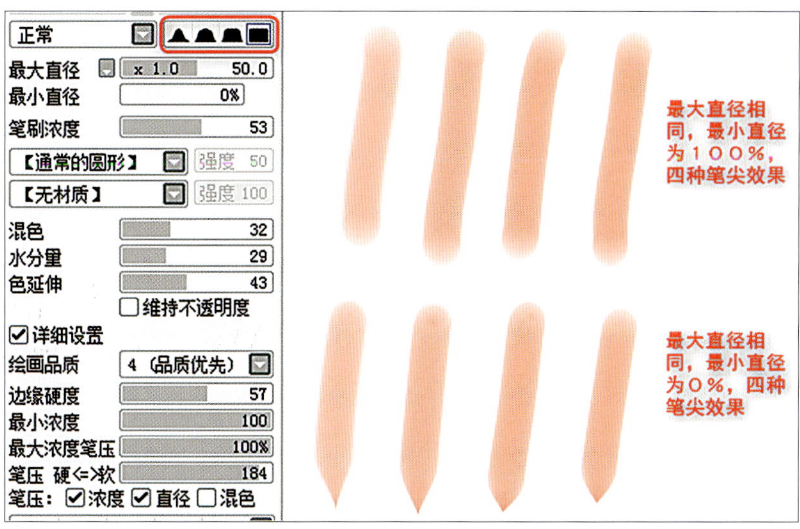

图6.1–11

（3）混合模式

1）正常：一般的绘图模式。

2）鲜艳：绘画色（前景色）与底色（背景色）色相不同时，将降低亮度以抑制颜色变黑，特别对笔，水彩笔有很强的效果。

3）深度：相乘模式与普通模式之间的一种模式，能使用的工具只有笔和水彩笔。

4）正片叠底，是图形图像软件一种混合模式，是用户使用频率较高的一种变暗模式。使用"正片叠底" 混合模式时一般不会产生色阶溢出，调换基色和混合色的位置时，结果颜色相同。

（4）笔刷浓度：设置以各种画笔绘制时的浓度。

（5）混色：（笔，水彩笔，2值笔）指定与底色的混合程度。

（6）水分量：（笔，水彩笔）指定不透明度的增量可改变画具的含水量。使用水彩笔，当这一参数设置为0时，将成为不带透明度的模糊工具。

（7）色延伸：（笔，水彩笔，2值笔）设置色彩的延伸程度。

（8）模糊笔压：（水彩笔）设置成为不绘制像素的模糊工具的笔压大小。

（9）维持不透明度：（笔，水彩笔）从含有像素的部分涂抹到透明部分时，将保持原来的透明度。

五、画笔类工具的详细设置（图6.1–12）

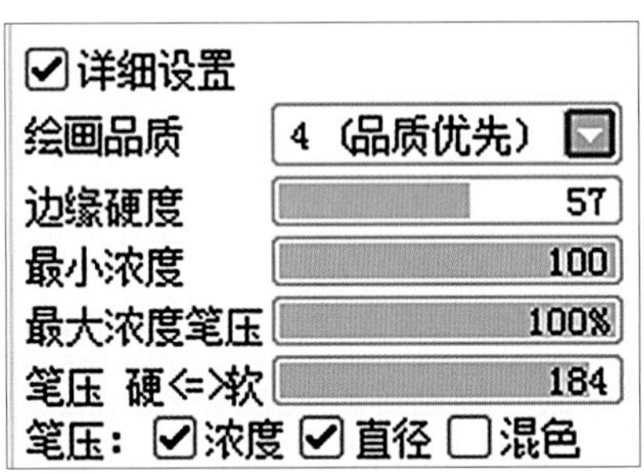

图6.1–12

（1）绘图品质：设定优先绘图速度还是优先绘图质量。

（2）边缘硬度：设定画笔边缘的硬度，建议使用边缘清晰的笔刷。

（3）最小浓度：笔压最小时的画笔的浓度。

（4）最大浓度笔压：达到画笔最大浓度时的笔压。

（5）笔压感应度：设定数位板的笔压感应灵敏度。

（6）笔压：设置控制各种笔压的参数。

第二节 Sai绘制不同材质服装效果图案例

☞ 任务1：Sai绘制千鸟格外套

任务目标：

◆能够熟练地运用 Sai 软件。

◆掌握运用画笔材质库素材绘制千鸟格服装。

◆掌握 Sai 软件建立选区常用的方法。

图6.2.1–1

一、任务内容

根据图6.2.1–1所示的服装效果图，运用Sai软件绘制出相同款式的千鸟格外套效果图。要求服装面料符合千鸟格面料效果，人体比例、结构准确，色彩搭配基本符合样图。

二、内容分析

在绘制图6.2.1–1所示千鸟格外套效果图，首先要分析用Sai绘制此效果图所需要的基本素材和工具：笔、水彩笔工具，系统自带材质库等。运用电脑主要完成服装效果图线稿、千鸟格效果表现、毛衣的绘制，以及裙子质感效果绘制等。

给出的这张样图是用Sai软件制作的彩色服装效果图，要求绘制者能熟悉该软件的一般功能。运用到Sai软件知识点主要有选择笔、选区擦、水彩笔的使用，剪切图层蒙版以及材质库的运用等。

三、相关知识点

（一）画笔材质库素材运用

（1）打开Sai软件，新建一文件，文件大小为30cm×30cm，分辨率为300像素/英寸，如图6.2.1–2所示。

（2）在工具栏中选择“笔”工具，设置相关参数，在材质栏中选择需要的材质，如图6.2.1–3所示。

图6.2.1–2

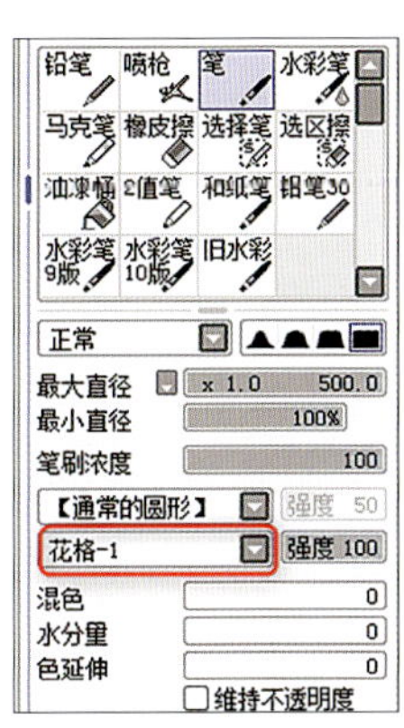

图6.2.1–3

（3）在材质库，可以按顺序用“笔”工具绘制每种材质效果，如图6.2.1–4所示，是选择几种材质绘制的效果。在服装效果图中，有些材质效果可以直接用来表现面料特征。

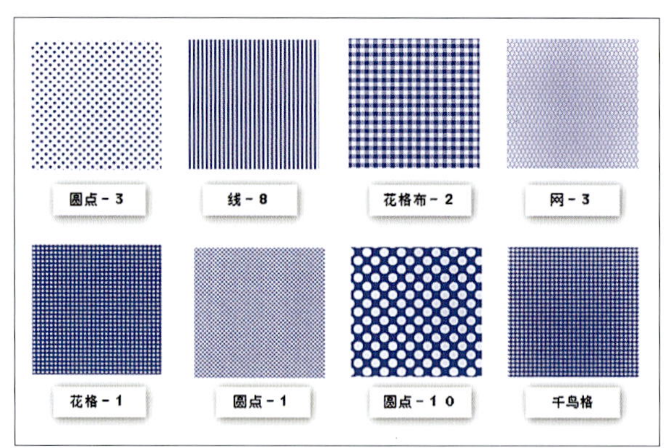

图6.2.1–4

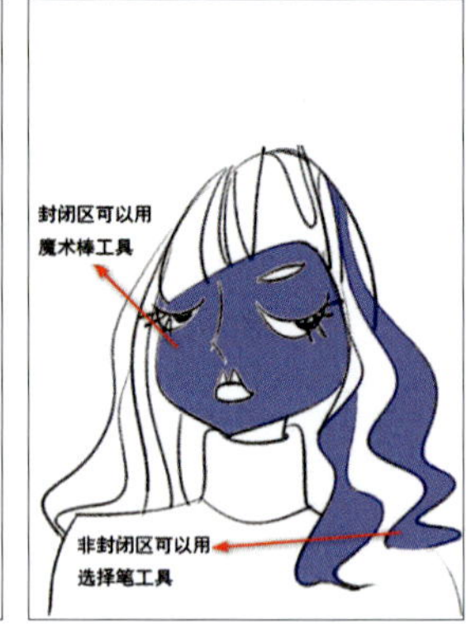

图6.2.1–5

（二）选区的建立

在Sai软件中建立选区的常用方法有：使用“魔棒”工具或“选择笔”工具。“魔术棒”工具主要针对封闭线条的区域选择，对于复杂的区域和没有封闭的线条建立选区常使用“选择笔”工具，“选区擦”工具可以配合“选择笔”工具使用，用于擦除“选择笔”工具画出线外部分区域，如图6.2.1–5所示。

四、任务实施

（一）准备工作

（1）能运行Sai软件的相关配置计算机一台。

（2）配置Sai应用程序。

（3）在Sai中直接用数位板绘制服装线稿用于效果图绘制。

图6.2.1–6

（二）千鸟格外套效果图分析

本任务中，运用Sai软件进行千鸟格外套效果图制作，重点是Sai软件中材质库的使用，其次是使用“剪贴图层蒙版”绘制毛衣，用其他材质绘制裙子肌理效果。

（三）绘制步骤与方法

1. 线稿绘制

打开Sai软件，新建A4大小文件，绘制线稿（线稿为封闭线稿），线稿一直放在最上面，图层模式选择“正片叠底”，如图6.2.1–6所示。

2. 皮肤、五官及发型绘制

（1）选择“魔棒”工具点选皮肤部分，选中部分自动变为蓝色，如图6.2.1–7所示。

（2）选择“油漆桶”工具，蓝色区域变为选区，新建一图层，命名为“皮肤”，设置前景色为皮肤色，用“油漆桶”工具将皮肤填充皮肤色，如图6.2.1–8所示。

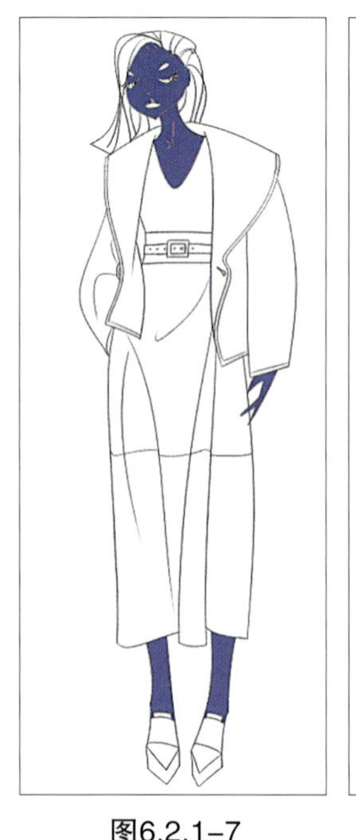

图6.2.1–7

图6.2.1–8

（3）在皮肤层上方建立“皮肤暗部”图层，图层模式选择“正片叠底”，将皮肤暗部用“笔”工具绘制阴影部分效果，如图6.2.1–9所示。

（4）新建“五官”图层，五官部分用相应的色彩进行绘制，如图6.2.1–10所示。

（5）在线稿图层，用“魔棒”工具点选头发部分，如果头发线条不是封闭线条，可以用“选择笔”工具进行涂抹，选中部分自动变为蓝色，如图6.2.1–11所示。

（6）新建“头发”图层，选择“油漆桶”工具，蓝色选中部分变为选区。填充头发固有色，再分别建立“头发暗部”，图层模式选择“正片叠底”。新建“头发高光”层，把头发的层次和体感表现出来，如图6.2.1–12所示。

3. 针织毛衣绘制

（1）选择“魔棒”工具点选毛衣部分，选中部分自动变为蓝色，新建“毛衣底色”，填充不透明颜色。打开毛衣面料素材，将毛衣面料全选（快捷键“Ctrl+A”），复制毛衣面料（快捷键“Ctrl+C”）。在效果图毛衣区域粘贴（快捷键“Ctrl+V”），自动生成一图层命名为“毛衣面料”，调整面料位置和大小，如图6.2.1–13所示。

（2）选择“毛衣面料”图层，勾选“剪贴图层蒙版”，毛衣面料自动嵌入毛衣选区。新建“毛衣暗部”，图层模式选择“正片叠底”，用“笔”工具绘制出毛衣的暗部阴影，如图6.2.1–14所示。

图6.2.1–9

图6.2.1–10

图6.2.1–11

图6.2.1–12

图6.2.1–13

图6.2.1–14

4. 裙子绘制

（1）在线稿层，选择“魔棒”工具点选裙子部分，选中部分自动变为蓝色，如图6.2.1–15所示。

（2）将蓝色部分变为选区，选择“水彩笔”工具，选择笔刷形状为“衣服纤维”，选择应用到笔刷的材质为“画布”，调整相关参数。新建“裙子”图层，在裙子选区内绘制出裙子的面料肌理，如图6.2.1–16所示。

5. 千鸟格外套绘制

（1）在线稿层，选择“魔棒”工具点选外套部分，选中部分自动变为蓝色，如图6.2.1–17所示。

（2）将蓝色部分变为选区，选择“水彩笔”工具，选择笔刷形状为“通常的圆形”，选择应用到笔刷的材质为“千鸟格子”，调整相关参数。新建“外套”图层，在外套选区内绘制出千鸟格的面料肌理，如图6.2.1–18所示。

（3）新建“外套暗部”图层，图层模式选择“正片叠底”，画出外套的暗部和阴影。再新建“外套高光”图层，在高光处绘制出光感，如图6.2.1–19所示。

（4）在线稿图层，将外套边缘滚边处选中，可用“魔棒”工具选择或用“选择笔”工具涂抹选择。新建“镶边”图层，填入相应的色彩，如图6.2.1–20所示。

图6.2.1–15

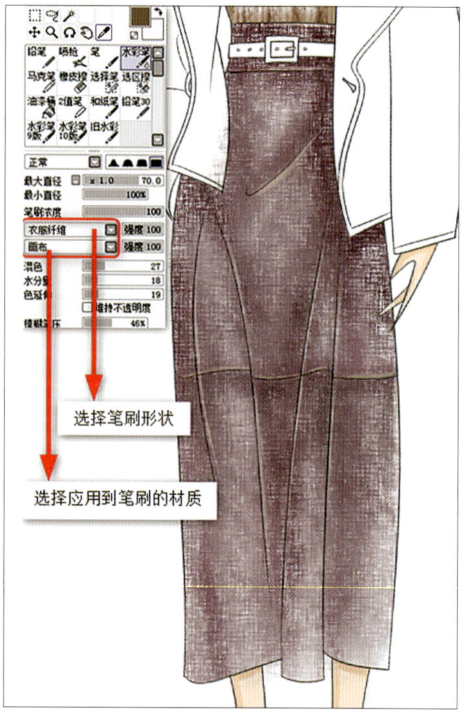

选择笔刷形状

选择应用到笔刷的材质

图6.2.1–16

图6.2.1–17

图6.2.1–18

图6.2.1–19

图6.2.1–20

6. 服饰配件绘制

新建“皮带”和“鞋”图层，用同样方法绘制出色彩感和质感，最后完成图如图6.2.1–21所示。

图6.2.1–21

练习题：

用 Sai 软件自带的“笔刷材质”绘制一款女式条（格）子衬衫效果图，衬衫款式符合流行趋势。

☞ 任务2：Sai绘制水彩风格的连衣裙

任务目标：

- ◆能够熟练地运用 Sai 软件
- ◆掌握用“钢笔图层”和“钢笔工具”绘制线条的方法
- ◆掌握运用“选择笔”和“选区擦”工具的使用

一、任务内容

图6.2.2-1所示的电脑服装效果图是根据Mugler Spring 2018走秀图片绘制而成的，运用Sai软件绘制出相同款式写实风格水彩效果的女式连衣裙。要求连衣裙为水彩风格透明纱质效果，人体比例、结构准确，色彩搭配基本符合样图。

Mugler Spring 2018

图6.2.2-1

二、内容分析

根据图片，绘制图6.2.2-1所示水彩风格连衣裙，首先要分析用电脑绘制此效果图所需要的基本素材和工具：参考图片，蕾丝面料素材等。运用电脑主要完成服装效果图线稿、蕾丝效果表现、透明纱质面料的绘制，以及人物写实风格的表现。

给出的这张样图是用Sai软件制作的彩色服装效果图，要求学生能熟悉该软件的一般功能。运用到Sai软件知识点主要有钢笔图层、钢笔工具、选择笔、选区擦、水彩笔的使用，剪切图层蒙版以及混合模式中正片叠底的运用等。

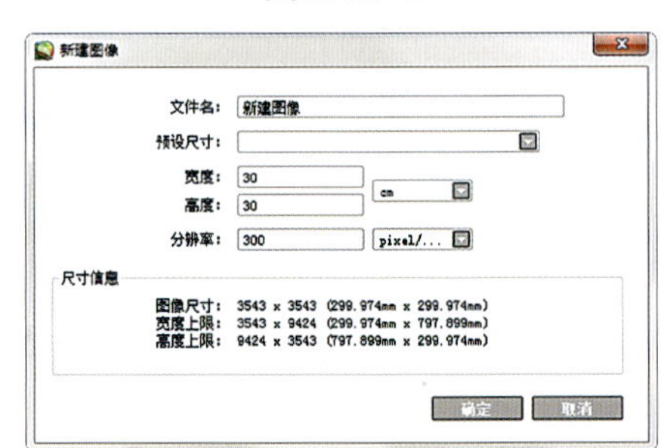

图6.2.2-2

三、相关知识点

（一）“钢笔图层”和“钢笔”工具绘制线条

（1）打开Sai软件，新建一文件，文件大小为30cm × 30cm，分辨率为300像素/英寸，如图6.2.2-2所示。

（2）新建钢笔图层，选择“钢笔”工具[钢笔]绘制所需要包的草图，如图6.2.2-3所示。

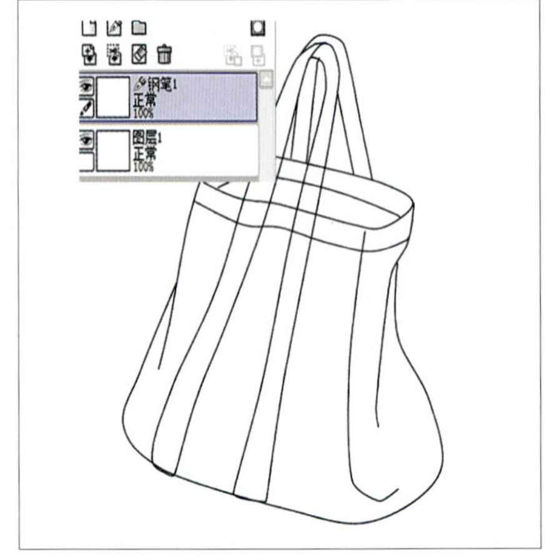

图6.2.2-3

（3）选择“锚点”工具，点击草图，可以看到草图的线条出现锚点，通过锚点可以编辑画笔，通过对锚点的移动、删除增减等将草图的造型结构调整到满意为止，如图6.2.2–4所示。

（4）选择“笔压”工具，点击要调整笔压的锚点，在锚点上开始拖拽。向左减少笔压（如红色箭头指向），向右增加笔压（如蓝色箭头指向）。这样调整的线条具有变化的手绘效果，如图6.2.2–5所示。

（二）魔术棒和选择笔的使用

（1）选择钢笔图层，保证包的线稿为封闭图形的状态下，用“魔棒”工具点选包的面料部分，点选到的区域自动填充蓝色。复杂或没完全封闭的图形可以用选择笔工具进行涂抹，自动涂抹为蓝色，画出线外部分可以用“选区擦”工具擦除，效果和“魔棒”工具一致，如图6.2.2–6所示。

（2）新建一图层，命名为“包面料”。这时钢笔图层下的蓝色部分形成选区，前景色选择土黄色，用“油漆桶”工具填充颜色。用同样的方法，在钢笔图层下将包的反面（里布）选中，如图6.2.2–7所示。

（3）新建图层，命名为“包反面”选择比面料颜色稍暗一点色彩，将面料反面填充颜色，如图6.2.2–8所示。

（4）新建图层，命名为“明线”，选择“笔”工具，相关参数如图6.2.2–9所示。确定明线的颜色，选择“线—7”画纵向明线，选择“线—8”画横向明线。

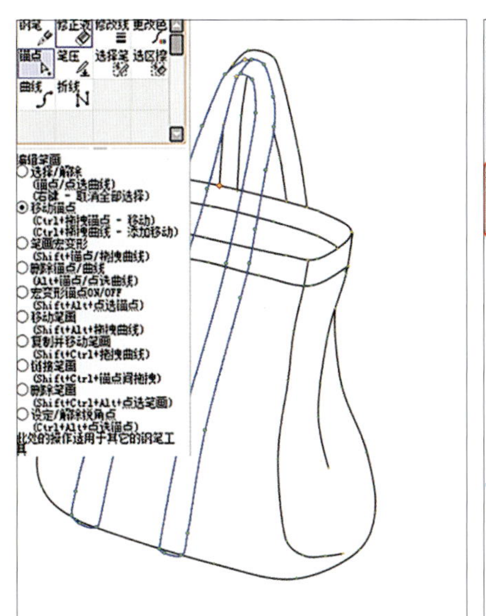

图6.2.2–4

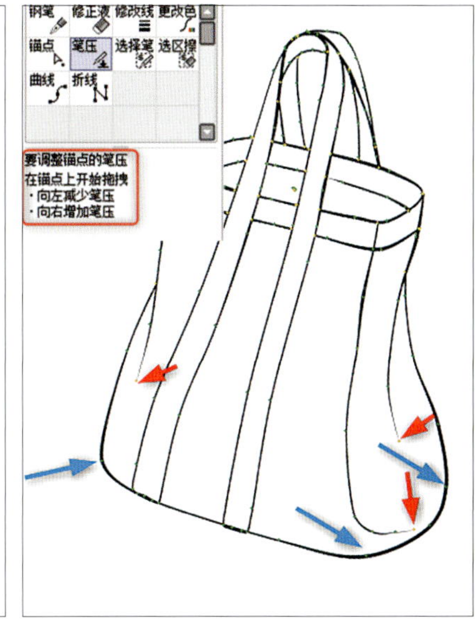

图6.2.2–5

图6.2.2–6

图6.2.2–7

图6.2.2–8

图6.2.2–9

（5）分别在“包面料”和“包反面”上面各建一图层，图层模式选择“正片叠底”，用浅灰色绘制包的阴影部分，如图6.2.2-10所示。

（6）新建高光图层，在图上画出高光部分。最后完成图如图6.2.2-11所示。

四、任务实施

（一）准备工作

（1）能运行Sai软件的相关配置计算机一台，并安装Sai应用程序。

（2）选择连衣裙走秀图片，可以在Photoshop中将图片的人物比例进行修整并保存备用。

（二）水彩风格的连衣裙效果图分析

本任务中，运用Sai软件进行水彩风格的连衣裙效果图制作，重点是Sai软件中水彩画笔的使用，其次是在钢笔图层中用“钢笔”工具绘制流畅的线条，同时可以对线条进行调整。

（三）绘制步骤与方法

1. 线稿绘制

（1）打开Sai软件，新建A4大小文件，如图6.2.2-12所示。

（2）打开已经调整好比例的走秀图片，全选图片（快捷键：Ctrl+A），复制图片（快捷键：Ctrl+C），在新建的A4大小文件上粘贴（快捷键：Ctrl+V），注意在Sai软件中无法实现两文件之间的拖拽。调整图片在A4页面上的大小，将不透明度调整到50%，如图6.2.2-13所示。

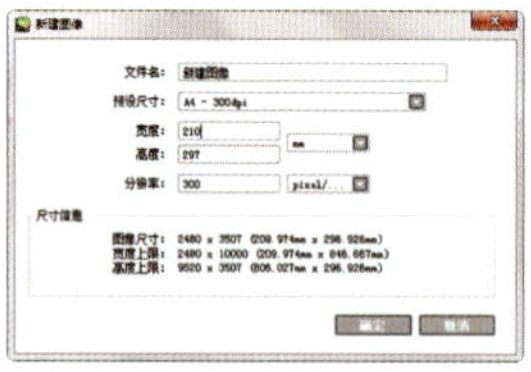

（3）新建一图层，命名为“线稿”，用“铅笔”工具按图片绘制线稿，“铅笔”工具相关参数和设置如图6.2.2-14所示。

（4）如果线稿完成较好，可以进行下一步操作。如果线条凌

图6.2.2-10

图6.2.2-11

图6.2.2-12

图6.2.2-13

图6.2.2-14

图6.2.2-15

乱，可以再建一图层，重新拷贝一层新线条。对于手臂等线条较长，而且要求流畅的线条，可以新建钢笔图层，用“曲线”工具绘制出手臂的线条，为了便于区分用“更改色”工具将线条改为红色，如图6.2.2–15所示。

（5）通过“锚点”工具调整手臂线条的结构和流畅性，如图6.2.2–16所示。

（6）通过“笔压”工具选择相应的锚点向左拖拽减少笔压，可以实现手绘线条的虚实效果，如图6.2.2–17所示。

（7）最后将通过“更改色”工具将线条改为黑色，将钢笔图层线稿与人物线稿合并图层，完成线条的调整，如图6.2.2–18所示。

2.皮肤、五官和头发的绘制

（1）新建“皮肤”图层，选择“水彩笔”工具，选择皮肤颜色。画纸质感选择“水彩1”，画材效果选择“水彩边缘”，程度选择“1”，其他参数如图6.2.2–19所示。每画一笔用数控笔轻刷笔触边缘让其自然过渡，画出皮肤的体感和质感。

（2）新建一图层，命名为“五官”，根据五官的结构和色彩，绘制出五官的体感，如图6.2.2–20所示。

（3）新建图层，命名为“头发”，选择棕色作为头发的固有色，用“水彩笔”工具画出头发的固有色，如图6.2.2–21所示。

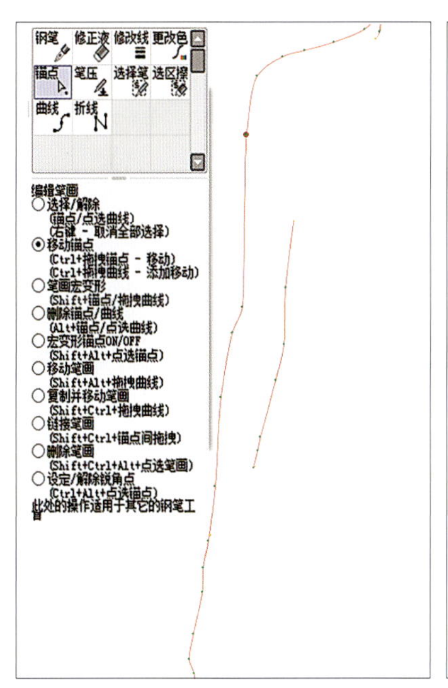

图6.2.2–16

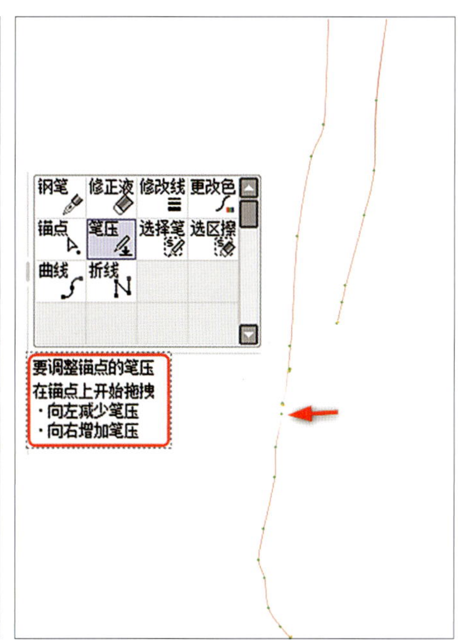

图6.2.2–17

图6.2.2–18

图6.2.2–19

图6.2.2–20

图6.2.2–21

（4）新建图层，命名为“头发暗部”，选择比固有色深的颜色绘制头发暗部色彩，如图6.2.2-22所示。

（5）新建“发丝暗”图层，选择“笔”工具，颜色选择深褐色，选择第1个软笔尖，笔尖最大直径6.0，最小直径0%，笔刷浓度100，笔刷形状为“通常的圆形”，材质为“无材质”，在头发暗部用线条绘制暗部发丝质感，如图6.2.2-23所示。

（6）新建“发丝亮”图层，“选择笔”工具，颜色选择浅棕色，按照绘制暗部发丝方法一样，在头发受光部绘制亮部发丝质感，如图6.2.2-24所示。

3. 蕾丝胸衣绘制

（1）在“钢笔”工具图层，用“选择笔”工具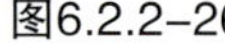将胸衣部分涂抹自动填充蓝色，如图6.2.2-25所示。

（2）新建一图层，命名为“蕾丝胸衣”，选择“油漆桶”工具，此时胸衣蓝色部分变为选区，用“油漆桶”工具填充黑色，用“笔”工具画出胸部的立体效果，如图6.2.2-26所示。

（3）在Sai中打开蕾丝面料素材，全选面料（快捷键：Ctrl+A），复制面料（快捷键：Ctrl+C），进入连衣裙文件，粘贴面料（快捷键：Ctrl+V），如图6.2.2-27所示。将面料调整到胸衣位置，混合模式改为“正片叠底”，勾选“剪贴图层蒙版”，完成蕾丝胸衣绘制，如图6.2.2-28所示。

4. 连衣裙绘制

（1）新建“黑裤”图层，选择“水彩笔”工具，参数设置如图6.2.2-29所示。用水彩笔绘制出黑色衬裤效果。

图6.2.2-22

图6.2.2-23

图6.2.2-24

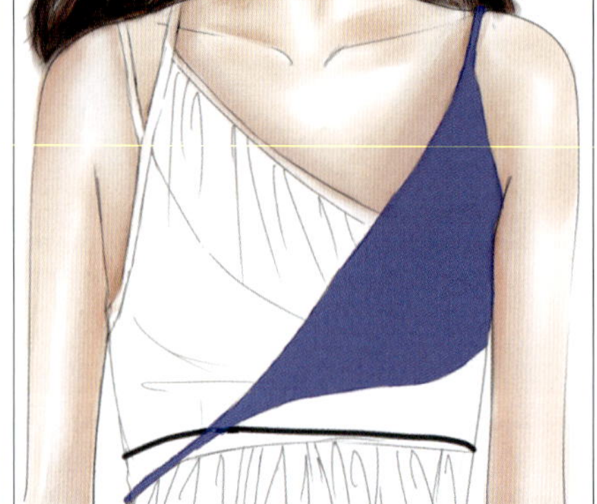

图6.2.2-25

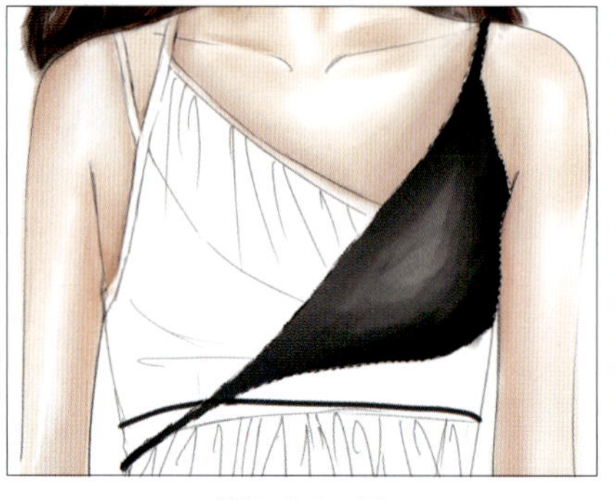

图6.2.2-26

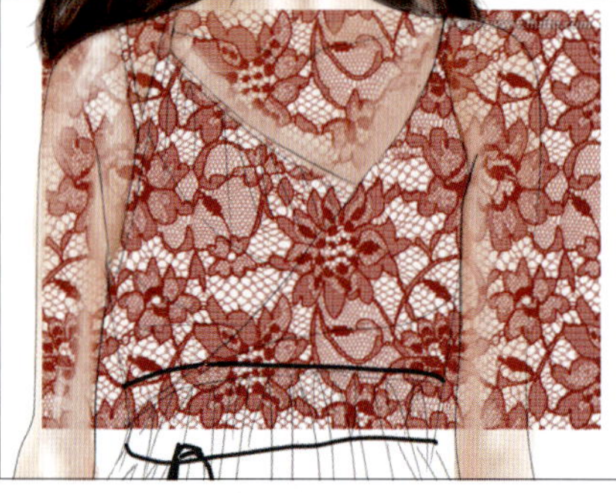

图6.2.2-27

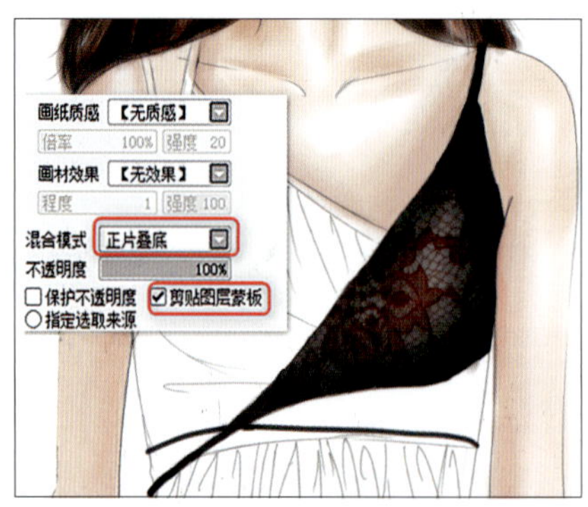

图6.2.2-28

图6.2.2-29

（2）新建“连衣裙”图层，用“水彩笔”工具选择合适的参数，绘制红色纱裙，注意画笔笔触、衣褶关系、服装的质感，如图6.2.2–30所示。

（3）新建“裙暗部”图层，用“水彩笔”工具选择合适的参数，选择比固有色稍暗的红色，绘制出连衣裙暗部，注意画笔笔触与结构的关系，如图6.2.2–31所示。

（4）新建“裙亮部”图层，用“水彩笔”工具选择合适的参数，选择比固有色亮的浅红色，绘制出连衣裙的高光部，注意受光的位置、面积以及与服装整体色彩的协调性，如图6.2.2–32所示。

图6.2.2–30

图6.2.2–31

图6.2.2–32

（5）最后新建一图层，绘制背景并签名，完成图如图6.2.2-33所示。

图6.2.2-33

练习题：

选择一款婚纱礼服图片，用Sai软件绘制婚纱礼服，要求表现出礼服的面料质感和色彩。

电脑服装设计图作品欣赏（服饰品款式图）

（作者：赵灵巧）

电脑服装设计图作品欣赏（服装效果图）

（作者：海迪）

电脑服装设计图作品欣赏（服装效果图）

（作者：海迪）

电脑服装设计图作品欣赏（服装效果图）

（作者：海迪）

电脑服装设计图作品欣赏（服装效果图）

（作者：海迪）

电脑服装设计图作品欣赏（服装效果图）

（作者：海迪）

电脑服装设计图作品欣赏（服装效果图）

（作者：海迪）

电脑服装设计图作品欣赏（服装效果图）

（作者：海迪）

电脑服装设计图作品欣赏（服装效果图）

（作者：海迪）

电脑服装设计图作品欣赏（图案）

（作者：赵灵巧）

电脑服装设计图作品欣赏（图案）

（作者：赵灵巧）

电脑服装设计图作品欣赏（服装款式图）

（作者：吴晓天）

电脑服装设计图作品欣赏（服装效果图）

（作者：吴晓天）

电脑服装设计图作品欣赏
（服装效果图）

（作者：吴晓天）

电脑服装设计图作品欣赏
（服装效果图）

（作者：吴晓天）

参考文献

[1] 赵剑章.实用时装表现图技法.北京：中国劳动社会保障出版社，2010

[2] 王钧.Photoshop CS & Painter IX实用时装画.北京：中国纺织出版社，2005

[3] 王宏付.CorelDRAW辅助服装设计.上海：东华大学出版社，2017

[4] 赵晓霞.时装画电脑表现技法.北京：中国青年出版社，2012

[5] 苏永刚，程琦.数码服装设计表达方法.重庆大学出版社，2007

[6] 张静.Adobe Illustrator服装效果图绘制技法.上海：东华大学出版社，2017

[7] 项敢.CorelDRAW & Photoshop时装设计表现.北京：中国纺织出版社，2008

[8] 罗春燕，虞海平.CorelDRAW & Photoshop童装款式设计.北京：中国纺织出版社，2009

[9] 黄利筠，黄莹.Illustrator时装款式设计.北京：中国纺织出版社，2009

[10] 贺景卫，胡莉虹，黄莹.数码服装设计与表现技法——CorelDRAW.北京：高等教育出版社，2007